超导科学与技术入门

信赢　李超　杨天慧　著

科学出版社
北京

内 容 简 介

本书系统介绍与超导科学与技术相关的基础知识。主要内容包括超导现象发现的时间及时代背景，零电阻、完全抗磁性及约瑟夫森效应等超导体的基本物理性质，两流体模型、伦敦理论、金兹堡-朗道理论和 BCS 理论等几个有较高认同度的经典超导理论。书中还介绍了超导材料的主要特征参数及其测量方法，以及超导磁体、超导电力、超导电子器件、超导磁悬浮等超导技术的发展概况。

本书可作为工科院校应用超导相关学科的研究生教材，也可作为其他对超导有兴趣的本科生和研究生，以及从事超导技术应用的科研和工程技术人员的参考书。

图书在版编目(CIP)数据

超导科学与技术入门 / 信赢，李超，杨天慧著. — 北京：科学出版社，2023.11

ISBN 978-7-03-076975-6

Ⅰ. ①超… Ⅱ. ①信… ②李… ③杨… Ⅲ. ①超导电技术 Ⅳ. ①TN101

中国国家版本馆 CIP 数据核字(2023)第 219598 号

责任编辑：余 江 张丽花 / 责任校对：王 瑞
责任印制：师艳茹 / 封面设计：马晓敏

科学出版社 出版
北京东黄城根北街 16 号
邮政编码：100717
http://www.sciencep.com
北京建宏印刷有限公司 印刷
科学出版社发行 各地新华书店经销
*
2023 年 11 月第 一 版 开本：787×1092 1/16
2024 年 1 月第二次印刷 印张：14
字数：332 000

定价：88.00 元

(如有印装质量问题，我社负责调换)

序　一

1983 年春季，信赢率领八名天津大学物理专业的同学来到中国科学院物理研究所固体离子学研究室实习并撰写大学毕业论文。我当时是实验室主任。我们研究室的研究方向是快离子导体(固体电解质)的合成、性能分析和应用探索。信赢在实习工作中体现出很强的科研能力，完成了高质量的论文，同时表现出很强的组织和管理能力。当时我就产生了让他来物理所读研究生并留在实验室工作的想法。由于某些原因未能如愿，但我们一直保持联系。

1987 年，他去美国攻读博士学位，我为他写了推荐信。信赢在美国阿肯色大学物理系先后师从铊系高温超导体发明人艾伦·赫尔门(A. Hermann)教授和盛正直(Z. Z. Sheng)教授，从事新型铜氧化物超导体材料的合成、结构和性能等有关高温超导体的研究工作。1991 年获得博士学位后，在美国的大学和企业做实用超导材料的研究和技术应用工作。

由于国内高温超导应用方面的需要，信赢 2001 年毅然回国，在北京经济技术开发区一家高新技术企业主持超导电力技术的应用开发工作。大约十年的时间，先后完成了我国第一组挂网运行的超导电缆(35kV)和两台挂网运行的超导限流器(35kV、220kV)的研发工作，对推动我国超导电力技术的发展做出了重要贡献。由于在 20 世纪 80 年代我曾参与发现液氮温区高温超导体的研究工作，所以曾数次应邀参加信赢承担的一些项目的评审工作。2014 年，信赢回到了他的母校天津大学从事教学和应用超导技术研究工作。

液氮温区高温超导现象的发现，在世界上掀起超导热，包括理论物理学家对新的超导机制的探索、实验物理学家对新型超导材料的研究和工程技术人员在超导技术领域的前所未有的应用尝试。人们对超导也越来越感兴趣，这不但是因为超导现象具有一种神秘感，解释超导现象有很大的挑战性，更是因为超导技术的应用对未来人们生产、生活可能带来革命性的影响。

在这种背景下，信赢撰写了《超导科学与技术入门》一书。看到初稿后，我觉得这本书很有意义。目前我国很多工科院校和科研院所正在培养的应用超导领域的研究生，大多来自工科专业，对超导知识了解较少。必须首先对超导科学与技术的基础知识有一个较系统的了解，才能扎实地、高质量地开展相关的超导应用研究与创新。现有的超导教材多数是面对物理专业的学生而编写的，学生有一定的热力学、电动力学和量子力学的基础，而大多数来自工科专业的学生不具有这样的基础。还有一些教材过于偏重某个特定专业领域超导技术应用，缺乏对超导物理理论系统的介绍。《超导科学与技术入门》从这样的现状出发，尽力满足本科为工科专业，进行应用超导研究的硕士生和博士生的学习需要。为此，该书在介绍超导理论时从某一理论产生的原理和时代背景出发，阐述这一理论解决的核心问题和存在的局限性，尽量避免工科学生不熟悉的繁冗物理和数学推演。对超导材料和技术的介绍也是从基本原理出发，注重逻辑性和系统性，并涵盖一些目前超导应用的前沿领域和最新成果。

该书反映出作者扎实的物理基础和丰富的超导材料及其应用方面的实践经验，相信读者能从书中学到有关超导科学与技术的基础知识，对超导现象、超导理论、超导材料和超导技术应用有一个较系统的了解。也期待该书的使用和推广对提高我国高等院校和科研院所应用超导领域研究生课程的教学水平和推动超导知识的普及起到重要作用。

中国工程院院士、中国科学院物理研究所研究员　陈立泉

2023 年 6 月

序　二

我与信赢认识始于20世纪80年代初，当时我们一同在天津大学学生会工作，成为好朋友。那个时代的青年学子正赶上恢复高考和改革开放，十分珍惜难得的学习机会，校园里充满了竞相刻苦学习、立志报效祖国的氛围，振兴中华，舍我其谁！大学生们都崇拜陈景润那样的科学家，为我国科学技术领域所获得的进步欢欣鼓舞。1987年，中国科学院物理研究所的赵忠贤等科学家发现了临界转变温度高于液氮温度的铜基氧化物超导体，并首先在世界上公布了其化学成分Y-Ba-Cu-O。这个研究成果成为当时最轰动的科技新闻之一，激励了校园中的很多青年学生。也许正是受到这个影响，信赢1987年去美国读博士，选择了高温超导领域，师从阿肯色大学物理系铊系高温超导体发明人艾伦·赫尔门教授和盛正直教授，开展新型铜氧化物超导体材料的合成、结构和性能等有关高温超导体的研究工作。在攻读博士学位的几年时间里，信赢先后发现了铊系高温超导体家族的几种新的超导材料，并开拓了铊系高温超导体热电效应的研究领域。1991年获得博士学位后，在美国的大学和企业从事实用超导材料研究工作多年。

2001年信赢博士回国创业，在北京经济技术开发区担任云电英纳公司总经理，主持超导电力技术的应用开发工作。他的团队在2004年建成了我国第一组挂网运行的超导电缆试验线。我当时在天津市科学技术委员会当主任，有幸应邀参加了试验线的运行验收仪式，参加验收的专家们给予了这个项目高度评价，认为这项成果使我国在超导电缆技术领域跻身于世界先进行列。2007年和2012年，在国家863计划和天津市政府专项资金的支持下，信赢与天津市企业合作，研发了35kV、220kV两台超导限流器并成功挂网运行，行业内专家认为该成果对推动我国超导电力技术发展做出了重要贡献。2014年，我已在天津大学担任校长，邀请信赢回母校任特聘教授并专门为他在自动化学院成立了应用超导技术研究中心。我特别希望他领导的超导技术应用研究能和我校电气、自动化优势学科融合发展。

信赢教授在天津大学为研究生开设了“超导科学与技术入门”选修课。最初几年，听课的学生多数来自电气、自动化及信息学院和精密仪器学院，后来这门课发展为全校研究生公共选修课。这门课颇受学生的欢迎，每年选课的学生超过百人，但迄今为止没有找到一本合适的教材。目前现有的与超导相关的教材，大多数是为物理专业学生编写的，对于主要从事超导技术应用的学生并不合适。而现有的面对工科学生的几本教材又过于偏重某些特定应用领域，对超导的基础知识和基本常识介绍得不够系统，也缺乏广度。信赢教授总结这些年来讲课的经验，编写一本能够适合工科院校相关专业研究生学习超导科学与技术基本概念和基础知识的教材。《超导科学与技术入门》的初稿，我花了相当长的时间认真阅读，越读越有兴趣。例如，这本书从人类发展对材料和工具的使用切入，方便读者加深对超导科学与技术发展历史的了解；从现代物理学科发展的大脉络中引导读者加深对超导体的基本物理性质和对现有的主要超导理论的了解。该书不仅详细介绍了实用超导材料及其应用实例，而且给出了重要技术参数测量方法；不仅有超导科学技术发展及应用展望，还分析了超导研究面临的挑战。在该书每章的后面附有扩展阅读知识和相关科学家人物小传，方便感兴趣的读者查阅。我认为，这不仅是一本适合工科研究生使用的教材和参考书，也是一本非常好的能够推荐给大学生乃至感兴趣的初、高中学生阅读的科普读物。

过去几十年中，我国科学家在超导领域的研究取得了很大的进展。在高温超导材料的研究方面，除发现了 Y-Ba-Cu-O 铜基超导体外，还发现了多种新型铁基超导体。我国的超导研究还涉及超导电力技术、超导电子学、超导量子计算等领域，取得了很多重要的成果。目前，超导研究仍然是世界科技界和工业界关注的热点领域之一，包括发现具有更高的超导临界温度和更好的超导性能的高温超导材料，探索超导电力技术的应用以期提高电力传输的效率和能源利用率。超导量子计算也是目前研究的热点之一，可以在短时间内解决一些传统计算机无法解决的问题。近年来，科学家们在超导量子比特的制备、控制和读出等方面取得了很多进展，为超导量子计算的实现提供了更多可能性。

在建设社会主义现代化强国的征程中，青年学生必将肩负起自己的历史责任。我相信，在越来越多的科学和技术领域，包括超导领域，会有越来越多的中国青年站到世界舞台中央，攀登高峰，做出贡献。

李家俊

天津大学原校长、原党委书记　李家俊

2023 年 6 月

前　言

近几年来，针对校内应用超导研究相关专业所招收的研究生存在缺乏有关超导的基础知识和基本常识而限制他们在相关方面研究的深度和广度的状况，学校开设了“超导科学与技术入门”课程。开设这门课的初衷是使学生能对超导科学基础和技术应用现状有一个初步的了解，扩展知识面，有助于学生更好地完成研究生阶段的学习和研究。

最初三年，学生多数来自电气、自动化及信息学院和精密仪器学院，近两年，“超导科学与技术入门”课程发展为全校研究生的公共选修课。这门课颇受学生的欢迎，每年选课的学生都超过百人。这门课，迄今为止没有一本合适的教材，而是靠收集现存一些书籍和文献的相关内容，然后将其整理成教学材料。

目前使用的与超导相关的教材中，有的是针对物理专业的学生编写的，这样的教材对于工科院校的学生来说起点过高，不能很好地适应教学需要。而现有的面向工科学生的教材又过于偏重某些特定的应用领域，对超导的基础知识和基本常识介绍得不够系统，缺乏一定的广度。本书力求汲取已有教材的精华，根据目前工科研究生的学术基础，形成一本能够适合工科院校相关专业研究生学习超导科学与技术基本概念和基础知识的教材。本书对超导科学与技术发展的历史、超导体的基本物理性质、现有的主要超导理论、超导材料和技术的发展现状都进行了较为系统的介绍。

超导科学是近代物理学的一个重要领域，涉及热力学、电动力学、量子力学、凝聚态物理和数学物理方法等相关基础知识。然而，工科院校的大部分研究生在本科学习阶段没有学过这些基础知识，所以在编写本书超导机理和理论内容时侧重于对每种理论的形成历史、基本原理、关键假设和重要结论进行介绍，尽量避免涉及热力学、电动力学、量子力学、凝聚态物理和数学物理方法较深的内容和烦琐的数学推导过程。

超导技术涉及多个工程学科，包括材料合成、机械加工、绝热与制冷、自动控制、电工和电子器件等。超导技术应用在过去 50 年得到了长足的发展，主要包括超导磁体、超导电子器件、超导磁悬浮和超导电力技术等。应用领域涵盖大科学工程、医疗设备、测量仪器、电力、通信和交通等。本书介绍目前实用超导材料的发展现状和主要超导技术应用领域，并涵盖世界上最新超导技术的发展成果和揭示超导技术研究的前沿领域。

全书共 8 章，系统介绍有关超导科学与技术的基础知识。主要内容包括：回顾材料、科学和技术发展的历史，介绍发现超导现象的时间及时代背景，总结超导研究和技术发展的主要历史阶段；阐述零电阻、完全抗磁性及约瑟夫森效应等超导体的基本物理性质，介绍超导体的主要特征参数及其测量方法；介绍描述超导体基本性质的经典物理理论，包括两流体模型、伦敦理论和金兹堡-朗道理论这三种唯象理论，以及从微观物理出发的 BCS 理论，指出每种理论促进超导科学发展的历史意义和存在的局限性。此外，对近几十年围绕高温超导现象的理论探索工作也进行了一些简要介绍，包括第二类超导体的磁化特性及描述实用超导材料磁化过程的比恩临界态模型以及在此基础上改进的 Kim-Anderson 模型；阐述实用超导材料产生交流损耗的内在性和主要因素；概述目前已经实现商业化生产的主要实用超导材料的品种和性能，讨论发展新的实用超导材料的方向；重点介绍超导磁体、超导电力、超导量子干涉器件和超导磁悬浮技术的发展现状。本书还对与超导技术应用紧密相关的低温和绝热技术的基本知识进行介绍。陈述目前在发展科学、准确的超导理论和推广大规模超导技术应用方面面临的主要问题，展望解决这些问题对推动科学与技术进步的重大意义和对人类的生产、生活可能产生的重大影响。

党的二十大报告指出："加强基础研究，突出原创，鼓励自由探索。"在本书的编写过程中，注重内容的逻辑性和完整性，力求知识准确、形式新颖。同时，将科学发展史和方法论渗透到本书的内容中，致力于开阔学生的视野、激发学生对科学研究的兴趣和培养学生科学研究的能力。为了便于学生更好地掌握本书的基本内容和扩大知识面，书中设置了课外读物，包括与基本内容相关的扩展知识、科学史话和人物小传。书中部分图片以二维码的形式链接彩色图片，读者可以扫描相关的二维码查看彩色图片。另外，将作者研究组近年来的一些新的研究成果纳入本书的内容。

本书的第 1～3 章、4.1 节、4.2 节、4.3 节部分内容、4.4 节、第 5 章、6.1 节、6.2 节、6.3 节部分内容、6.4 节部分内容、7.1 节、7.6 节和第 8 章由信赢撰写，6.3 节部分内容、6.4 节部分内容、7.2 节、7.3 节部分内容、7.4 节、7.5 节由李超撰写，4.3 节部分内容、7.3 节部分内容由杨天慧撰写。杨天慧制作了书中大部分的图片、表格，整理了课外读物的内容，并对书稿做了编辑和校对工作。信赢对全书内容做了规划、指导和审定工作。

作者研究组的李文鑫、杨超、李赓尧、邢钰滢和栗宁参与了书稿的校对及部分课外读物的收集、整理工作，洪玮和王常骐对书中内容进行了检查和修改。华中科技大学耿建昭教授对书稿提出了细致和有益的修改意见。湖南大学的翟雨佳教授、英国曼彻斯特大学的张鸿业博士和西南交通大学的梁乐博士参与了书稿的校对工作。在编写 5.2 节低温超导材料的内容时请教了西北有色金属研究院的闫果博士，得到了他的热情帮助。中国科学院古脊椎动物与古人类研究所的周忠和院士对 1.1 节的内容撰写提供了宝贵的意见。在此对他们表示衷心的感谢。同时感谢天津大学研究生院"研究生创新人才培养项目(项目编号：YCX202133)"对本书立项和撰写工作的支持。

由于作者学识、能力和经验的局限，书中难免有不当之处，敬请读者批评指正。

作　者

2023 年 8 月

目　录

第 1 章　超导现象的发现与超导材料、科学和技术发展简史

本章主要介绍材料、科学和技术发展的历史，以及超导现象发现的时间和时代背景，总结超导研究和技术发展的主要历史阶段。

1.1　材料、科学和技术发展简史

根据已发现的古猿和古人类化石，目前考古学界比较普遍的观点认为最早的人类可能出现在距今约 700 万年之前。人类在漫长的进化过程中，与其他动物的差异越来越大，其根本原因就是人类不断地发展了科学与技术，而其他动物则没有。这种发展有时是主动的，但绝大部分时间是被动的。无论主动还是被动，科学与技术的发展都与人类对各种物质材料的认识、使用和创造的能力密不可分。

考古学家把青铜器出现之前人类存在的很漫长的一段时间称为石器时代，即以使用、打制石器为标志的人类物质文明发展阶段。石器时代又分为旧石器时代和新石器时代。最新的考古学成果揭示，最古老石器的出现时间在距今 330 万年前，从这时起到大约 1 万年前的这段时间被称作旧石器时代，接下来为新石器时代。随着青铜时代(约 5000 年前)的到来，新石器时代结束。由于社会发展进程的差异，世界各个地区的时代交替时间有所不同。另外需要说明的是，石器时代并不代表那个时候的人类只会使用石器。

人类对材料认识和使用的进步过程经历了十分漫长的时间。在旧石器时代的大部分时间里，人类使用的石器比较简陋，一般以天然砾石为原始材料，通过敲击打成碎块，再稍做加工。所加工产品的形状很难控制，根据其形状和大小一般用作砍砸器、刮削器、尖状器等。同时，人类也逐渐学会了利用动物的骨、皮和角器以及植物的枝干等天然材料制作工具和器皿，但是因为这些有机物质经过如此漫长的年月会发生分化、裂解，不能像石器那样较完整地保留到现在，所以考古学家只能通过对痕迹和灰土等残留物的分析、辨别来发现人类使用这类工具的蛛丝马迹。

图 1.1 是根据考古结果想象出的旧石器时代早期人类在野外生活和劳动的场景。

大约 2 万年前，地球上最后的冰河时期渐渐过去，自然气候变暖，这使采集和渔猎经济有了较大的发展。这就是旧石器时代向新石器时代的过渡阶段。这时，人类已经能够使用燧石组合制成的小型工具，现在在某些地区还可以找到捕鱼工具以及独木舟、桨这些木制物品的化石或痕迹。旧石器时代晚期的石器打制技术有了很大提高，加工也越来越精细，并出现了石器穿孔技术。这时的石器工具已经向用途专一化方向发展，如石斧、石锛、石凿、石锥、石钵、石镞等。有的石器还带有可以安装木柄的圆孔，这说明人类已经学会通过装柄和捆绑等方法同时使用多种材料制作复合工具。

彩图 1.1

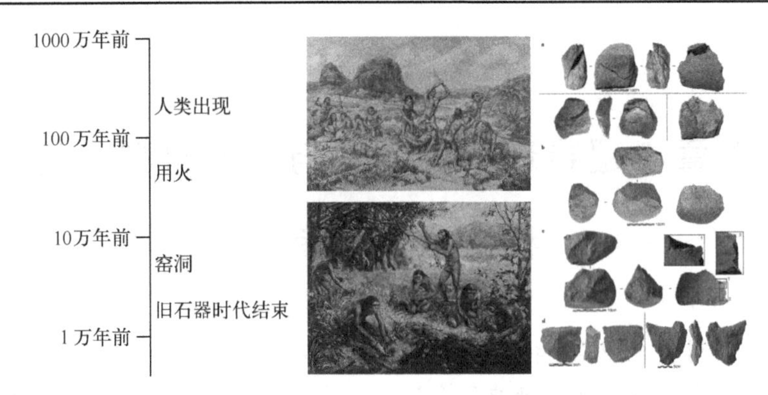

图 1.1　旧石器时代的石器工具和人类的生活场景(HARMAND et al.，2015)

新石器时代是石器时代的最后一个阶段，跨越时间较短，人类制作石器的工艺更加成熟，出现了大量的磨制石器工具。图 1.2 展示的是新石器时代人类的生产、生活工具。这个时期，人类开始了简单的农业和畜牧活动，将植物的果实加以播种，并把野生动物驯服和饲养用于生产或食用。人类不再只依赖大自然提供食物，因此食物的来源逐渐变得稳定。同时，农业与畜牧的经营也使人类由逐水草而居变为定居，节省下更多的时间和精力。在这样的基础上，人类生活得到了更进一步的改善，为多元化的人类文明发展创造了条件。

彩图 1.2

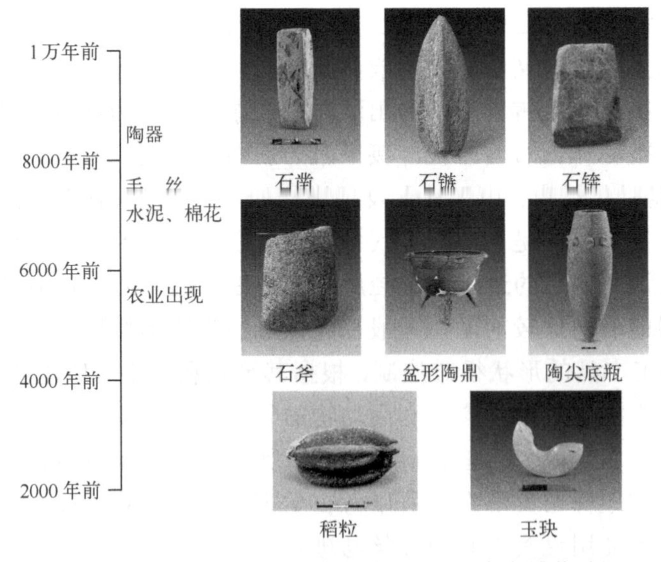

图 1.2　新石器时代的生产、生活工具(南京博物院)

在新石器时代，人类已经能够制作陶器、纺织品，开始了农业和畜牧业，晚期开始了冶金活动。棉花种植最早出现在大约 7000 年前印度河流域，带来了人类穿衣方式的革命性进步。作为主要建筑材料的水泥，在约 7000 年前由埃及人发明，而水泥真正得到大发展是在古罗马时代，因而古罗马建筑至今仍完好存在。这就是材料、技术对人类社会发展作用的最好例证之一。材料和技术的进步，推动了社会文明的进步，并可以更好地将文明成果延续下去。

接下来是青铜时代，各个地域进入青铜时代的时间不同，如希腊在 5000 年前，埃及在 4500 年前，中国在 4200 年前。青铜是铜与锡或铅的合金，埋在土里后颜色因氧化而呈青灰色，故名青铜。青铜的熔点为 700～900℃，比红铜(纯铜)的熔点(1083℃)低。含锡 10%的青铜，硬度为红铜的 4.7 倍，性能良好。青铜时代初期的青铜器具并不普及，人类使用的工具还是以石器为主。进入中后期，青铜器具在人类生产、生活中的比重逐步增加。随着青铜器的大量使用，农业和手工业的生产力水平明显提高，人类的物质生活条件也渐渐丰富，从而推动了社会生产力的提高。

中国青铜时代的鼎盛时期是在距今 3700～2250 年。在这一时期，中国青铜器不但数量多，而且造型丰富，品种繁多。青铜器被广泛用作炊器、食器、酒器、礼器、祭祀器、乐器、兵器等。图 1.3 展示了青铜与铁出现的年代及我国出土的一些重要青铜器。

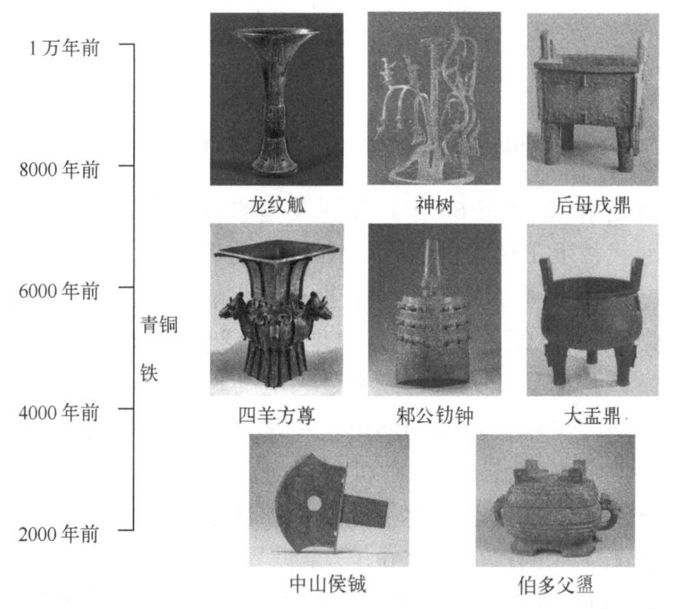

彩图 1.3

图 1.3　青铜与铁出现的年代及我国出土的一些重要的青铜器(中国青铜器全集)

同一时期(4700 年前)，在美索不达米亚(Mesopotamia，两河流域)出现了炼铁(海绵铁)技术，为其后人类使用铁器铺上了奠基石。

在青铜时代，中国出现了不少思想家，希腊也出现了现代科学的启蒙，这是一个人类社会、科学和技术发展的繁荣期。

大约 3400 年前，地处黑海和地中海之间的赫梯帝国(Hittie Empire)最先发明了用铁炼钢技术，实现了铁器的实用化。钢铁的许多材料性能远优于青铜，钢铁材料的使用大大推动了人类生产力的进步。中国在春秋战国时期(公元前 770～公元前 221 年)钢铁冶金工艺领先世界，有生铁、韧性铸铁和生铁炼钢，是华夏文明的又一个重要组成部分。

公元前 2000 年左右，古埃及人已开始使用玻璃作为器皿。我国西周时期开始能够制造玻璃；东汉时期，蔡伦在古老造纸术的基础上，对原材料、工艺进行了改进，制造出了质量很高的纸；到了隋唐时期，我国已将火药应用于战争。图 1.4 描绘了公元前 2000 年至公元 1700 年重要的材料、技术进步里程碑。

1700 年以后，经历了两次工业革命，材料、科学和技术的发展越来越快。

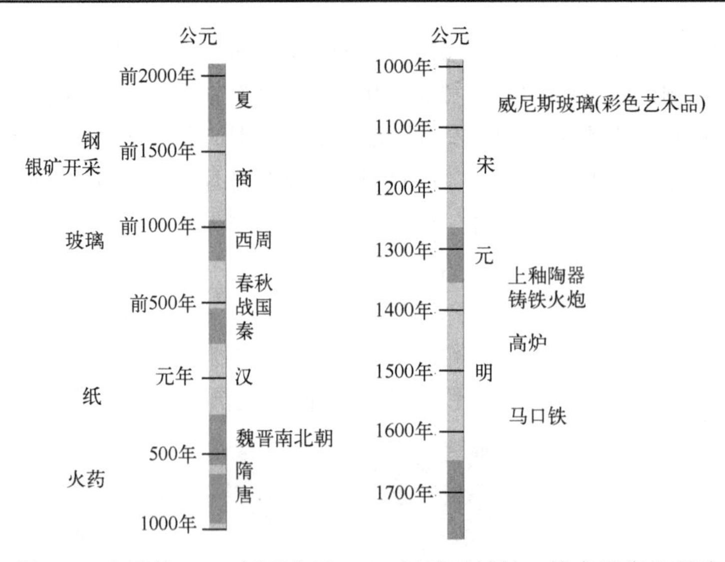

图 1.4　公元前 2000 年至公元 1700 年重要材料、技术进步里程碑

第一次工业革命是指 18 世纪 60 年代英国发起的技术革命，以蒸汽机被广泛使用为标志，开创了以机器代替手工劳动的时代。1840 年前后，英国成为世界上第一个工业化国家，大机器生产基本上取代了传统的手工业，工业革命基本完成。

第二次工业革命从 19 世纪中期开始，以电的广泛使用为标志。电器开始代替机器，电成为补充和取代蒸汽机的新动力源，人类迈入电气时代。19 世纪早期，人们发现了电磁感应现象，在进一步完善电学理论的同时，科学家开始研制发电机。19 世纪 60 年代至 70 年代，可以实际应用的发电机、电动机相继问世，实现了电能和机械能的相互转换。第二次工业革命的又一重大成就是内燃机的发明和使用。内燃机的使用，推动了石油开采业的发展和石油化工工业的产生。1870 年，全世界只生产了大约 80 万吨石油，到 1900 年石油产量已猛增到 2000 万吨。第二次工业革命期间，电信事业的发展尤为迅速。继有线电报出现之后，电话、无线电报相继问世，为快速地传递信息提供了方便。

第二次工业革命同第一次工业革命相比，具有以下三个特点。

(1) 在第一次工业革命时期，许多技术发明都来源于工匠的实践经验，科学和技术尚未真正结合。而在第二次工业革命期间，自然科学的新发展开始同工业生产紧密地结合起来，推动了生产力的发展。这方面最典型的例子之一就是詹姆斯·克拉克·麦克斯韦(James Clerk Maxwell)利用数学工具把电场规律和磁场规律联系起来，建立了麦克斯韦方程组。麦克斯韦方程组不但准确地描述了电场和磁场的定量转换关系，而且预言了电磁波的存在，大大地推动了电、磁技术的发展和无线通信技术的诞生。

(2) 第一次工业革命首先发生在英国，重要的新机器和新生产方法主要是在英国发明的，其他国家工业革命发展相对缓慢。而第二次工业革命几乎同时发生在几个先进的资本主义国家，新的技术和发明超出了一国的范围，其规模更加广泛，发展也更加迅速。

(3) 第二次工业革命开始时，有些主要资本主义国家(如日本)尚未完成第一次工业革命，对它们来说，两次工业革命是交叉进行的。它们既吸收了第一次工业革命的技术成果，又直接利用了第二次工业革命的新技术，取得较快的经济发展速度。

图 1.5 记录了 1700～2000 年的重大科技事件。

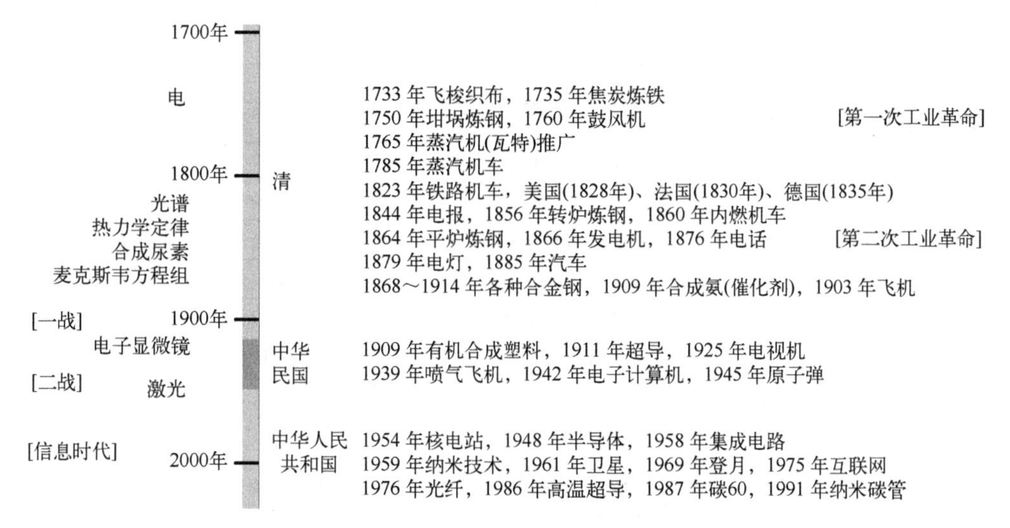

图 1.5　1700～2000 年科技发展纪年表

19 世纪和 20 世纪可以称为科学的世纪，很多科学理论在此期间得到了证实，有些转化为物质力量，推动了经济发展。更具有划时代意义的是 20 世纪的三大发现及相关理论的提出，即阿尔伯特·爱因斯坦(Albert Einstein)的相对论，马克斯·卡尔·恩斯特·路德维希·普朗克(Max Karl Ernst Ludwig Planck)、尼尔斯·亨利·戴维·玻尔(Niels Henrik David Bohr)、路易·维克多·德布罗意(Louis VictorDuc de Broglie)、沃纳·卡尔·海森堡(Werner Karl Heisenberg)、埃尔温·薛定谔(Erwin Schrödinger)及保罗·阿德里安·莫里斯·狄拉克(Paul Adrien Maurice Dirac)等建立的量子理论，詹姆斯·杜威·沃森(James Dewey Watson)和弗朗西斯·哈利·康普顿·克里克(Francis Harry Compton Crick)提出的 DNA 遗传模型。三大发现及相关理论都对材料的研究与开发产生了深远影响。

课 外 读 物

扩展知识

1. 地质纪年体制

地质年代(geological age)又称地质时期(geological time)，是用来描述地球历史事件的时间单位，通常在地质学、考古学中使用。以地球历史发生的重要地质事件为分界，将其划为若干阶段而制作的标度，称作地质年代表或地质年表。

地质年代共分为六个时间单位，从大到小依次是宙/元(eon)、代(era)、纪(period)、世(epoch)、期(age)、时(chron)。它们分别与年代地层学中表示岩层年龄单位的宇、界、系、统、阶、带相对应。

各个宙/元、代、纪、世、期或时都有自己的名称，用于描述生物在不同地质时空的发展程度，一般以首先研究它们时期岩石的地点来命名，详细描述见表 1.1。

表 1.1　各个地质年代所对应的生物演化情况

<table>
<tr><td>冥古宙</td><td colspan="3">生命现象开始的时期</td></tr>
<tr><td>太古宙</td><td colspan="3">初始生物的时期</td></tr>
<tr><td>元古宙</td><td colspan="3">肉眼可见个体的多细胞生物出现</td></tr>
<tr><td rowspan="11">显生宙</td><td rowspan="11">现代生物存在的时期</td><td rowspan="6">古生代，古代生物的时期</td><td>寒武纪(Cambrian)，取名于拉丁文 Cambria，即威尔士的古名</td></tr>
<tr><td>奥陶纪(Ordovician)，名称来自大不列颠凯尔特人的古老部落(奥陶部落)</td></tr>
<tr><td>志留纪(Silurian)，名称来自大不列颠的古老部落(志留部落)</td></tr>
<tr><td>泥盆纪(Devonian)，名称来自英国德文郡(Devonshire)</td></tr>
<tr><td>石炭纪(Carboniferous)，名称来自大不列颠群岛的含煤的岩石</td></tr>
<tr><td>二叠纪(Permian)，取名于俄罗斯的彼尔姆州(Perm)。二叠纪一词来自日本，因为德国的此地层分为两层</td></tr>
<tr><td rowspan="3">中生代，中等进化生物的时期</td><td>三叠纪(Triassic)，来自拉丁文“三”(Trias)，因为最初发现的地层明显分为三层</td></tr>
<tr><td>侏罗纪(Jurassic)，取名于法国与瑞士之间的汝拉山(Jura Mountain，又翻译作侏罗山)</td></tr>
<tr><td>白垩纪(Cretaceous)，取自拉丁文 Creta，意指白垩</td></tr>
<tr><td rowspan="2">新生代，现代生物的时期</td><td>第三纪(Tertiary)，第三个衍生物。目前，第三纪已经被撤销。原来的第三纪现在分为古近纪和新近纪</td></tr>
<tr><td>第四纪(Quaternary)，第四个衍生物，是地质时代中的最新的一个纪，包括更新世和全新世两个世</td></tr>
</table>

早期地质年代分为第一纪、第二纪、第三纪和第四纪四个时期。第四纪是人类存在的时代；第三纪是哺乳动物出现的时代；第二纪是爬虫类动物时代；第一纪包括爬行动物出现以前的时代。后来经过详细划分，将第一纪和第二纪分成更细的层次，所以在 19 世纪时就取消了第一纪和第二纪这两个名称。

2. 更新世和全新世

更新世亦称洪积世(从 2588000 年前到 11700 年前)，英国地质学家查尔斯·莱尔(Charles Lyell)于 1839 年创用，指地质时代第四纪的早期。1846 年爱德华·福布斯(Edward Forbes)又把更新世称为冰川世。

全新世是最年轻的地质年代，从 11700 年前开始。根据传统的地质学观点，全新世一直持续至今。

更新世和全新世是囊括人类诞生和发展历史的两个地质年代。图 1.6 展示了更新世、全新世和石器时代、青铜时代的时间关系。

<table>
<tr><td rowspan="3">更新世</td><td rowspan="4">石器时代</td><td rowspan="3">旧石器时代</td><td>旧石器时代初期</td></tr>
<tr><td>旧石器时代中期</td></tr>
<tr><td>旧石器时代晚期</td></tr>
<tr><td rowspan="4">全新世</td><td colspan="2">新石器时代(红铜时代)</td></tr>
<tr><td rowspan="3">青铜时代</td><td colspan="2">青铜时代初期</td></tr>
<tr><td colspan="2">青铜时代中期</td></tr>
<tr><td colspan="2">青铜时代晚期</td></tr>
</table>

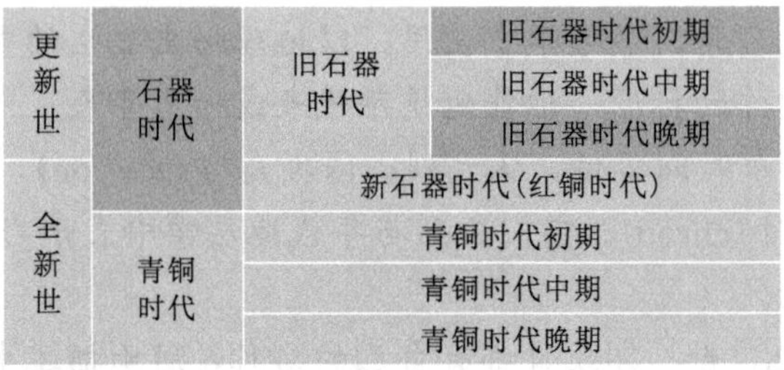

图 1.6　更新世、全新世和石器时代、青铜时代的时间关系

人物小传

阿尔伯特·爱因斯坦(Albert Einstein，1879—1955年)，是出生于德国，拥有瑞士和美国国籍的犹太裔理论物理学家。他创立了相对论并对量子力学的创立做出了重要贡献，也是质能等价公式($E=mc^2$，其中，E为能量，J；m为质量，kg；c为真空中的光速，$c=$ 299792458m/s)的提出者。因为对理论物理的贡献，特别是发现了光电效应的原理，爱因斯坦荣获1921年度的诺贝尔物理学奖(1922年颁发)。

1879年3月14日，爱因斯坦出生在德意志帝国符腾堡王国乌尔姆的一个阿什肯纳兹犹太人家庭。1896年，年仅17岁的爱因斯坦获准进入苏黎世联邦理工学院师范系数理科学习物理。1900年，爱因斯坦在极具权威性的德国科学杂志《物理年鉴》(*Annalen der Physik*)上发表了论文《毛细现象的结论》(*Conclusions from the Capillarity Phenomena*)，由于这篇论文的基本猜测并不正确，其对于日后物理学的发展并没有做出任何实质贡献。那年，他决定继续攻读博士学位，由于苏黎世联邦理工学院并不提供物理博士学位，他必须通过特别安排从苏黎世大学得到博士学位。1901年，他成为苏黎世大学实验物理学教授阿尔弗雷德·克莱纳(Alfred Kleiner)的博士研究生。1905年，他完成了博士学位论文《分子大小的新测定法》(*Eine neue Bestimmung der Moleküldimensionen*)，并获得博士学位。同年，他发表了关于光电效应、布朗运动、狭义相对论、质量和能量关系的四篇论文，在物理学的四个不同领域中取得了历史性成就。该年被后人称为“爱因斯坦奇迹年”。

1908年，爱因斯坦已被公认为物理学领域的顶尖学者，伯尔尼大学聘请他为讲师。1909年，苏黎世大学新设立了一个理论物理学副教授席位，爱因斯坦成为苏黎世大学的理论物理学副教授。那时，布拉格查理大学正在努力招募年轻物理人才，爱因斯坦1911年转任这所大学的教授，同时获准成为奥匈帝国的公民。任职期间，他共撰写了11篇科学论文，其中5篇论述辐射数学与固体量子理论。1912年7月，他又回到母校苏黎世联邦理工学院担任理论物理学教授。

应普朗克和瓦尔特·赫尔曼·能斯特(Walther Hermann Nernst)的邀请，爱因斯坦于1914年回到德国担任威廉皇家物理研究所的第一任所长(1914～1932年)兼柏林大学教授。很快地，他当选为普鲁士科学院院士。1916年，他又被选为德国物理学会的会长(1916～1918年)。

1915年，爱因斯坦发表了广义相对论，他预言，光线经过太阳引力场时会被弯曲。该预言由英国天文学家亚瑟·斯坦利·爱丁顿(Arthur Stanley Eddington)于1919年5月29日观测日食的结果所证实。全世界的很多新闻媒体都以头版报道了这惊人的观测结果，爱因斯坦因此成为家喻户晓的物理学者。同年11月7日，英国《泰晤士报》的头条新闻标题宣告：“科学革命，宇宙新理论已将牛顿绘景推翻。”

1917年，爱因斯坦在《论辐射的量子性》(*The Quantum Theory of Radiation*)一文中提出了受激辐射理论，开创了激光学术领域。

1933年，由于希特勒的反犹太主义政策，爱因斯坦公开发表《不回德国声明》，留在美国成为普林斯顿高等研究院的常驻教授。此后有生之年，他几乎都在这里度过，再也没有踏入欧洲一步。在这段时期，爱因斯坦尝试发展统一场理论，驳斥量子物理的哥本哈根诠释，但都没有获得重大突破，他逐渐地与物理研究的主流趋势脱节。

爱因斯坦的主要科学成就如下。

1）相对论和爱因斯坦质能方程

爱因斯坦的相对论曾经有很多年备受争议，他获得1921年诺贝尔物理学奖并不是因为他对相对论做出的重大贡献。普朗克是最热烈支持相对论的物理学者之一。

2）光子能量量子化

爱因斯坦得到了一个结论：频率为ν的光束是由能量为$h\nu$的光量子组成的，其中h为普朗克常量。爱因斯坦并没有对这个结论给出很多解释，实际上，他并不确定光量子与光波之间的关系，但是，他的确提出了这个结论能够解释某些实验结果，尤其是光电效应。

3）量子化原子振动

1907年，在论文《普朗克的辐射理论和比热容理论》(*Planck's Theory of Radiation and the Theory of Specific Heat of Solids*)里，爱因斯坦提出一种新的描述物质的物理模型，称为爱因斯坦模型。在这个模型里，位于晶格结构里的每一个原子都被视为一个独立的量子谐振子，它们各自以相同频率像弹簧一样做简谐振动，因此具有离散的能级。杜隆-珀蒂定律预言比热容为常数，在高温极限时，这个模型给出相同的理论结果。而当温度趋于0K时，这个模型预言比热容也趋于零，与实验结果相符合。这是20世纪初期第三个被发现的重要量子理论。

4）波粒二象性

在爱因斯坦的光量子假说中，光量子只是表现出能量的不连续性，它尚未被赋予粒子应具有的性质，所以不能被严格视为粒子。1909年，在爱因斯坦发表的两篇论文《论辐射问题的现状》(*On the Present Status of the Radiation Problem*)与《论我们关于辐射的本性和组成的观点的发展》(*On the Development of Our Understanding of the Nature and Composition of Radiation*)里，爱因斯坦阐明光量子具有确定的动量，并且在某些方面表现出类似点粒子(point particle)的物理行为。吉尔伯特·牛顿·路易斯(Gilbert Newton Lewis)于1926年给出术语“光子”的命名。

5）临界乳光理论

在临界点附近，照射于介质的光束会被介质强烈散射，这种现象称为临界乳光。波兰物理学者马里安·斯茅鲁樵斯基(Marian Smoluchowski)于1908年首先表明，临界乳光的机制为介质密度涨落，他并没有给出相关的方程。两年后，爱因斯坦应用统计力学严格论述介质的分子结构所形成的密度涨落，从而推导出相关的方程，并且用这个方程给出另一种计算阿伏伽德罗常数的方法。更有意思的是，临界乳光的机制可以解释天空呈蓝色的现象。

6）广义相对论

爱因斯坦在1907～1915年创建的广义相对论是一种引力理论。根据广义相对论，在质量与质量之间观测到的引力源自这些质量所造成的时空弯曲。在现代天文物理学里，广义相对论是重要工具。

爱因斯坦在获得 1921 年诺贝尔物理学奖时发表演讲，他表示狭义相对论对于惯性运动的偏好并不令人满意，而从最开始就不偏好任何运动状态（不论是匀速运动还是加速运动）的理论，应该会显得更令人满意，因此他才会尝试发展广义相对论。

7) 引力波

引力波是时空曲率的涟漪以波动的形式从波源向外传播，同时会有能量向外传输。1916 年，爱因斯坦预言了引力波的存在，根据广义相对论，洛伦兹不变性使得引力波的存在成为可能，由于引力相互作用必须以有限速度传播于空间。但根据牛顿万有引力定律无法得到这种结果，因其假定引力相互作用是以无穷高速度传播于空间的。

普林斯顿大学物理学家拉塞尔·艾伦·赫尔斯（Russell Alan Hulse）和约瑟夫·胡顿·泰勒（Joseph Hooton Taylor）于 1974 年发现首个脉冲双星系统 PSR B1913+16，通过对其深入研究，首次发现引力波存在的间接定量证据。2016 年 2 月 11 日，正好在爱因斯坦预言发表 100 年之后，LIGO（Laser Interferometer Gravitational-Wave Observatory）团队宣布，已直接探测到引力波，其源头来自双黑洞融合机制。

8) 宇宙学

根据爱因斯坦场方程，静态宇宙不可能存在，宇宙只能扩张或收缩。为了使宇宙保持静态，爱因斯坦在他的方程中加入了一个宇宙常数项，然后让宇宙常数项与宇宙质量项相互抵消，这样，宇宙常数可以抗拒引力的效应，从而实现静态宇宙。然而，爱德文·鲍威尔·哈勃（Edwin Powell Hubble）于 1929 年确定宇宙呈膨胀状态。爱因斯坦只好放弃宇宙常数，他认为在引力方程中引入该常数是他“一生中最大的错误”。然而，后来人们发现宇宙正在加速膨胀，这种现象表明宇宙常数是一个很小的数值 $10^{-52}m^{-2}$，但并不为零。

爱因斯坦是 20 世纪最重要的科学家之一，一生总共发表了 300 多篇科学论文和 150 篇非科学作品，享有“现代物理学之父”之誉。爱因斯坦因在数学、物理方面的成就，尤其是发现了光电效应的规律，使他获得了 1921 年度的诺贝尔物理学奖。他卓越和原创性的科学成就使得“爱因斯坦”一词成为“天才”的同义词。

马克斯·卡尔·恩斯特·路德维希·普朗克（Max Karl Ernst Ludwig Planck，1858—1947 年），德国物理学家，量子力学的创始人。因发现能量量子获得 1918 年度的诺贝尔物理学奖（1919 年颁发）。

1858 年 4 月 23 日，普朗克出生在基尔的一个受到良好教育的传统家庭。1867 年，普朗克在慕尼黑的马克西米利安文理中学读书，他受到数学家奥斯卡·冯·米勒（Oskar von Miller）的启发，对数理方面产生了兴趣。米勒还教他天文学、力学和数学，普朗克从米勒那里学到了生平第一个物理定律——能量守恒定律。

慕尼黑的物理学教授菲利普·冯·约利（Philipp von Jolly）曾劝说普朗克不要学习物理，他认为“这门科学中的一切都已经被研究了，只有一些不重要的空白需要被填补”，这也是当时许多物理学家所坚持的观点，但是普朗克回复道：“我并不期望发现新大陆，只希望理解已经存在的物理学基础，或许能将其加深。”1874 年，普朗克在慕尼黑开始了他的物理学学业。普朗克的整个科学事业中仅有的几次实验是在约利指导下完成的，是研究氢气在加热后的铂中的扩散，但是普朗克很快就把研究转向了理论物理学。

1877～1878 年，普朗克转学到柏林，跟随著名物理学家赫尔曼·冯·亥姆霍兹(Hermann von Helmholtz)、古斯塔夫·罗伯特·基尔霍夫(Gustav Robert Kirchhoff)以及数学家卡尔·特奥多尔·威廉·魏尔施特拉斯(Karl Theodor Wilhelm Weierstrass)学习。关于亥姆霍兹，普朗克曾这样写道：“他上课前从来不好好准备，讲课时断时续，经常出现计算错误，让学生觉得上课很无聊。”而关于基尔霍夫，普朗克写道：“他讲课仔细，但是单调乏味。”

即便如此，普朗克还是很快与亥姆霍兹建立了真挚的友谊。普朗克主要从鲁道夫·朱利叶斯·伊曼纽尔·克劳修斯(Rudolf Julius Emanuel Clausius)的讲义中自学，并受到这位热力学奠基人的影响，热力学理论成为普朗克的工作领域。

1878 年 10 月，普朗克在慕尼黑完成了教师资格考试。1879 年 2 月，他递交了他的博士论文《关于热力学第二定律》(*Über den zweiten Hauptsatz der mechanischen Wärmetheorie*)，然后他暂时回到之前在慕尼黑所待的学校，并在那里教数学及物理学。1880 年 6 月凭借论文《各向同性物质在不同温度下的平衡态》(*Gleichgewichtszustände isotroper Körper in verschiedenen Temperaturen*)获得大学任教资格。

1885 年 4 月，基尔大学聘请普朗克担任理论物理学教授，普朗克继续对熵及其应用的研究，主要解决物理化学方面的问题。1889 年 4 月，亥姆霍兹通知普朗克前往柏林，接手基尔霍夫的工作。1894 年，普朗克被选为普鲁士科学院的院士。1907 年维也纳曾邀请普朗克前去接替路德维希·爱德华·玻尔兹曼(Ludwig Eduard Boltzmann)的教职，但他没有接受，而是留在了柏林，他受到了柏林大学学生会的火炬游行队伍的感谢。

1905 年，爱因斯坦在科学杂志《物理年鉴》中发表了三篇开创性的论文，普朗克是少数很快发现爱因斯坦狭义相对论重要性的人之一，由于普朗克的影响力，狭义相对论很快在德国得到认可，普朗克自己也对狭义相对论的完成做出了重要贡献。

1910 年，爱因斯坦指出低温下比热的不正常表现，是又一个无法用经典理论解释的现象，为了对这些有悖经典理论的现象寻求合理的解释，普朗克和能斯特于 1911 年在布鲁塞尔组织了第一次索尔维会议(Solvay congress)，在这次会议上，爱因斯坦终于说服了普朗克。

1913 年，普朗克担任柏林大学校长不久，他将爱因斯坦请到了柏林，并在 1914 年为爱因斯坦设立了一个新的教授职位，他们很快便结下了很深的友谊。

普朗克于 1926 年 10 月 1 日退休，他的继任者是薛定谔。

1938 年，德国物理学会为普朗克 80 岁生日举办了庆祝活动，在活动期间将马克斯·普朗克奖章授予了法国物理学家路易·德布罗意。这次生日，普朗克收到了约 900 份贺信，他都逐一给予了回复。

虽然年事已高和受到越来越多的健康问题的困扰，但普朗克在他的晚年仍旧前往各地演讲。1946 年 7 月，普朗克作为唯一一位被邀请的德国人，参加了英国皇家学会纪念艾萨克·牛顿(Isaac Newton)300 周年诞辰的庆典。

1.2　超导现象的发现

19 世纪末，由于电的应用和电磁波的发现，人们对电的研究出现了空前的热情。当时对电子如何在金属中运动还没有一个被一致接受的理论。以詹姆斯·杜瓦(James Dewar)为代表的许多科学家推测在温度达到 0K 时纯金属的电阻应减小为零，但是有一部分科学家不同意这种观点，例如，当时非常有名望的理论物理学家威廉·汤姆森(William Thomson)就预言金属的电阻会随着温度的降低而变小直到达到一个最小值，然后随着温度的继续降低而增大。

到底哪一种观点是对的呢？如果是在今天，这是一个在一夜之间就可以验证的问题。方法很简单：通过实验，作一条金属样品电阻随温度变化的曲线，让温度接近 0K，结论就会出来。虽然 19 世纪的许多实验都发现了金属导体的电阻随着温度的降低而减小的现象，但由于人们还不能得到足够低的温度，用实验来验证低温下金属的电阻变化特性还是可望而不可即的。

所以在当时的欧洲，发展制冷技术，得到更低的低温实验条件成了许多物理学家和化学家的理想和行动。1883 年，卡罗尔·斯坦尼斯瓦夫·奥尔哲夫斯基(Karol Stanisław Olszewski)和齐格蒙特·乌鲁布莱夫斯基(Zygmunt Wróblewski)实现了氧气和氮气的液化(分别达到 90.2K 和 77.3K)。15 年以后，杜瓦成功地将氢气液化，达到了 20.5K 的低温。低温技术得到了长足的进步，但是能够实现的温度下限还是没有达到可以论证上面两种推论孰是孰非的程度。

1908 年，荷兰实验物理学家海克·卡末林·昂尼斯(Heike Kamerlingh Onnes)成功地将氦气液化，达到了 4.2K 的低温。然后又通过减压的方法，把温度降到了 1.5K。这是他自 1882 年被聘为莱顿大学(University of Leiden)的实验物理学教授 20 多年以来孜孜不倦、勤奋努力的结果。昂尼斯是一个善于动手的科学家，重视实际操作，相信“做中学”的道理。他有一句格言，就是“通过测量来理解”(to comprehend through measurement)。

实现氦气液化的这个成就本身已经确立了昂尼斯在科学史上的地位，但他并没有因此停止他的实验工作。他所制造的设备 1h 可以产生 280ml 的液氦，他计划用一些这种宝贵的液体进行金属电阻的测量实验。他希望这种在当时可以说前所未有的低温实验条件能够使他确定当时盛行的几种有关金属内电子导电机理的理论(他本人倾向“导体的电阻随着温度的降低会达到一个最小值，其后在温度进一步降低时会剧烈增大”的观点)哪一种是正确的。为此，他投入了大量的精力和进行了周密的策划，并得到了精通电测量的考尼里尤斯·道斯曼(Cornelius Dorsman)博士的帮助。他的实验组里还包括技师格里特·扬·弗利姆(Gerrit Jan Flim)和研究生吉尔莱斯·霍尔斯特(Gilles Holst)。图 1.7 是 1911 年昂尼斯和他的助手们在实验室里的照片。

因为金和铂这些贵金属性质比较稳定，在常温条件下又是很好的导体，所以昂尼斯首先选择了铂导线作为测量的实验样品。在实验中，昂尼斯的主要工作是保证低温容器工作正常，样品电阻的测量工作由霍尔斯特完成。实验结果是样品的电阻随着温度的降低而减小，并在 4.3K 达到最小。以后虽然温度持续降低，但样品的电阻不再变化。这个结果虽然与当时的一种理论推测基本吻合，但昂尼斯认为这也可能是样品中存在杂质所造成的现象。于是，他又带领实验组用金样品重复地做了实验，其结果与铂样品相似。

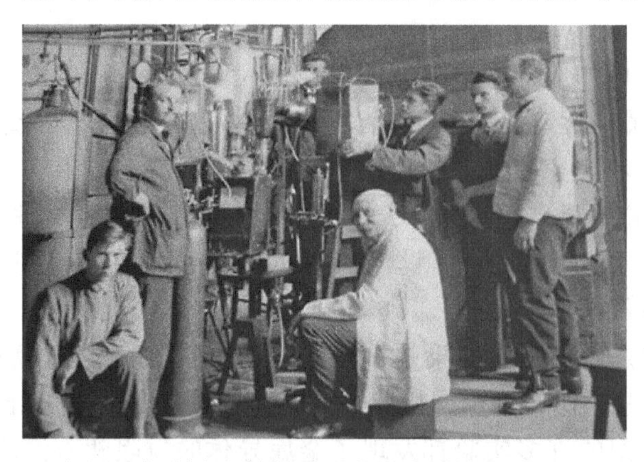

图 1.7　1911 年昂尼斯(中)和他的助手们在实验室里(ROGALLA，2012)

昂尼斯还是不甘心就此罢休，开始寻找一种可以排除杂质影响的样品。他终于发现汞是一种比较理想的样品材料。汞在室温下是液体，在 243.3K 时成为固体，可通过多次蒸馏的方法得到比铂、金、银纯度高得多的汞样品材料。

1911 年，他的实验组对汞导线样品进行测量，在温度达到 4.2K 时，样品的电阻突然消失了。霍尔斯特首先断定是发生了线路短路，找来弗利姆帮忙查找短路的地方。两个人费尽九牛二虎之力，也没有找到问题所在。殊不知本来就没有发生线路短路，而是一种前所未知的物理现象发生了，这就是“超导”。当然，“超导”这个词当时并不存在。

在确认了实验结果不是失误所致之后，昂尼斯在笔记中写道：我以前认为纯金属的电阻会随着温度的降低减小到一个最小值，然后当温度进一步降低时，电阻会转而上升，而且在温度接近 0K 时达到无穷大。但是现在看起来更可能是这样的情况，虽然实际温度还没有达到 0K，但是电阻已经变得非常小。从实际的意义上讲，它消失了。当然，温度继续降低会是什么情况还有待验证。昂尼斯当然要探究下去，他利用氦蒸发减压的方法把温度降得更低，低到 1.7K，结果是样品的电阻仍没有增大的迹象。可以说，在测量的精确度内，样品的电阻为零。图 1.8 给出的电阻-温度曲线总结了当时的实验结果。

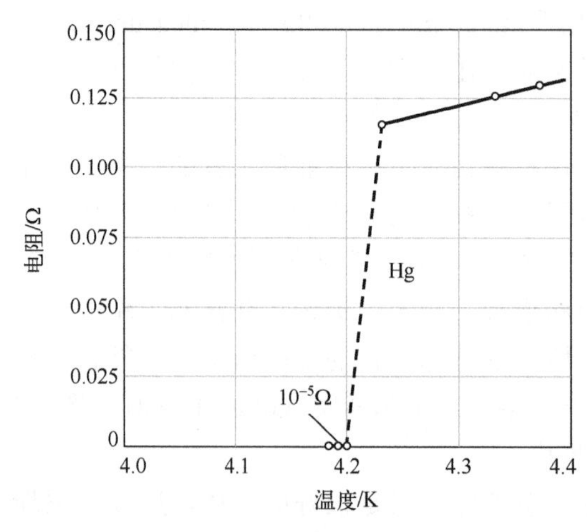

图 1.8　昂尼斯小组测得的汞样品电阻-温度曲线
温度分辨率为 0.1K，在 4.2K 时样品电阻消失

1911 年 10 月在布鲁塞尔召开的第一届索尔维会议上，昂尼斯宣布了这一系列实验结果。从会后出版的记录会议文字材料(里面包括每个发言后现场提出的问题)上分析，当时昂尼斯的发言在会议上并没有引起多大的反响，参会者并没有完全认识到这可能是一个新的物理现象的发现。图 1.9 是第一届索尔维会议参会者照片。

图1.9　第一届索尔维会议参会者照片(ROGALLA，2012)

前排从左至右：瓦尔特·能斯特、马赛尔·布里渊、欧内斯特·索尔维、亨德里克·洛伦兹、埃米尔·沃伯格、让·佩兰、威廉·维恩、玛丽·居里、亨利·庞加莱

后排从左至右：罗伯特·戈德施密特、马克斯·普朗克、海因里希·鲁本斯、阿诺德·索末菲、弗雷德里克·林德曼、莫里斯·德布罗意、马丁·克努森、弗里德里希·哈塞内尔、乔治·霍斯莱特、爱德华·赫尔岑、詹姆斯·金斯、欧内斯特·卢瑟福、海克·昂尼斯、阿尔伯特·爱因斯坦和保罗·朗之万

接下来，昂尼斯和他的助手们又发现了铟、锡和铅在3.4K、3.7K和7.2K也出现了电阻突然消失的现象。直到这时，这种电阻突然消失的现象才得到科学界的重视。因为导体的电阻消失，所以这种现象被称为超导现象。昂尼斯因为发现了超导现象而获得1913年的诺贝尔物理学奖。

人们把能够在温度低到一定程度时出现超导现象的物质称为超导体。早期发现的超导体都是金属元素，但并不是所有的金属都能在温度低到一定程度时出现超导现象，在常温下导电最好的几种金属，如银、铜、金等并不是超导体。后来人们逐渐发现，除金属之外，一些非金属元素、化合物、合金等也是超导体。另外，有些物质在环境压力下不是超导体，但在较高的压力下却成了超导体。

课 外 读 物

扩展知识

1. 温度和温标

温度是表示物体冷热程度的物理量，微观上来讲是物体分子热运动的剧烈程度。温度只能通过物体随温度变化的某些特性来间接测量，而用来量度物体温度数值的标尺叫温标。

温标是为了保证温度量值的统一和准确而建立的一个用来衡量温度的标准尺度。早期的温标为经验温标，是借助于某一种物质的物理量与温度变化的关系，用实验方法或经验公式所确定的。1714 年，德国人丹尼尔·加布里埃尔·华伦海特(Daniel Gabriel Farenheit)以水银为测温介质，以水银的体积随温度的变化为依据，制成玻璃水银温度计。他规定水的沸腾温度为 212℉，氯化氨和冰的混合物为 0℉，这两个固定点中间等分为 212 份，每一份为 1 华氏度，记作 1℉。这种标定温度的方法称为华氏温标。1740 年，瑞典人安德斯·摄尔修斯(Anders Celsius)把冰点定为 0℃，把水的沸点定为 100℃。用这两个固定点来分度玻璃水银温度计，将两个固定点之间的距离等分为 100 份，每一份为 1℃，记作 1℃。这种标定温度的方法称为摄氏温标。此外，还有一些类似的经验温标，如兰氏、列氏等。

国际单位制采用热力学温标(热力学温度)，其是由第一代开尔文男爵汤姆森于 1848 年利用热力学第二定律的推论卡诺定理引入的。它是一个纯理论上的温标，因为它与测温物质的属性无关。热力学温标符号是 T，单位是 K(开尔文，简称开)，是国际单位制(SI)的 7 个基本量之一。热力学温标以 0K 为最低温度，规定水的三相点的温度为 273.16K，1K 定义为水三相点热力学温度的 1/273.16。根据热力学理论，0K 时，构成物质的所有分子和原子均停止运动。

为了更好地统一国际温度量值，目前各国多将开尔文温标和摄氏温标作为国际实用温标。二者之间的关系是：开尔文温度 = 摄氏温度+273.15。例如，用摄氏温度表示的水三相点温度为 0.01℃，而用开尔文温度表示则为 273.16K。

2. 水的三相点

水的三相点是水的固、液、气三相平衡共存时的温度(其值为 273.16K，即 0.01℃)。它是在一个密封的装有高纯度水的玻璃容器(水三相点瓶)内复现的。

水三相点瓶是各级计量检定机构检定基标准铂电阻温度计、标准水银温度计零位的固定点装置。因此，水三相点的正确复现、准确测量是 1990 年国际温标(ITS-90)实施的关键。

3. 气体液化的两种方法

气体液化通常可以通过两种方法实现：降低温度和压缩体积。

任何气体在温度降到足够低时都可以液化。在一定温度下，压缩气体的体积也可以使某些气体液化(或两种方法兼用)。

降低温度的方法是万能的，温度降到足够低时，气体都可以液化。但压缩体积时，若气体温度高于其临界温度，则无法压缩气体使其液化。

科学史话

1. 昂尼斯的实验记录本

1911 年 4 月 8 日，昂尼斯在第 56 号实验记录本上记录了他的实验组对汞导线样品

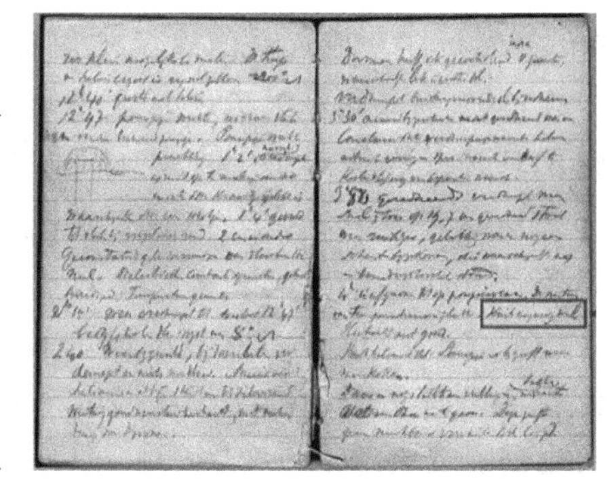

在低温中电阻的测量情况(ROGALLA and KES，2012)。他在右侧页面第14行后半行写道：“Kwik nagenoegnul”。结合上下文，这句荷兰文的意思是：(在温度为3K时)实际测得的汞(的电阻)为零。

2. 诺贝尔奖

诺贝尔奖是以瑞典著名化学家、硝化甘油炸药发明人阿尔弗雷德·贝恩哈德·诺贝尔(Alfred Bernhard Nobel，1833—1896年)的部分遗产作为基金创立的。诺贝尔奖包括金质奖章、证书和奖金支票。

诺贝尔生于瑞典的斯德哥尔摩。他一生致力于炸药的研究，在硝化甘油的研究方面取得了重大成就。他不仅从事理论研究，而且进行工业实践。他一生共获得技术发明专利355项，并在欧美等五大洲20个国家开设了约100家公司和工厂，积累了巨额财富。

1896年12月10日，诺贝尔在意大利逝世。逝世的前一年，他留下了遗嘱。他在遗嘱中提出，将部分遗产(920万美元)作为基金，以其利息分设物理、化学、生理或医学、文学及和平5种奖金，授予世界各国在这些领域对人类做出重大贡献的在世学者。

据此，1900年6月，瑞典政府批准设置了诺贝尔基金会，并于次年诺贝尔逝世5周年纪念日，即1901年12月10日首次颁发诺贝尔奖。自此以后，除因战时中断外，每年的这一天分别在瑞典首都斯德哥尔摩和挪威首都奥斯陆举行隆重授奖仪式。1968年，瑞典中央银行增设“瑞典中央银行纪念诺贝尔经济科学奖”，该奖于1969年首次颁发，人们习惯上称这个额外的奖项为诺贝尔经济学奖。

人物小传

詹姆斯·杜瓦(James Dewar，1842—1923年)，英国物理学家、化学家、发明家。他设计了杜瓦瓶，成功液化了氧气、氢气等多种气体，为低温物理的研究提供了条件。

杜瓦出生于苏格兰法夫地区的科因卡丁，在爱丁堡大学就读时，由莱昂·普莱费尔(Lyon Playfair)指导学术研究，毕业后成为普莱费尔的助手。

1867年，杜瓦提出几种苯(C_6H_6)的结构设想，他认为最合理的就是弗里德里希·奥古斯特·凯库勒(Friedrich August Kekule)提出的结构。后来，科学家发现了苯的一种同分异构体，将它以“杜瓦”命名，称为杜瓦苯，其实杜瓦苯的结构并不在杜瓦所提出的几种结构之中。1875年，杜瓦成为剑桥大学的教授，他和乔治·道宁·利维因(George Downing Liveing)合作，通过光谱来分析物质的组成。1877年，他成为英国皇家学会会员。

杜瓦主要的工作是气体液化和低温物理的研究。1878年，他在英国第一次引进了通过焦耳-汤姆森效应液化气体的装置。1880年左右，他开始研究液氧，1884年，他又在英国皇家学会介绍了奥尔哲夫斯基和乌鲁布莱夫斯基液化氧气的工作。1885年，他通过改进工艺可以集齐一瓶液氧。1891年，他提出了工业化生产液氧的工艺流程。19世纪

90 年代初期，他奉命组建了英国皇家学会戴维-法拉第实验室，继续完成液化氢气的目标。1892 年，他发明了以其名字命名的真空绝热容器杜瓦瓶，并将它用于低温现象的研究，杜瓦瓶后被商业化为现在的保温瓶。

1898 年，杜瓦成功液化了氢气，获得了−252.8℃的低温，为后人研究低温现象提供了条件。杜瓦曾尝试继续液化氦气，但所需的氦气量不够，后来昂尼斯首先完成了对氦气的液化。1904 年，他与皮埃尔·居里(Pierre Curie)一同研究镭衰变成氦的过程。他与他人共同研究金属的电阻在−200～200℃温度范围内的变化情况，预言接近 0K 时，金属的电阻会变为零。

1905 年，他发现把椰子壳烧成的木炭冷却到−185℃时，木炭非常容易吸收空气，从而可以产生真空，这一技术在原子物理的实验中非常有用。他还和弗雷德里克·阿贝尔(Frederick Abel)一起发展了无烟火药。第一次世界大战期间，他发明的无烟火药起到了很大作用，但是他的低温学研究却因为资金缺乏而终止，他开始转向气泡表面张力的研究。

杜瓦曾获得过英国皇家学会的拉姆福德奖章、戴维奖章和科普利奖章。1904 年，他被封为爵士，并获得了法国科学院的拉瓦锡奖章，他是第一个获此荣誉的英国人。

威廉·汤姆森(William Thomson，1824—1907 年)，第一代开尔文男爵，出生于北爱尔兰的英国数学物理学家、工程师，也是热力学温标的发明人，被称为热力学之父。在格拉斯哥大学时他与休·布莱克本(Hugh Blackburn)进行了密切的合作，研究了电学的数学分析，将热力学第一和第二定律公式化，并把各门新兴物理学科统一为现代形式。

汤姆森 10 岁时进入格拉斯哥大学学习(大学为一些学习能力强的小学生提供专门的班级)，学习期间，他除了展现出与生俱来的对科学感兴趣，对古典文学的兴趣也很浓厚。在 12 岁时，他将罗马帝国时代的希腊语讽刺作家琉善(Lucian)的《诸神的对话》(*Dialogues of the Gods*)从拉丁语翻译为英语，并获奖。1840 年，汤姆森发表了散文《地球的图形》(*Essay on the figure of the Earth*)，获得了天文学课程的一等奖，展现出数学分析的资质和创造性。

1892 年，他被封为拉格斯的开尔文男爵，这个头衔来自流经他在苏格兰格拉斯哥大学实验室的开尔文河。授爵后，他成为首位进入英国上议院的科学家。为了表彰和纪念他对热力学所做出的贡献，将热力学温标的单位定为开尔文。

青年时期的汤姆森开始对约瑟夫·傅里叶(Joseph Fourier)的《热的解析理论》(*Théorie analytique de la chaleur*)着迷，并开始致力于研究大陆数学。然而，傅里叶的理论被英国的数学家攻击，菲利普·凯兰(Philip Kelland)还专门著述了一本书进行批判。这本书促使汤姆森发表了他的第一篇科学论文(使用笔名 P.Q.R.)为傅里叶辩护，并通过他的父亲将该论文提交到《剑桥数学杂志》(*Cambridge Journal of Methmatics*)。第二篇以 P.Q.R.署名的论文随后也发表。

1841 年，汤姆森和他的家人在拉姆拉什度假时，以笔名 P.Q.R.写了第三篇更充实的论文《关于热在均匀固体中的匀速运动及其与电学的数学理论的联系》(*On the Uniform Motion of Heat in Homogeneous Solid Bodies and Its Connection with the Mathematical Theory of Electricity*)。他在论文中提出了热传导和静电的数学理论之间的联系，这个十分重要的类比后来被麦克斯韦再次描述，成为最有价值的形成科学的想法之一。汤姆森在 1841 年被父亲送到剑桥大学的彼得学院学习，1845 年毕业。

1845 年 6 月，他被推选为圣彼得(即 Peterhouse)会员，1846 年，他被任命为格拉斯哥大学自然哲学教授，他穿着学会教授袍在英国最古老的大学之一讲课，而在几年前他还仅仅是其中的一名新生。

1847 年时，汤姆森已经赢得了“年轻有为的科学家”之声誉。他参加了英国科学促进会在牛津的年会。在那次会议上，他听到了詹姆斯·普雷斯科特·焦耳(James Prescott Joule)的报告。那段时间，焦耳多次试图推翻尼古拉·莱昂纳尔·萨迪·卡诺(Nicolas Léonard Sadi Carnot)和伯诺瓦·保罗·埃米尔·克拉佩龙(Benoît Paul Émile Clapeyron)的热质说和在其上建造的热机理论，但都没有成功。焦耳认为，热和机械功可以相互转化，并且两者在力学上是等价的。

汤姆森对此很感兴趣，但是持怀疑态度。虽然他觉得焦耳的结果需要理论解释，但是他还是更深地投入到卡诺-克拉佩龙学派中。他预测，冰的融点必定随压力的增加而下降，否则其凝固时的膨胀可以作为一个永动机被利用。他的实验室的结果证实了这一点，坚定了他的信念。

1848 年，由于不满气体温度计只给出了温度的一个操作性的定义，他进一步扩大了卡诺-克拉佩龙的理论，提出了一种“绝对温标”，即单位热量从在该温标下温度为 T 的物体 A，转移到温度为 $T-1$ 的物体 B，将给出相同的机械作用(功)，无论 T 是多少。这样的温标将“独立于任何特定物质的物理性质”。汤姆森猜想，在达到一个温度点后，无法有进一步的热(热量)可以转移，即 1702 年吉劳米·阿芒顿曾猜想过的 0K。汤姆森使用了勒尼奥发表的测量数据来校准他的换算刻度。

汤姆森在他的文章中写道：“…热(或热量)转换成机械作用的过程，至今未被发现，很可能是不可能的。”他援引了焦耳的发现，对热量的理论第一次产生了怀疑。出人意料的是，汤姆森没有把他的论文寄给焦耳，并且是当焦耳稍后读到它时，他写信给汤姆森声称他的研究已经证明热可以转化为功，并且他正在计划进一步的实验。汤姆森回信表示他正在计划自己的实验，并希望他们两人的观点能得到和解。

自此两人之间开始了一段卓有成效(虽然主要通过书信)的协作。焦耳进行实验，汤姆森分析结果并提出进一步的实验。该合作历时四年(1852～1856 年)，其成果便是焦耳-汤姆森效应，有时也被称为开尔文-焦耳效应，而且发表的结果在让焦耳的研究和分子运动论得到普遍接受方面起了很大作用。

汤姆森发表了超过 650 篇科学论文，并申请了 70 项专利(未全部批准)。关于科学，汤姆森写了以下这段话：“在物理科学中学习任何科目的方向的第一个重要步骤，就是找到数值推算和可行的方法测量一些质量与它相连的原则。我常说，当你能测量你所说的事物并以数字表达它时，说明关于这个事物你的确是知道一些的，但是当你无法测量它、无法以数字表达它时，说明你的所知就是贫乏的、难以令人满意的。它可能是知识的开端，但你几乎没有从思想上达到科学的阶段，无论这个事物是什么。”

卡罗尔·斯坦尼斯瓦夫·奥尔哲夫斯基(Karol Stanisław Olszewski，1846—1915 年)，

波兰化学家、物理学家，低温学的先驱。1866～1872年，他先在雅盖隆大学学习化学和物理学，随后到海德堡学习。回到克拉科夫后，他成为一名助理教授，1876年，他升为教授。

1883年4月5日，奥尔哲夫斯基与乌鲁布莱夫斯基通过使用减压液化气体的级联方法在世界上首次实现了氧气的液化，并于1883年4月13日实现了氮的液化。后来，这两位科学家还凝固了二氧化碳和甲醇。1895年，他们液化并凝固了氩气。由于这两位科学家的研究，克拉科夫成为当时欧洲少数几个可以使实验温度降到–100℃的城市之一。最初，他们使温度达到–105℃，在改进仪器后，他们将温度进一步降低到–160℃。

奥尔哲夫斯基也是波兰第一个拍摄X射线片的人。在威廉·康拉德·伦琴(Wilhelm Conrad Röntgen)发现“X射线”后，奥尔哲夫斯基与他的助手塔德乌什·埃斯特里奇(Tadeusz Estreicher)和爱德华·德罗兹多夫斯基(Edward Drozdowski)一起，在雅盖隆大学化学系建造了他们自己的X射线发生器，并于1896年1月8日至20日进行了一系列的实验，获得了各种物体的图像。在1896年2月，奥尔哲夫斯基在波兰拍摄了第一张用于医疗目的的X射线片。

海克·卡末林·昂尼斯(Heike Kamerlingh Onnes，1853—1926年)，荷兰实验物理学家，超导现象的发现者。

1853年，昂尼斯出生于荷兰的格罗宁根。1870年，他进入格罗宁根大学，第二年前往德国的海德堡大学，在1871～1873年跟随物理学家罗伯特·威廉·本生(Robert Wilhelm Bunsen)和基尔霍夫学习。1876年，昂尼斯从格罗宁根大学本科毕业，1879年又在该校获得博士学位。他的论文是《地球自转的新证据》(*New Proofs of the Rotation of the Earth*)。

1882年，昂尼斯成为荷兰莱顿大学的物理学教授和物理实验室负责人，他将实验室的主攻方向定为低温物理学。当时获得低温的主要手段是液化气体，1883年以前，只有氢气和氦气尚未被液化。英国物理学家杜瓦经过二十余年的研究，在1898年首次液化了氢气。莱顿大学物理实验室在昂尼斯的领导下迅速发展，于1894年创建了莱顿大学低温物理实验室，建立了大型液化气工厂。1904年，他创建了一个非常大的低温实验室，并邀请了其他研究者，这使他在科学界被高度重视。在被任命为教授仅一年后，他就成为荷兰皇家艺术和科学院的成员。同年，他的研究团队液化了氧气，两年后又液化了氢气。

1908年7月10日，他的团队又应用林德-汉普逊循环和低温恒温器和焦耳-汤姆森效应，首次液化了氦气，以–268.9℃(4.2K)刷新了人造低温的新纪录。随后，他又利用液氦获得了1.5K的更低温。在当时，这是能达到的地球上最低的温度。昂尼斯用过的氦气液化设备现在保存在莱顿的布尔哈夫博物馆(Boerhaave Museum)，昂尼斯因此被称为“绝对零度先生”。

1911年，昂尼斯在非常低的温度进行纯金属(汞、锡、铅)的电性分析。有些科学家，如开尔文男爵认为，在0K下，电子流经导体时会完全停止，或者说，金属的电阻将趋于无限大。昂尼斯利用液氦将金和铂冷却到4.3K以下，发现铂的电阻为一常数。随后，他又将汞冷却到 4.2K 以下，测量到其电阻几乎降为零，这就是超导现象的发现。

1913 年，昂尼斯又发现锡、铅也和汞一样具有超导性。同年，基于对物质在低温状态下性质的研究以及液化氦气的科学成果，昂尼斯被授予诺贝尔物理学奖。

1.3　超导科学、技术发展的几个重要历史阶段

从 1911 年超导现象发现到如今已经 110 多年了，长期以来这个多少带些神秘感的现象引起了很多人的兴趣。从探索超导发生的物理机理开始，到尝试利用超导体独特的物理性质造福于人类，超导科学与技术逐渐发展起来。

到目前为止，超导科学与技术的发展大致分为四个阶段，如图 1.10 所示。

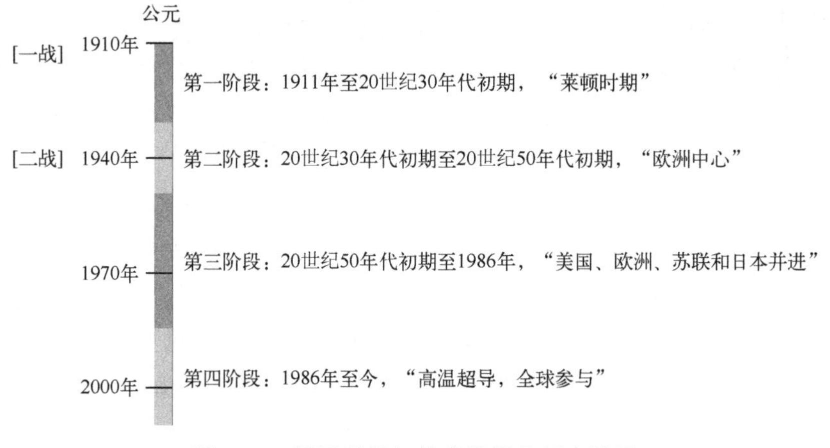

图 1.10　超导科学与技术发展的四个阶段

第一阶段从发现超导现象开始至 20 世纪 30 年代初期。这一时期超导研究主要以荷兰莱顿大学为中心。昂尼斯 1913 年因发现超导现象被授予诺贝尔物理学奖以后，一直到 1926 年去世，一直带领他的研究组把超导作为研究工作的主要内容，包括更多材料样品的测试、超导电流衰减特性的测试和超导线圈的初步应用尝试等。由于当时莱顿大学是世界上少有的可以实现液氦温度测试条件的地方，所以许多来自欧洲(包括苏联)其他国家的科学家作为访问学者在莱顿大学开展有关超导方面的各种实验和理论研究。

1916 年，美国国家标准局物理学家弗朗西斯 · B.西尔斯比(Francis B. Silsbee)揭示了超导体失超与所载电流产生的磁场相关。这个结论后来被总结为西尔斯比效应：超导临界电流在超导体表面产生的磁场强度等于超导临界磁场。

当时一些世界一流的理论物理学家也时常来到莱顿大学交流和讨论有关超导理论的看法。图 1.11 是在分子热力学方面做出了开拓性贡献的约翰内斯 · 迪德里克 · 范德瓦耳斯(Johannes Diderik van der Waals)访问昂尼斯实验室的照片。图 1.12 是在统计力学、量子力学和相变理论领域做出了开拓性贡献的保罗 · 埃伦菲斯特(Paul Ehrenfest)、因建立了“塞曼效应理论”获得诺贝尔物理学奖的亨德里克 · 安东 · 洛伦兹(Hendrik Antoon Lorentz)和被誉为原子结构学说之父的玻尔一同访问昂尼斯实验室的照片。在

这个时期，爱因斯坦长期在莱顿大学做客座教授，他也经常参与有关超导问题的学术活动。

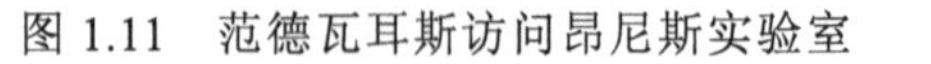

图 1.11　范德瓦耳斯访问昂尼斯实验室

图 1.12　埃伦菲斯特、洛伦兹和玻尔访问昂尼斯实验室（ROGALLA，2012）

第一次世界大战于 1914 年爆发，1918 年结束。在一战期间及其后的几年恢复时期，超导研究在欧洲几乎陷于停顿。20 世纪 20 年代超导研究逐渐恢复，由于许多理论物理学家对超导现象产生兴趣，超导机理和理论的研究成为当时的热点。20 世纪 30 年代以后，伴随着拥有液氦的实验室在欧美一些国家的相继建立和当时更多的欧美先进工业国家掀起了超导研究工作的热潮，莱顿大学作为世界超导研究中心的地位逐渐减弱。表 1.2 简要地概括了这一阶段超导科学与技术发展的情况。

表 1.2　从发现超导现象到 20 世纪 20 年代末期超导科学与技术发展概况

科学与技术	发展概况
新发现的典型超导体	Hg：4.2K；In：3.4K；Sn：3.7K；Pb：7.2K
超导性质与理论研究	(1)超导环的永久电流实验，证明超导体的电阻为零。 (2)实验发现超导体在通过较大电流时发生失超，不再处于超导状态。 (3)1916 年，美国标准局物理学家西尔斯比发表文章揭示了超导体失超与所载电流产生的磁场相关。从而人们认识到，大于临界值的磁场会破坏超导态，大于临界值的电流也会破坏超导体的超导态
超导技术	尝试让用铅丝制作的螺线管线圈工作在 4.2K 低温下产生强磁场，但失败了

第二阶段从 20 世纪 30 年代初期至 50 年代初期。超导成为物理学的研究热点之一，研究工作仍然主要以欧洲为中心，比较活跃的国家包括德国、英国、荷兰、美国和苏联等。1933 年，德国科学家瓦尔特·迈斯纳(Walther Meissner)和他的助手罗伯特·奥克森费尔德(Robert Ochsenfeld)发现了迈斯纳效应，人们开始认识到超导体具有的另一个重要的性质——完全抗磁性。这一时期，超导机理和理论研究取得了长足的进展，形成了三个比较系统的唯象理论。1934 年，荷兰物理学家科内利斯·雅各布斯·戈特(Cornelis Jacobus Gorter)和亨德里克·卡西米尔(Hendrik Casimir)根据热力学理论提出了超导“两流体模型”，推导出来的一些结论可以解释实验观察到的超导体的一些特性。1935 年，英国科学家伦敦兄弟(Fritz London 和 Heinz London)根据超导体的特性，

通过对麦克斯韦方程组中关于某空间位置的电流密度与磁场的关系方程进行修正(这个修正在数学上是非严密的)，得到了可以定性描述超导体电流和磁场性质的伦敦方程，建立了有关超导的伦敦理论，解释了迈斯纳效应。1950 年，苏联科学家维塔利·拉扎列维奇·金兹堡(Vitaly Lazarevich Ginzburg)和列夫·达维多维奇·朗道(Lev Davidovich Landau)利用量子力学波函数的概念，形成了一种系统的超导理论——金兹堡-朗道理论。金兹堡-朗道理论不但解释了许多宏观超导现象，而且可以描述不同类型超导体的磁化特性。

这一阶段，发现了一个重要的元素超导体——铌，其超导转变温度为 9.2K，还发现了超导转变温度超过 13K 的化合物超导体氮化铌(NbN)，这对以后的超导体的寻找具有重大意义。这一时期的实验发现了一些重要现象，包括：在磁场下不同超导体的磁化特性有明显差异，揭示了磁化特性不同类型超导体的存在，同位素质量影响超导临界转变温度等。不过，这一时期在超导技术应用方面仍没有突破性进展。

第二次世界大战(1939～1945 年)期间，超导的研究几乎停滞了。表 1.3 简要地概括了这一阶段超导科学与技术发展概况。

表 1.3　20 世纪 30 年代初期至 50 年代初期超导科学与技术发展概况

科学与技术	发展概况
新发现的典型超导体	Nb：9.2K；NbN：13～15K
超导性质与理论研究	(1) 1933 年，德国科学家迈斯纳和奥克森费尔德发现迈斯纳效应。 (2) 1934 年，荷兰物理学家戈特和卡西米尔提出了超导“两流体模型”，解释了实验观察到的超导体的一些特性。 (3) 1935 年，英国科学家伦敦兄弟提出了有关超导的伦敦理论，解释了迈斯纳效应。 (4) 实验发现，在磁场下不同超导体的磁化特性有明显差异，揭示了磁化特性不同类型超导体的存在。 (5) 1950 年，苏联科学家金兹堡和朗道提出金兹堡-朗道理论。 (6) 1950 年，实验发现同位素质量对超导临界转变温度有影响
超导技术	无突破性发展

第三阶段是从 20 世纪 50 年代初期至 1986 年。第二次世界大战结束之后，无论是西方资本主义国家，还是东方社会主义国家，为了经济和军事领域的竞争，都大力发展科学与技术。这个时期，超导科学与技术也得到了前所未有的发展。此时的超导研究，不再以欧洲为中心，而是形成了美国、欧洲、苏联和日本多头并进的局面。

这一时期，人们发现了多种新类型的超导体，包括合金超导体、金属间化合物超导体、重费米子超导体和氧化物超导体，其中 Nb_3Ge 的超导临界转变温度达到 23K，而且开发出 Nb、NbTi、Nb_3Sn 等实用超导材料，推动了超导技术的应用。

在超导技术方面，将超导谐振腔应用到高能粒子研究领域，制作出了超导磁体并将其应用到核磁共振(nuclear magnetic resonance，NMR)、核磁医学成像(magnetic resonace imaging，MRI)、材料光谱分析和加速器领域，制作出了约瑟夫森结，并以此为基础开发出超导量子干涉器件(SQUID)，为超导电子学应用奠定了基础。

这一时期，超导机理的研究和超导理论的发展取得了很大进步。1952～1957 年，苏联科学家阿列克谢·阿布里科索夫(Alexei Abrikosov)进一步发展了金兹堡-朗道理论，形成了金兹堡-朗道-阿布里科索夫理论。这一理论指出根据在外场下的磁化特性，超导体分为两类，即第一类超导体和第二类超导体。阿布里科索夫提出了磁通涡旋的概念，用来描述第二类超导体的磁化特性。1957 年，美国科学家约翰 · 巴丁(John Bardeen)、利昂 · N · 库珀(Leon N. Cooper)和约翰 · 罗伯特 · 施里弗(John Robert Schrieffer)提出超导的微观理论——BCS 理论(巴丁-库珀-施里弗理论)。这一理论是到目前为止唯一被普遍认可的关于超导的微观理论，在理论上系统地解释了超导的机理和相关现象(现在看来，这个理论存在一定的缺陷)。1962 年，英国科学家布莱恩 · 戴维 · 约瑟夫森(Brian David Josephson)在理论上预示了约瑟夫森效应，该效应很快被美国科学家菲利普 · 沃伦 · 安德森(Philip Warren Anderson)和约翰 · 罗厄耳(John Rowell)等人通过实验验证，并得到了技术上的广泛应用。表 1.4 简要地总结了这一阶段超导科学与技术发展概况。

表 1.4　20 世纪 50 年代初期至 1986 年超导科学与技术发展概况

科学与技术	发展概况
新发现的典型超导体	NbTi、V_3Si、Nb_3Sn、Nb_3Ge、$CeCuSi_2$、UBe_3、UPt_3、Ba(Pb, Bi)O_3
超导性质与理论研究	(1) 1952～1957 年，苏联科学家阿布里科索夫发展了金兹堡-朗道理论，提出了第二类超导体和磁通涡旋的概念，逐步形成金兹堡-朗道-阿布里科索夫理论。 (2) 1957 年，美国科学家巴丁、库珀和施里弗提出超导的微观理论——BCS 理论。 (3) 1962 年，英国科学家约瑟夫森在理论上预测约瑟夫森效应，该效应很快被美国科学家安德森和罗厄耳等人通过实验验证
超导技术	(1) 1954 年，美国科学家巴克(D. Buck)提出了第一个超导应用——超导计算机。 (2) 开发了 Nb、NbTi、Nb_3Sn 等实用超导材料，制作了超导谐振腔、超导磁体等超导装置。 (3) 开始将不同性能的超导磁体应用到 MRI、NMR 材料光谱分析仪和粒子加速器等领域。 (4) 制作出约瑟夫森结，并以此为基础开发出 SQUID，为超导电子学应用奠定了基础

第四阶段是指从 1986 年至今。1986 年，IBM 苏黎世科学家卡尔 · 亚历山大 · 缪乐(Karl Alexander Müller)和约翰内斯 · 格奥尔格 · 贝德诺尔茨(Johannes Georg Bednorz)发现了超导临界转变温度为 35K 的铜氧化物 La-Ba-Cu-O，超出了 BCS 理论预言的超导临界转变温度上限，轰动了科学界，在全球范围内掀起了超导研究的新热潮，所以这里把 1986 年作为一个重要的里程碑。

全球范围内超导研究的新热潮迅速带来了丰硕的成果，大量的铜氧化物被发现。1987 年，发现 Y-Ba-Cu-O 的超导临界转变温度为 92K；1988 年，又先后发现了超导临界转变温度分别为 110K 和 125K 的 Bi-Sr-Ca-Cu-O 和 Tl-Ba-Ca-Cu-O；1993 年，发现了超导临界转变温度为 133K 的 Hg-Ba-Ca-Cu-O。因为这些铜氧化物超导体的超导临界转变温度超过了液氮气化温度 77K，所以人们将这些铜氧化物超导体称为高温超导体，而把临界转变温度低于 30K 的经典超导体称作低温超导体。

铜氧化物超导体的超导临界转变温度大大地超过了在 BCS 理论框架下提出的麦克米兰极限，所以人们开始质疑 BCS 理论能否解释铜氧化物超导体的超导机理。

2001 年，超导临界转变温度为 39K 的硼化镁(MgB_2)被发现。2008 年，超导临界转变温度为 26K 的 La-O-Fe-As 铁基超导体被发现，通过不同元素的替换，铁基超导体的超导临界转变温度可达 56K。

这段时间，超导技术也得到了长足的进步。NbTi、Nb_3Sn 等低温超导导线的性能大幅度提高。Bi-2223、R-123 和 MgB_2 等高温超导导线达到实用化水平并实现了商业化生产。

低、高温超导薄膜材料及高温超导块材实现实用化和商业化。超导谐振腔、超导磁体更多地应用于多项大科学工程。磁共振成像仪广泛地应用于医疗检测中，形成全球上百亿美元/年的市场规模。SQUID、滤波器和量子计数器等超导电子器件、仪器的应用市场越来越大。

实用化高温超导材料的出现，使超导电缆、超导限流器等高温超导电力设备的商业化开发成为现实。

然而，高温超导体的发现挑战了传统的超导理论，使本来觉得柳暗花明的超导理论领域遇到了新的挑战。这一时期，人们虽然从多种角度提出了很多新的超导机理和理论，但没有哪一种理论能系统、准确地解释迄今为止观察到的所有超导现象，物理学家处于一种迷茫的状态。表 1.5 简要地总结了这一阶段超导科学与技术发展概况。

表 1.5　1986 年至今超导科学与技术发展概况

科学与技术	发展概况
新发现的典型超导体	$(R, Ba)_2CuO_{4-x}$、$RBa_2Cu_3O_{7-x}$、$Bi_2Sr_2Ca_{n-1}Cu_nO_{2n+4}$、$Tl_2Ba_2Ca_{n-1}Cu_nO_{2n+4}$、$Tl(Ba, Sr)_2Ca_{n-1}Cu_nO_{2n+3}$、$HgBa_2Ca_{n-1}Cu_nO_{2n+2+x}$、$MgB_2$；$La(O_{1-x}F_x)FeAs$ 这里，R = Rare Earth，n = 1, 2, 3，x<1
超导性质与理论研究	(1)临界转变温度高于液氮气化温度(约 77K)的高温超导体的发现，颠覆了人们以前对超导体临界转变温度的认识，也挑战了 BCS 理论。 (2)虽然人们从多种角度提出了新的超导机理和理论，但依旧没有哪一种理论能系统、准确地解释迄今为止观察到的所有超导现象
超导技术	(1)NbTi、Nb_3Sn 等低温超导导线的性能大幅度提高。 (2)Bi-2223、R-123 和 MgB_2 等高温超导导线达到实用化水平并实现了商业化生产。 (3)低、高温超导薄膜材料及高温超导块材实现实用化和商业化。 (4)超导谐振腔、超导磁体广泛应用于多项大科学工程。 (5)核磁共振仪器形成全球上百亿美元/年的市场规模。 (6)SQUID、滤波器等超导电子器件、仪器得到广泛应用。 (7)超导电缆、超导限流器等高温超导电力设备成功开发并接近商品化

最后需要说明的是，到目前为止，超导科学与技术发展阶段的划分并没有一个普遍认同的框架，本节的划分方法只是一种尝试，希望能够起到抛砖引玉的作用。

课 外 读 物

扩展知识

麦克米兰极限

1960 年，苏联科学家格拉西姆·伊利埃伯格(Gerasim Eliashberg)发现贾埃弗实验中获得的超导隧道效应曲线并不像 BCS 理论预言的那样光滑，且还有随温度变化的现象。

经过更深入的计算，他认为当时的BCS理论有局限之处，仅考虑了电子和声子之间的弱相互作用。伊利埃伯格在充分考虑电子配对过程的延迟效应和声子强耦合机制后提出了一个计算超导临界温度的公式，后被称为伊利埃伯格公式。

巴丁的学生威廉·麦克米兰(William L. McMillan)将伊利埃伯格公式进一步作了简化近似，得到了一个更准确的超导临界温度经验公式。他认为在BCS理论框架下，将计算超导体临界温度上限的公式外推到极限情况，得到的超导体最高临界转变温度为30～40K，这应该是所有超导体超导临界温度的理论上限，也就是麦克米兰极限。

人物小传

约翰内斯·迪德里克·范德瓦耳斯(Johannes Diderik van der Waals，1837—1923年)，荷兰物理学家，在分子热力学方面做出了开拓性的贡献。

1837年11月23日，范德瓦耳斯出生于荷兰莱顿。他的父亲是一个木匠，在19世纪，普通工人家庭的孩子通常是没有读大学的机会，然而范德瓦耳斯接受了高级初等教育，15岁就完成学业，后来成为一名小学教师。

1862年，他在莱顿大学参加数学、物理学和天文学的讲座，尽管他是一个未经录取的学生(原因是他缺乏古典语言的教育)。1873年，在莱顿大学，在他的博士论文《论气态与液态之连续性》(*On the Continuity of the Gaseous and Liquid States*)中介绍了分子体积和分子间作用力的概念，提出了可同时解释气态和液态的状态方程，从而他的这篇论文答辩顺利通过。随后，他在荷兰皇家科学院院刊《荷兰档案》(*Archives Néerlandaises*)上发表了许多相关的论文，并被翻译成多种语言。

1877年9月，范德瓦耳斯被任命为新成立的阿姆斯特丹市立大学(现为阿姆斯特丹大学)的第一位物理学教授。

范德瓦耳斯的主要兴趣在热力学。早年他受到了克劳修斯于1857年发表的一篇论文《关于我们称为热的运动类型》(*Über die Art der Bewegung，welche wir Wärme nennen*)的影响。范德瓦耳斯后来深受麦克斯韦、玻尔兹曼和约西亚·威拉德·吉布斯(Josiah Willard Gibbs)的著作的影响。克劳修斯的工作促使他寻找托马斯·安德鲁斯实验的一个解释，1869年，安德鲁斯揭示了流体中临界温度的存在。范德瓦耳斯在他的博士论文中对凝结现象和临界温度现象做了半定量的描述。在这篇论文中，他所发表的状态方程式是出自他的名字。范德瓦耳斯在计算他的状态方程式时，假设不仅存在分子，而且它们的大小有限，相互吸引。因为他是最早提出分子间力的人之一，所以这种力现在有时被称为范德瓦耳斯力。

他的第二个重大发现发表于1880年，当时他公式化了对应状态定律。这表明范德瓦耳斯方程可以用临界压力、临界体积和临界温度的简单函数表示，这种一般形式适用所有物质。正是这条定律后来促成了1898年杜瓦的氢液化和1908年昂尼斯的氦液化。

1890年，范德瓦耳斯在《荷兰档案》上发表了一篇关于二元解理论的论文。通过将他的状态方程与热力学第二定律(吉布斯首先提出的形式)联系起来，能够得到数学公式的图形表示，按吉布斯的叫法称为Ψ面的形式，他用希腊字母Ψ表示平衡状态下不同阶段的自由能。

还应提到范德瓦耳斯的毛细现象理论，其基本形式最早出现在1893年。与皮埃尔·西蒙·拉普拉斯(Pierre Simon Laplace)早先提供的关于这个问题的力学观点不同，范德瓦耳斯采用热力学方法，而这在当时是有争议的，因为爱因斯坦对布朗运动的理论解释在佩兰的实验验证之前，分子的存在及其永久的、快速的运动的观点还未被普遍接受。

基于他对气体和液体的状态方程所做的贡献，范德瓦耳斯获得1910年诺贝尔物理学奖。

保罗·埃伦菲斯特(Paul Ehrenfest，1880—1933年)，奥地利数学家、物理学家，1922年取得荷兰国籍。他的贡献领域主要是在统计力学及对其与量子力学的关系的研究上，还有相变理论及埃伦菲斯特理论。

埃伦菲斯特在维也纳摩拉维亚的一个普通犹太人家庭中成长。1899年，他在法兰兹约瑟夫中学毕业，在维也纳技术大学主修化学，同时也在维也纳大学跟随玻尔兹曼学习热力学中的分子运动论。这些课程激发了埃伦菲斯特对理论物理的兴趣，确立了未来的研究领域。1903年，埃伦菲斯特在前往莱顿的一次短途旅行中认识了荷兰著名物理学家洛伦兹。1904年，埃伦菲斯特在维也纳大学获得博士学位。

1912年初，埃伦菲斯特游历了几所德语大学，在柏林结识了普朗克，在莱比锡他遇到了他的老朋友古斯塔夫·赫格洛兹(Gustav Herglotz)，在慕尼黑结识了阿诺德·索末菲(Arnold Sommerfeld)。在布拉格他结识了爱因斯坦，爱因斯坦建议埃伦菲斯特接替他在布拉格大学的职位，但由于宗教信仰问题没有成功。后来在慕尼黑索末菲安排他一个职位，在此埃伦菲斯特获得了更好的机会，当时，洛伦兹辞去了他在莱顿大学的教授职位，并指定埃伦菲斯特为他的接替者。

1912年8月，埃伦菲斯特抵达莱顿。当时，他几乎与国内外所有顶尖物理学家保持密切联系，他还邀请了许多有前途的外国年轻科学家去莱顿讲课，同时他鼓励他的学生留学海外。埃伦菲斯特在教学方面有很高的声誉，爱因斯坦曾说过："他不仅仅是我所知道最好的教授，他还热情地专注于人(特别是他的学生)的发展和命运。"埃伦菲斯特的大多数科学论文都和基础科学有关，他的出版物因解决悖论并提出更清晰的描述而闻名。

在1912～1933年，埃伦菲斯特的最重要的成就是绝热不变量。这是一个经典力学中的概念，一方面可以用作精练某些尝试性的原子力学的方法，另一方面联系了原子力学和统计力学。以他名字命名的关于相对性的一个明显悖论至今仍然是人们讨论的对象。以他名字命名的还有埃伦菲斯特时间，即一种量子动力学和经典动力学在其中表现出差异的时间。

埃伦菲斯特还对发展经济学中的数学理论有兴趣。这种兴趣来源于他相信热力学和经济过程之间存在类比关系。虽然这并没有产生任何出版物，但却鼓励了他的学生简·丁伯根(Jan Tinbergan)继续研究下去。丁伯根的博士论文致力于物理学和经济学问题，他再接再厉成为一名经济学家，并于1969年获得了诺贝尔经济学奖。

埃伦菲斯特和爱因斯坦及玻尔特别亲密。玻尔在1919年第一次访问莱顿后，在亨德里克·安东尼·克莱默斯(Hendrik Anthony Kramers)给埃伦菲斯特的信中，他这样写道：“我坐在这里，想着你告诉我的一切，我感觉无论怎样思考都会想到许多从你那学到的对我很重要的事情。”

爱因斯坦在1920年接受了埃伦菲斯特的邀请，成为莱顿大学的兼职教授，这个安排允许爱因斯坦每年访问莱顿几个星期。这段时间，爱因斯坦经常在埃伦菲斯特的家中度过。1925年9月，埃伦菲斯特邀请玻尔和爱因斯坦去莱顿，希望调解他们在量子理论上的分歧。这些讨论持续到了1927年的索尔维会议，会议上的大辩论中，埃伦菲斯特站在了玻尔一边。

从他1931年5月和密友的通信中可以看出，埃伦菲斯特当时十分消沉。1932年8月，忧心忡忡的爱因斯坦写了一封信给莱顿大学的董事会，表达了深切的关心以及提出了一些可以使埃伦菲斯特减少工作量的方案。

埃伦菲斯特后来被科学界称作“被遗忘的物理学家和无与伦比的导师”。

亨德里克·安东·洛伦兹(Hendrik Antoon Lorentz，1853—1928年)，荷兰物理学家，近代卓越的理论物理学家、数学家，经典电子论的创立者。

1853年7月18日，洛伦兹生于荷兰的阿纳姆。洛伦兹少年时对物理学非常感兴趣，同时还广泛地阅读历史和小说，并且熟练地掌握了多门外语。洛伦兹记忆力出众，很早就精通了德语、法语、英语等，读大学时他自学了希腊语与拉丁语。

1870年，洛伦兹考入莱顿大学，学习数学、物理和天文，主要方向是数学和物理学。他和天文学教授弗里德里克·凯萨(Frederik Kaiser)成为忘年交，并对其理论天文学的课程极其感兴趣。他深受当时莱顿大学唯一的物理学教授彼得鲁斯·莱昂纳德斯·里克(Petrus Leonardus Rijke)的影响，1873年洛伦兹以优异的成绩通过了博士资格考试，1875年获博士学位。1877年，莱顿大学聘请年仅23岁的洛伦兹为理论物理学教授，他在莱顿大学任教35年，对物理学的贡献都是在这期间做出的。

1895年，他提出了著名的洛伦兹力公式。1896年，洛伦兹用电子论成功地解释了由莱顿大学的彼得·塞曼(Pieter Zeeman)发现的磁场下原子光谱的分裂现象。洛伦兹断定该现象是由原子中负电子的振动引起的。他从理论上导出的负电子的荷质比，与汤姆森翌年从阴极射线实验得到的结果相一致。

洛伦兹认为一切物质分子都含有电子，阴极射线的粒子就是电子。把以太与物质的相互作用归结为以太与电子的相互作用。洛伦兹是经典电子论的创立者。他认为电具有“原子性”，电本身是由微小的实体组成的。后来这些微小实体被称为电子。洛伦兹以电子概念为基础来解释物质的电性质。从电子论推导出运动电荷在磁场中要受到力的作用，即洛伦兹力。他把物体发光解释为由原子内部电子的振动产生的。这样，当光源放在磁场中时，光源的原子内电子的振动将发生改变，使电子的振动频率增大或减小，导致光谱线的增宽或分裂。

1896年10月，洛伦兹的学生塞曼发现，在强磁场中钠光谱的D线有明显的增宽，即产生了塞曼效应，这证实了洛伦兹的预言。塞曼和洛伦兹共同获得1902年诺贝尔物理学奖。

1912 年，洛伦兹辞去莱顿大学教授职务，到哈勒姆担任一座博物馆的顾问，同时兼任莱顿大学的名誉教授,他每个星期一早晨到莱顿大学就物理学当前的一些问题作演讲。后来，他还在荷兰政府中任职，1919～1926 年在教育部门工作，在 1921 年担任高等教育部部长。

1911～1927 年，洛伦兹担任索尔维物理学会议的固定主席。在国际物理学界的各种集会上，他经常是一位很受欢迎的主持人。1923 年，他任国际科学协作联盟委员会主席。他还是世界上许多科学院的外籍院士和科学学会的外籍会员。

洛伦兹于 1928 年 2 月 4 日在哈勒姆去世，享年 75 岁。为了悼念这位荷兰近代科学文化界的巨人，举行葬礼的那天，荷兰全国的电信、电话中止了三分钟。世界各地科学界的著名人物都参加了葬礼。爱因斯坦在洛伦兹墓前致辞：洛伦兹的成就对我产生了最伟大的影响，他是我们时代最伟大、最高尚的人。

尼尔斯·亨利克·戴维·玻尔(Niels Henrik David Bohr，1885—1962 年)，丹麦物理学家，原子结构学说之父。他通过引入量子化条件，提出了氢原子模型来解释氢原子光谱，提出互补原理和哥本哈根诠释来解释量子力学，对 20 世纪物理学的发展有深远的影响。

1885 年 10 月 7 日，玻尔生于哥本哈根，1903 年，玻尔进入哥本哈根大学数学和自然科学系，主修物理学。

1907 年，玻尔以有关水的表面张力的论文获得丹麦皇家科学文学院的金质奖章，并先后于 1909 年和 1911 年分别以关于金属电子论的论文获得哥本哈根大学的科学硕士学位和哲学博士学位。随后，他前往英国，先在剑桥约瑟夫·约翰·汤姆森(Joseph John Thomson)主持的卡文迪许实验室学习，几个月后转赴曼彻斯特，加入了曼彻斯特大学以欧内斯特·卢瑟福(Ernest Rutherford)为首的科学集体，从此和卢瑟福建立了长期的密切关系。

1912 年，玻尔考察了金属中的电子运动，并明确意识到经典理论在阐明微观现象方面的严重缺陷，他赞赏普朗克和爱因斯坦在电磁理论方面引入的量子学说。他创造性地把普朗克的量子学说和卢瑟福的原子核概念结合起来。

1913 年初，玻尔任曼彻斯特大学物理学教师，在朋友的建议下，开始研究原子结构，通过对光谱学资料的考察，他写出了《论原子构造和分子构造》(*On the Constitution of Atoms and Molecules*)的长篇论著，提出了量子不连续性，成功地解释了氢原子和类氢原子的结构和性质，提出了原子结构的玻尔模型。按照这一模型，电子环绕原子核做轨道运动，外层轨道比内层轨道可以容纳更多的电子；较外层轨道的电子数决定了元素的化学性质。如果外层轨道的电子落入内层轨道，将释放出一个带固定能量的光子。

1916 年，玻尔任哥本哈根大学物理学教授，1917 年当选为丹麦皇家科学院院士。

1920 年，玻尔创建哥本哈根大学理论物理研究所并任所长，在此后的 40 年，他一直担任这一职务。

玻尔认识到他的理论并不是一个完整的理论体系，还只是经典理论和量子理论的混合。他的目标是建立一个能够描述微观尺度的量子过程的基本力学。为此，玻尔提出了著名的“互补原理”，即宏观与微观理论，以及不同领域相似问题之间的对应关系。互补原理指出，经典理论是量子理论的极限近似，而且按照互补原理指出的方向，可以由旧理论推导出新理论。这在后来量子力学的建立发展过程中得到了充分的验证。玻尔的学生海森堡在互补原理的指导下，寻求与经典力学相对应的量子力学的各种具体对应关系和对应量，由此建立了矩阵力学。互补理论在狄拉克、薛定谔发展波动力学和量子力学的过程中起到了指导作用。

在对量子力学的解释上，玻尔等提出了哥本哈根诠释，但遭到了坚持决定论的爱因斯坦及薛定谔等的反对。从此玻尔与爱因斯坦开始了玻尔-爱因斯坦论战，最有名的一次争论发生在第六次索尔维大会上，爱因斯坦提出了后来著名的爱因斯坦光子盒问题，以求驳倒不确定性原理。玻尔当时无言以对，但冥思一晚之后巧妙地进行了反驳，使得爱因斯坦只得承认不确定性原理是能够自洽的。这一争论一直持续至爱因斯坦去世。

1922 年，玻尔因对研究原子的结构和原子的辐射所做的重大贡献而获得诺贝尔物理学奖。为此，整个丹麦都沉浸在喜悦之中，举国上下都为之庆贺，玻尔成了最著名的丹麦公民。其子奥格·尼尔斯·玻尔(Aage Niels Bohr)也是物理学家，于 1975 年获得诺贝尔物理学奖。

1937 年 5～6 月，玻尔曾经到过中国访问和讲学。其间，玻尔和束星北等中国学者有过深度学术交流，玻尔称束星北是爱因斯坦一样的大师。束星北的文章《引力与电磁合论》(*Theory of Gravitation and Electromagnetism*)和《爱因斯坦引力理论的非静力场解》(*The Non-Statical Solution of Einstein's Law of Gravitation in a Spatially Symmetrical Field*)是相对论早期的重要论述。

1939 年，玻尔任丹麦皇家科学院院长。为躲避纳粹的迫害，玻尔于 1943 年逃往瑞典。1944 年，玻尔在美国参加了和原子弹有关的理论研究。战争结束后，玻尔于 1945 年回到丹麦，并再次当选为丹麦皇家科学院院长。此后，他一直致力于推动原子能的和平利用。1947 年，丹麦政府为了表彰玻尔的功绩，授予他“大象勋章”。1952 年，玻尔倡议建立欧洲原子核研究中心(European Organization for Nuclear Research，CERN)，并且任主席。

1955 年，玻尔参与创建北欧理论物理研究所，担任管委会主任。同一时期丹麦成立了原子能委员会，玻尔被任命为主席。

1962 年 11 月 18 日，玻尔因心脏病突发在丹麦的卡尔斯堡寓所逝世，享年 77 岁。去世前一天，他还在工作室的黑板上画了当年爱因斯坦光子盒的草图。

在玻尔去世三周年时，哥本哈根大学理论物理研究所被命名为尼尔斯·玻尔研究所。1997 年，国际纯粹与应用化学联合会(International Union of Pure and Applied Chemistry，IUPAC)正式将第 107 号元素命名为 Bohrium，以纪念玻尔。

参考文献

李兆祥，牟树勋，马言宝，2000. 社会发展史[M]. 济南：山东大学出版社.

南京博物院，连云港市博物馆，2015. 藤花落：连云港市新石器时代遗址考古发掘报告[M]. 北京：科学出版社.

南京博物院，张家港市文管办，张家港博物馆，2016. 东山村：新石器时代遗址发掘报告[M]. 北京：文物出版社.

人民教育出版社历史室，2002. 世界近代现代史[M]. 2版. 北京：人民教育出版社.

信赢，任安林，洪辉，等，2013. 超导电缆[M]. 北京：中国电力出版社.

中国青铜器全集编辑委员会，1998. 中国青铜器全集[M]. 北京：文物出版社.

DAHL P F, 1984. Kamerlingh onnes and the discovery of superconductivity: the leyden years, 1911-1914[J]. Historical studies in the physical sciences, 15(1): 1-37.

GORTER C J, 1964. Superconductivity until 1940 in Leiden and as seen from there[J]. Reviews of modern physics, 36(1): 3-7.

GREGORY W D, MATHEWS W N, EDELSACK E A, 1973. The science and technology of superconductivity[C]//Proceedings of a summer course. New York: Springer.

HARMAND S, LEWIS J E, FEIBEL C S, et al., 2015. 3.3 million-year-old stone tools from Lomekwi 3, West Turkana, Kenya[J]. Nature, 521(7552): 310-315.

PIPPARD A B, 1987. Early superconductivity research (except leiden) [J]. IEEE transactions on magnetics, 23(2): 371-375.

ROGALLA H, KES P H, 2012. 100 years of superconductivity[M]. Boca Raton: CRC Press/Taylor & Francis Group.

SILSBEE F B, 1916. A note on electrical conduction in metals at low temperatures[J]. Journal of the Washington academy of sciences, 6(17): 597-602.

VAN DELFT D, KES P, 2010. The discovery of superconductivity[J]. Physics today, 63(9): 38-43.

第 2 章　超导体的基本性质与分类

本章重点阐述超导体的基本性质，包括零电阻特性和完全抗磁性这两个超导体的基本物理性质及体现超导体量子隧道效应的约瑟夫森效应。本章将给出临界转变温度、临界电流密度和临界磁场强度这三个超导体主要特性参数的定义及其物理意义。最后，本章介绍几种常见的超导体分类方法。

2.1　超导体的基本性质

超导现象是一种本质的、奇特的物理现象。超导体具有其他物质所不具备的独特性质。

超导现象是在测量导体电阻的实验中发现的，不言而喻，电阻消失是超导体的一个基本性质。图 2.1 为典型的超导体样品电阻随温度变化的特征(*R*-*T* 特性)曲线。该曲线由三部分组成。

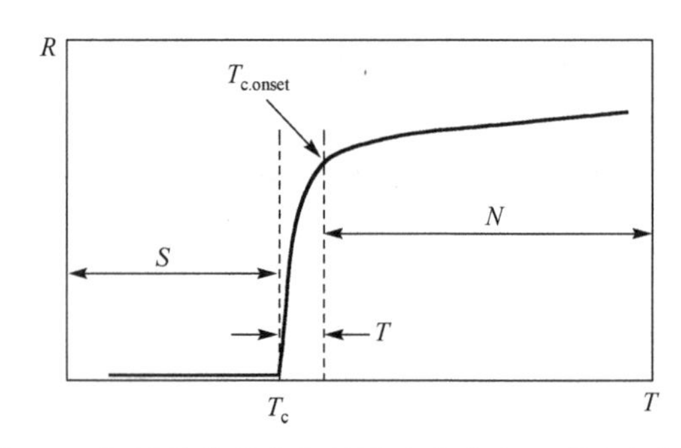

图 2.1　超导体样品电阻随温度变化(*R*-*T* 特性)曲线

第一部分(曲线中的 *N* 段)描述发生超导转变之前超导体的电阻(*R*)随温度(*T*)变化的规律。图 2.1 中，样品在这个区段的电阻是随着温度的降低而减小的，体现金属导体和大多数超导体的特征。要说明的是，有一小部分超导体样品在发生超导转变之前电阻是随着温度的降低而增大或基本不变的，类似半导体或半金属的特征。人们习惯上把超导体的这个区段称为正常区，这个区段的电阻特性被称为正常区(态)的电阻特性。

第二部分(曲线中的 *T* 段)反映超导体在发生超导转变过程中电阻的变化情况。这个区段称为超导转变区，在这个区段，超导体的电阻突然减小并且最后达到零。习惯上，对应于超导体电阻减小到零的温度被称为该材料的超导临界转变温度，用 T_c 来表示。有时在一些科技文献中把开始发生超导转变的温度称为超导临界转变温度，尤其是在样品中，超导体的比例很小时，虽然能够在很小的温度变化区间内观测到样品电阻的明显变化，但是样品的电阻却不能够减小到零(在新材料研究中有很多这样的情况，这时经常用 $T_{c.onset}$ 来表示超导临界转变温度)。实际上，从物理和材料研究的角度来讲，开始发生超导转变的温度是非常重要的，它往往反映样品中超导体的内在本质。对于纯度较高并且相对密度较大的超导体，从发生超导转变到达到零电阻只需要一个很小的温度变化，区分 T_c 和 $T_{c.onset}$ 没有多大的实际意义。本书在以后章节中谈到超导临界转变温度时都是指对应于超导体电阻减小到零的温度。一般来讲，不同超导体的 T_c 是不同的。T_c 的高与低是由超导体的能带结构及其载流子的浓度决定的，而能带结构又主要是由其晶体结构及其组成的原(离)子的性质决定的。

第三部分(曲线中的 S 段)是反映超导体完成超导转变，进入超导态后电阻的变化情况。这段曲线显示超导体在超导态下的电阻值为零，不再随温度变化。人们有时会问：超导体在超导态时的电阻真的是零吗？还是一个非常小的有限值？在物理理论上，超导态的电阻就是零，但是物理规律必须得到实验的验证，那么实验上能否验证超导态的电阻为零这个理论上的结论呢？答案是：通过直接的电阻测量是无法做到的。因为受到测量仪器精确度的限制，想验证样品的电阻绝对是零是违背分析测量结果的不确定度原则的。不过，要想用实验的方法证明超导体进入超导态后电阻不是零也是注定不会成功的。因为任何正确的测量结果都会证明在测量系统误差范围内，超导态后电阻是小得无法测量到的。从超导现象被发现以来，测量系统的不确定度已经提高了很多个数量级，但是所有的实验结果都证明超导态的电阻在仪器精度确定的范围内是无法测量到的。昂尼斯小组及其后的科学家做过间接的实验来证明超导态是不存在电阻的。方法是在温度低于超导临界转变温度及隔绝外界电磁干扰的环境下，通过电磁感应的方法在一个闭合超导环上激发出一股直流电流，然后撤掉所有电磁感应源，经过一系列给定的时间在超导环附近的一个或若干个确定的位置测量超导环上直流电流所激发的磁场强度的变化。图 2.2 是荷兰莱顿布尔哈夫博物馆(Boerhaave Museum)收藏的该实验设计图稿。实验结果是在所有选定的测量时间间隔情况下，都没有观察到磁场强度的任何变化，这说明超导环上的电流没有任何衰减，间接地证明了超导体是没有电阻的。总而言之，可以明确地讲，超导体在处于超导态时其电阻为零。

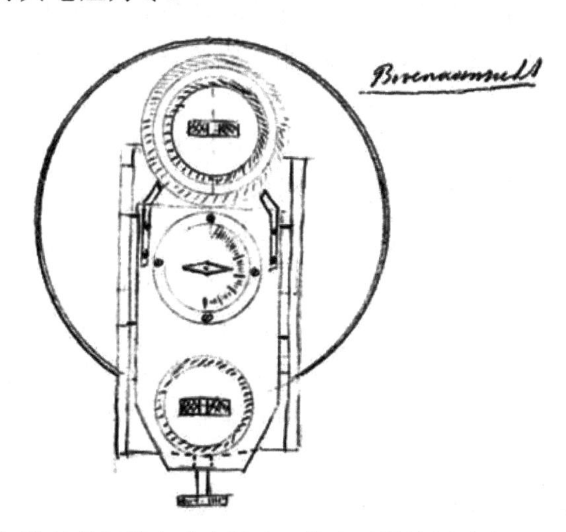

图 2.2　昂尼斯小组进行的超导态零电阻验证的实验设计图稿(ROGALLA et al.，2012)

在 1933 年之前，人们一直认为零电阻是超导体的唯一本征性质。1933 年，这种情况发生了变化。那一年，德国物理学家迈斯纳和奥克森费尔德发现超导体在温度变化至 T_c 以下时，会把所有的磁力线排挤到其体外，表现出完全的抗磁性。

超导体的这种现象后来被称为迈斯纳效应。图 2.3 为迈斯纳效应示意图，图 2.3(a)、(b)分别展示温度高于 T_c 时，磁力线穿透超导体，而当温度低于 T_c 时，磁力线被完全排挤出超导体。这就是说，超导体处于超导态时，其内部是没有磁场的。图 2.3(c)为体现迈斯纳效应的磁悬浮照片，一枚圆片磁铁悬浮在经液氮冷却的超导体上方。由此可以观察到迈斯纳效应的一个奇特现象：一个磁体悬浮在一个超导体的上面。发生这种悬浮现象的起因就是超导体完全排斥磁力线产生的力平衡了磁体自身重力，使之固定在空间的平衡位置。同样的道理，一个超导体也可以悬浮在一块磁体之上，只是超导体脱离冷却液后在空气中其温度要上升，要长时间地保持这种悬浮比图 2.3 的展示困难得多。

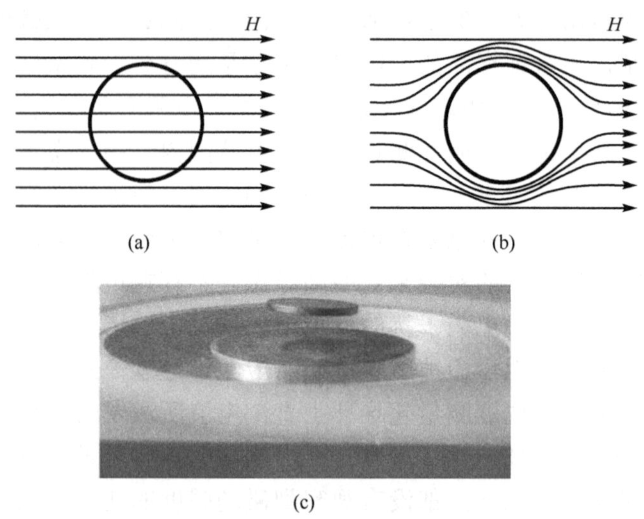

彩图 2.3

(c)

图 2.3　迈斯纳效应示意图

和零电阻一样，迈斯纳效应是超导体独具的现象，目前还没有发现世界上其他材料会出现这种现象。这样一来，除零电阻外，超导体还有一个本征性质，就是完全抗磁性。

超导体的两个本征性质——零电阻和完全抗磁性是相互独立又相互关联的。说它们相互独立是因为目前人们在确定某种材料是否是超导体时，要看这种材料是否同时具有这两种特性。说它们相互关联是因为从理论上讲，一种材料要具备完全的抗磁性，它就必须是没有电阻的(最起码在其表面的一定厚度内)，所以零电阻是完全抗磁性的必要条件，但不是充分条件，零电阻并不一定导致完全抗磁性。这样一来，也有人提出完全抗磁性才是超导体的最本质的特征。不过，无论从超导现象最初是从零电阻发现的，还是从应用的角度考虑，把零电阻和完全抗磁性作为超导体的两个基本性质也是不无道理的。

人们曾将电阻为零的导体称为理想导体(不真实存在)，那么超导体和人们心目中的理想导体有什么区别吗？实际上它们的本质区别就在于超导体具有迈斯纳效应，而理想导体则没有。图 2.4 可以形象地描述两者之间的区别，其图 2.4(a)是描述一个理想导体在外磁场下的磁化特征，图 2.4(b)是描述一个超导体在外磁场下的磁化特征。为了有一个比较清楚的对照，假设理想导体也是通过冷却到一个临界温度后才转化成理想导体的，即在低于这个临界温度后，一个常规导体转变为理想导体(电阻为零)。图 2.4(a)的路径 1 描述的过程中，首先常规导体经过冷却成为理想导体，然后外加磁场，由于理想导体是零电阻，感应电流产生的磁通按照楞次定律可以充分抵消进入理想导体内部的磁通，所以理想导体内部磁场为零，在撤去外磁场后，理想导体内部磁场仍然为零。在图 2.4(a)路径 2 描述的过程中，在常规导体转变为理想导体之前外加磁场，磁通穿入导体内部，然后导体被冷却转化为理想导体，这时导体内部的磁通分布并不产生变化，接着撤去外磁场，由于理想导体是零电阻，可以在理想导体内部充分抵消外磁场变化的影响，理想导体内部的磁通分布保持不变。图 2.4(b)中描述的是超导体在类似的两个变化路径中的情况。可以看出，无论是沿着路径 1 先冷却使其变为超导再加外磁场，还是沿着路径 2 先加外磁场再将其冷却至超导，超导体最终的状态都是内部磁场为零。归纳起来，理想导体最终内部的磁场状态与冷却和磁化的顺序有关，而超导体最终内部的磁场状态与冷却和磁化的顺序无关。无论什么顺序，超导体内部的磁通最终都要被排斥出去，内部的磁场为零。这就是超导体在超导状态下具有完全抗磁性的意义，这个特性是无法使用经典电动力学的麦克斯韦方程组推导出来的。

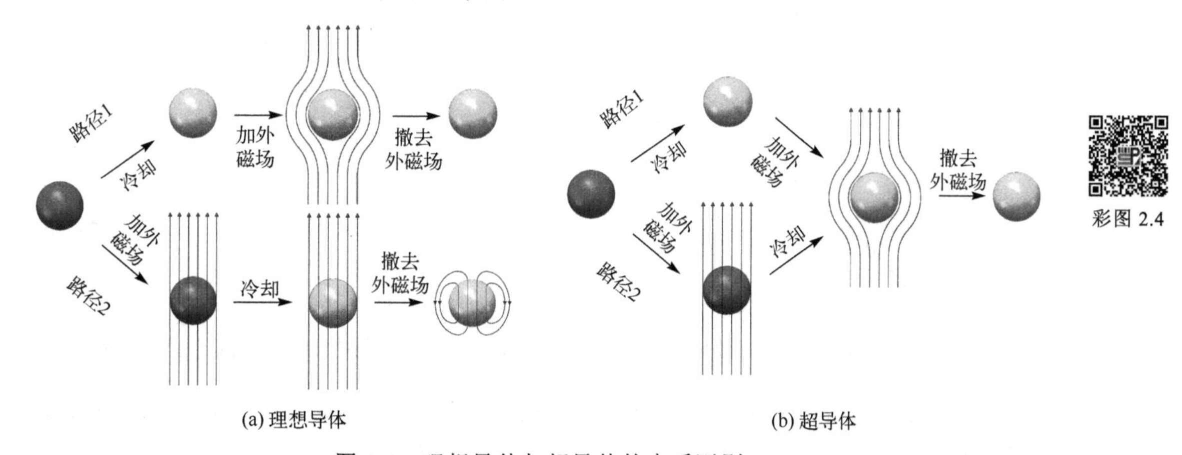

(a) 理想导体　　(b) 超导体

图 2.4　理想导体与超导体的本质区别

1962 年，英国剑桥大学物理学博士生约瑟夫森论证了超导体之间通过弱连接的电流和电压时的数学关系，预言了超导体在弱连接条件下的量子隧道电流效应，后来该效应被实验所证明，因此这种现象被命名为约瑟夫森效应。约瑟夫森效应是超导体零电阻和磁通量子化的结果，现在人们常常也把约瑟夫森效应归纳为超导体的基本性质之一。

这种可以产生约瑟夫森效应的超导体之间的弱连接称作约瑟夫森结(Josephson Junction)。约瑟夫森结可以用薄绝缘壁(称为超导-绝缘-超导，或 S-I-S)、短的非超导金属节(S-N-S)或纤细的超导桥连接两侧超导体(S-s-S)来实现。图 2.5 给出两种典型的约瑟夫森结的示意图。

约瑟夫森效应分为直流约瑟夫森效应和交流约瑟夫森效应。

直流约瑟夫森效应是指在约瑟夫森结两端的电压 $V = 0$ 时，结中可存在超导电流贯穿结的两侧，如图 2.6 所示。这个电流是由超导体的隧道效应引起的。只要该超导电流小于结的临界电流 I_c，在结的两端就始终保持此零电压。I_c 称为约瑟夫森临界电流，其对外磁场十分敏感，甚至地磁场可明显地影响 I_c。对于典型的约瑟夫森结，I_c 一般为几十微安到几十毫安。

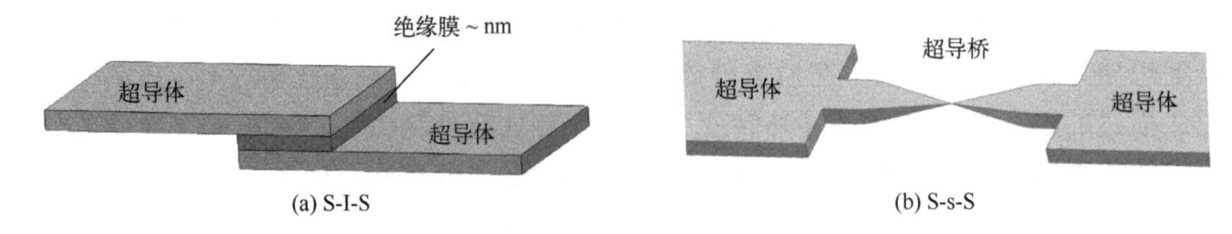

图 2.5　两种典型的约瑟夫森结示意图

当沿结平面方向给约瑟夫森结加恒定外磁场时，结中的隧道电流密度在结平面的法线方向上产生不均匀的空间分布。改变外磁场时，通过结的超导电流 I_s 随外磁场的增加而周期性地变化，展现出与光学中的夫琅禾费单缝衍射分布曲线相似的曲线，称为超导隧道结的量子衍射现象，如图 2.7 所示。根据量子化要求，相邻两最小值之间的磁场间隔与结面积的乘积正好等于一个磁通量子 Φ_0。

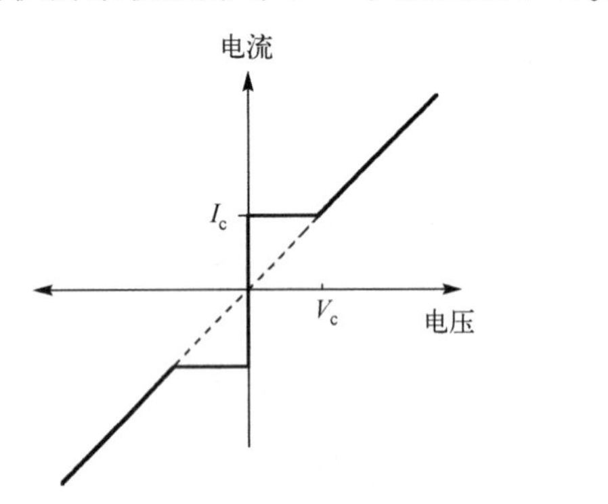

图 2.6　直流约瑟夫森效应示意图

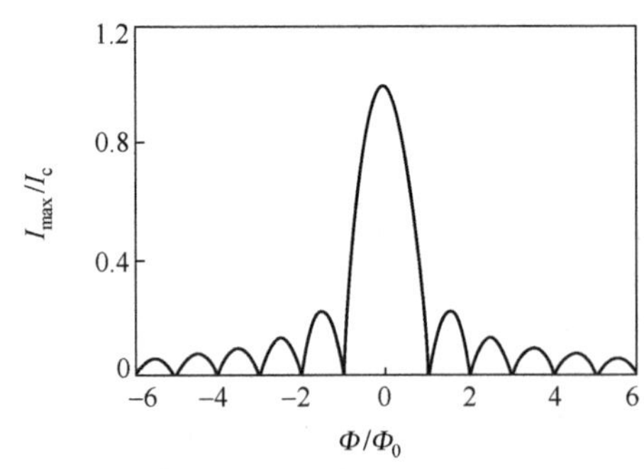

图 2.7　外加弱磁场后的直流约瑟夫森效应

交流约瑟夫森效应是指当约瑟夫森结两端的直流电压 $V \neq 0$ 时，通过结的电流是一个交变的振荡超导电流，振荡频率(称约瑟夫森频率)f 与电压 V 成正比，即 $f = 2eV/h$(e 为电子电荷，h 为普朗克常量)，这使超导隧道结具有辐射或吸收电磁波的能力。以微波辐照隧道结时可产生共振现象。连续改变所加的直流电压可以改变交流振荡频率，当调整到约瑟夫森频率 f 等于微波频率的整数倍时，就发生共振，此时有直流成分的超导电流流过隧道结，在 I-V 特性曲线上可观察到一系列离散的阶梯式的恒定电流。测定约瑟夫森频率 f，可由电压 V 测定常量 $2e/h$，或从已知常量 e 和 h 精确测定 V。图 2.8 展示了交流约瑟夫森效应的振荡超导电流特性。图 2.8(a)为超导电流-电压振荡变化曲线；图 2.8(b)为约瑟夫森结受到微波辐照，当调整约瑟夫森频率 f 等于微波频率的整数倍，发生共振时，具有直流成分的超导电流流过隧道结，在 I-V 特性曲线上可观察到一系列离散的阶梯式的恒定电流。

约瑟夫森效应是目前超导电子技术的科学基础，无论是直流还是交流约瑟夫森效应，都派生出一些得到广泛应用的超导电子器件与仪器，如磁强计、伏特计、安培计等。

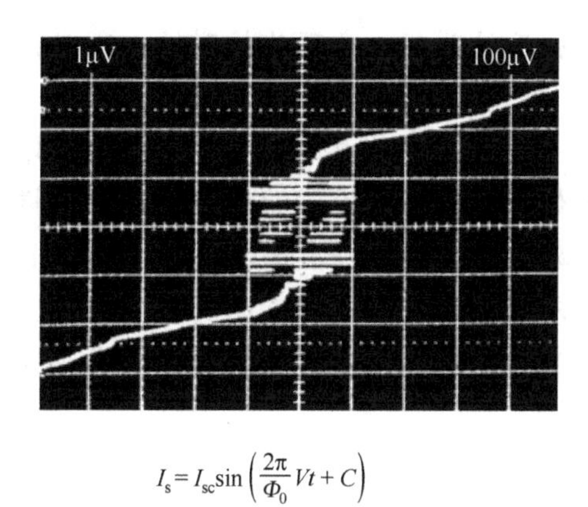

$I_s = I_{sc}\sin\left(\frac{2\pi}{\Phi_0}Vt + C\right)$

(a)

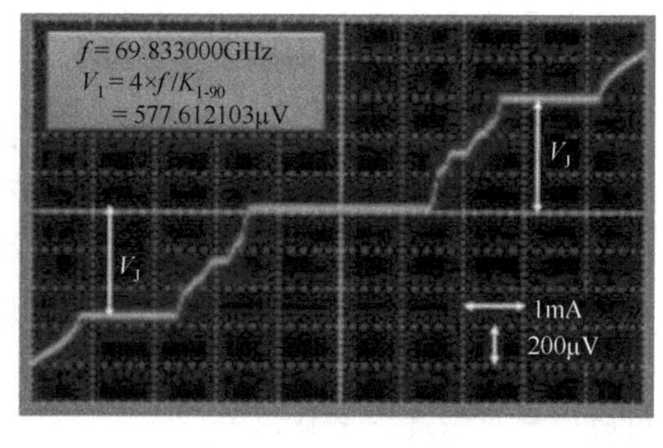

$\frac{2e}{h} = 483.60\text{MHz}/\mu\text{V}$

(b)

图 2.8　交流约瑟夫森效应的超导电流特征

课 外 读 物

扩展知识

1. 物质的磁化

物质的磁化指在受磁场的作用下，使原来不具有磁性的物质获得磁性的过程。磁化率(magnetic susceptibility)$\chi = M/H$(M和H分别为磁化强度和磁场强度)。

2. 顺磁性

$\chi > 0$，即磁化强度的方向与磁场强度的方向相同，数值为$10^{-6}\sim10^{-3}$量级。

顺磁性(paramagnetism)物质的主要特征是不论外加磁场是否存在，原子内部都存在永久磁矩。但在无外加磁场时，由于顺磁性物质的原子做无规则的热振动，宏观看来，物质没有磁性。在外加磁场作用下，每个原子磁矩比较规则地取向，物质显示极弱的磁性。磁化强度与外磁场方向一致，为正，而且严格地与外磁场H成正比。

顺磁性物质的磁性除了与H有关外，还依赖于温度。其磁化率与温度成反比。

一般含有奇数个电子的原子或分子，电子未填满壳层的原子或离子，如过渡元素、稀土元素、锕系元素，还有铝、铂等金属，都属于顺磁性物质。

3. 抗磁性

$\chi < 0$，即磁化强度的方向与磁场强度的方向相反，所以也常称为反磁性(diamagnetism)，数值为$10^{-6}\sim10^{-5}$量级。

当磁化强度M为负时，物质表现为抗磁性。Bi、Cu、Ag、Au等金属都具有这种性质。在外磁场中，这类磁化了的介质内部的磁感应强度小于真空中的磁感应强度。抗磁性物质的原子(离子)的磁矩应为零，即不存在永久磁矩。当抗磁性物质放入外磁场中时，外磁场使电子轨道改变，感生一个与外磁场方向相反的磁矩，表现为抗磁性，所以抗磁性来源于原子中电子轨道状态的变化。

在一般的抗磁体中，由于 M 与 H 方向相反，$B=\mu_0(H+M)$ 要减小一些。而超导体内的 B 完全减小到 0 的事实表明，它好像是一个磁化率 $\chi=-1$，$M=-H$ 的抗磁体，这样的抗磁体可以称为完全抗磁体。但是造成超导体抗磁性的原因和一般的抗磁体不同，其中的感应电流不是由束缚在原子中的电子的轨道运动形成的，而是其表面的超导电流。在增加外磁场的过程中，在超导体的表面产生感应的超导电流，它产生的附加磁感应强度将体内的磁感应强度完全抵消。

4. 铁磁性

磁化强度的方向与磁场强度的方向相同，数值为 $10\sim10^6$ 量级，磁化强度与磁场强度的关系不是线性对应关系。

对诸如 Fe、Co、Ni 等物质，在室温下磁化率可达 10^3 量级，称这类物质的磁性为铁磁性(ferromagnetism)。

铁磁性物质即使在较弱的磁场内，也可得到极高的磁化强度，而且当外磁场移去后，仍可保留极强的磁性。其磁化率为正值，但当外磁场增大时，由于磁化强度迅速达到饱和，其磁化率变小。

铁磁性物质具有很强的磁性，主要起因是它们具有很强的内部交换场。铁磁性物质的交换能为正值，而且较大，相邻原子的磁矩平行取向(相当于稳定状态)，在物质内部形成许多小区域——磁畴。每个磁畴大约有 10^{15} 个原子。这些原子的磁矩沿同一方向排列，假设晶体内部存在很强的称为“分子场”的内场，“分子场”足以使每个磁畴自动磁化到饱和状态。这种自生的磁化强度叫自发磁化强度。由于它的存在，铁磁性物质能在弱磁场下强烈地磁化。因此自发磁化是铁磁性物质的基本特征，也是铁磁性物质和顺磁性物质的区别所在。

铁磁体的铁磁性只在某一温度以下才表现出来，超过这一温度，由于物质内部热骚动破坏电子自旋磁矩的平行取向，因而自发磁化强度变为 0，铁磁性消失。这一温度称为居里点。在居里点以上，材料表现为强顺磁性，其磁化率与温度的关系服从居里-外斯定律。

5. 磁通和磁通量子

在磁感应强度为 B 的匀强磁场中，有一个面积为 S 且与磁场方向垂直的平面，磁感应强度 B 与面积 S(有效面积 S，即垂直通过磁场线的面积)的乘积，称为穿过这个平面的磁通量，简称磁通(magnetic flux，Φ)。磁通 Φ 是一个标量。

磁通量子(fluxon，Φ_0)是指一份磁通量的量子，记为 Φ_0，是 2019 年经全国科学技术名词审定委员会审定发布的物理学名词，其值为 $h/2e$。其中，h 为普朗克常量，值为 6.62607015×10^{-34}J·s，e 为电子电荷，值为 $1.602176634\times10^{-19}$C($h$ 和 e 自第 26 届国际计量大会表决通过为精确数)，因此，磁通量子 Φ_0 的值为 $2.067833848\times10^{-15}$Wb。

科学史话

迈斯纳和奥克森费尔德的小锡球磁场分布试验

1933 年，迈斯纳和奥克森费尔德在对金属球体做磁场分布实验时发现，磁场中的锡或铅金属球在冷却进入超导态时，磁力线似乎一下子从球内部被“清空”。

将一个纯锡的小圆柱体装进一个盛有液氦的杜瓦瓶里，然后把杜瓦瓶置于电磁铁的两极之间。两极之间的磁感应强度约为 8mT，也就是 80Gs。

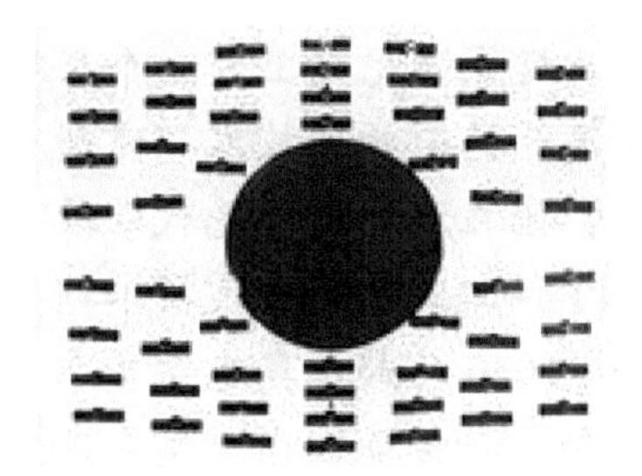

使用类似指南针的探头测量圆柱体附近的磁场分布情况。$T = 4.2\text{K}$，$B = 8\text{mT}(80\text{Gs})$时，锡是一个正常导体，测量结果显示磁通穿透圆柱体。

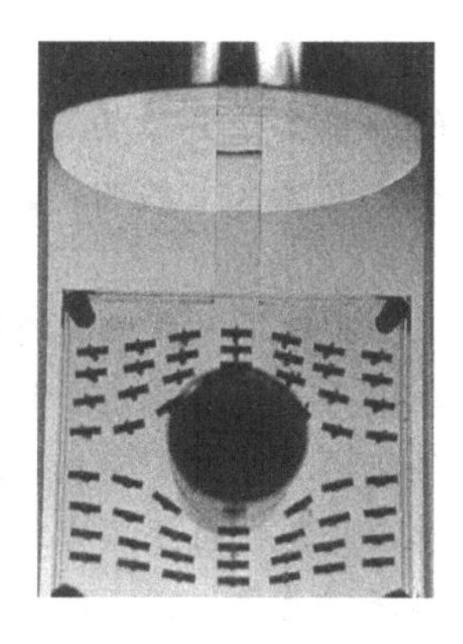

将这个圆柱体从 4.2K 冷却到 1.6K，电磁铁的电流保持恒定，而锡在 3K 左右转变为超导体，检测到圆柱体附近的磁通密度增加，这是圆柱体内的磁通被排挤出来的结果。

人物小传

弗里茨·瓦尔特·迈斯纳(Fritz Walther Meissner，1882—1974 年)，德国工程物理学家，生于柏林。1901～1904 年，他在柏林夏洛特堡高等技术学校学习机械制造，但是在大考前夕，他又改学了理论物理和数学。他是少数几个在普朗克那里获得博士学位的学生之一，他的博士论文《关于辐射压力的理论》(*Zur Theorie des Strahlungsdrucks*)。1908 年，他进入了德国物理技术研究所，1922～1925 年，他建立了世界第三大氦液化器，并于 1933 年发现了迈斯纳效应。1934 年，他受聘于慕尼黑技术大学任物理学教授，直到 1952 年退休。

迈斯纳研究领域广泛，除了低于 20K 低温领域的工作，他还致力于其他许多问题的研究。低温物理学的工作是迈斯纳最喜欢也最有成就的领域。迈斯纳的低温领域研究工作始于 1913 年。迈斯纳的实验室是两次世界大战期间关于超导电性研究成果最多的实验室。迈斯纳因自己在科学上的巨大贡献而获得了许多荣誉，他得到了德意志博物馆的金质荣誉戒指、巴伐利亚勋章、德意志联邦共和国大十字勋章以及美茵茨约翰内斯•古腾堡大学名誉自然科学博士头衔。在科学上享有盛誉的迈斯纳同时也拥有政治科学家的社会责任感，他平易近人，热心帮助他人，因此人们也非常感激他。

罗伯特•奥克森费尔德(Robert Ochsenfeld，1901—1993 年)，德国工程物理学家。1924～1929 年，他在马尔堡-菲利普大学学习物理学。他的博士研究生课题是关于铁磁性的研究，于 1932 年获得博士学位。在学校经过短暂的实习后，他于 1932 年在“青年学者援助”的资助下来到柏林。1932～1933 年，他首先在磁性实验室与威廉•斯坦豪斯(Wilhelm Steinhaus)一起工作，随后到以迈斯纳为首的德国物理技术研究所的低温组工作，并与迈斯纳共同发现了迈斯纳效应。该效应的发现是超导研究史上的一个里程碑，至今仍是有关超导现象的关键实验之一。1935 年，他离开德国物理技术研究所后，在波茨坦的国家政治教育学院任教至 1940 年。二战期间，他在埃肯恩弗德代表陆军武器局从事鱼雷的研制工作。在被英国人关押后，他于 1947 年回到德国物理技术研究所，并参与了在不伦瑞克的物理技术联邦研究所的重建。从 1949 年起，奥克森费尔德主管那里的磁性材料实验室，1961～1966 年主管基本单位和材料常量部门。奥克森费尔德在物理技术联邦研究所的研究范围包括从硅化铁和铁磁材料的阻尼测量到晶体的顺磁质子共振的研究，以及与之密切相关的质子旋磁比的基本确定工作，包括磁天平和电流天平的构建。

布赖恩•戴维•约瑟夫森(Brian David Josephson，1940—)，英国物理学家。约瑟夫森出生于英国威尔士的加的夫，中学毕业后在剑桥大学三一学院学习数学和物理，1960 年获学士学位，毕业后继续在剑桥读研究生。1962 年，约瑟夫森获剑桥大学三一学院奖学金，并在同年预言约瑟夫森效应。1964 年，他获得物理博士学位，后移居美国，在依利诺伊大学担任研究助理教授。1967 年，他返回英国剑桥，在卡文迪许(Cavendish)实验室任研究助理主任，1974 年成为教授，直到 2007 年退休。因预言约瑟夫森效应，他在固态电子学领域的理论上取得重大进步，而获得 1973 年诺贝尔物理学奖。他曾获英国“新科学家”称号、菲列兹•伦敦奖、范•德•波尔金质奖章、克雷森奖章、休斯奖章和霍尔维克奖章。

后来，约瑟夫森把研究的兴趣放在超心理学(玄学)，并沉迷于此。他的这种违背科学的行为遭到了学术界抨击和质疑。在 2008 年时，英国为诺贝尔奖设立一百周年推出了 6 枚诺贝尔奖得主纪念邮票，其中就包括约瑟夫森。在邮票册上有这么一句话：“我相信物理学终有一天会揭开心灵感应的秘密，而英国在超自然方面的研究将会走在世界前列。”

2010 年 5 月 13 日，约瑟夫森应邀来到清华大学演讲，在这次演讲中，他宣传了他的超心理学观点。在讲演后的采访中，他表示："物理学家在听到与超心理学有关的任何事情时会产生情绪反应。他们对超心理学研究的看法并非基于对证据的评价，而是基于教条主义的信念，即该领域的所有研究都是错误的。最终，我对大脑的研究比我获得诺贝尔奖的研究更为重要。"

2.2 超导体的主要物理参数

这一节介绍几个与应用紧密相关的超导体的主要物理参数。

毋庸置疑，超导临界转变温度 T_c 是表征一个超导体和选用一种超导材料时需要考虑的最重要参数之一。超导材料的 T_c 越高，工作时所需要的制冷费用就会越低。到目前为止，所发现的超导体中最高的 T_c 为 138K(一个大气压下)。在实际应用中选择超导材料时并不是单纯地考虑材料的超导临界转变温度，而是根据应用的具体条件来确定使用哪一种超导体材料。

昂尼斯在发现了汞、铟、锡和铅的超导性以后，很快就想到利用超导体来绕制电磁铁线圈，以求得到强磁场。他和他的学生选择了这几种元素中超导临界转变温度最高的铅(T_c = 7.2K)来制作磁铁的螺线管线圈。因为超导体没有电阻，所以他期待用铅绕制的电磁铁在 4.2K 的温度下能够通过很大的电流，从而得到很强的磁场。但是实验的结果却令他大失所望，当他们刚刚给绕制的磁铁线圈加上一个不大的电流时，线圈便失去了超导性，对线圈施加大电流从而得到强磁场的梦想破灭了。

这说明即使在低于超导临界转变温度时，超导体也不能无限制地通过电流而仍然处于零电阻的状态。当所通过的电流达到某一数值时，超导体将失去超导特性，变成具有电阻的常规导体。在一定温度下(这个温度一定要低于超导体的超导临界转变温度)，这个使超导体转变成正常导体的电流值就称为该超导体的临界电流，通常用 I_c 表示。为了更好地把超导体的超导载流能力与材料固有性质联系起来，人们一般用临界电流密度 J_c 来表述超导体的载流能力，其定义为临界电流与超导体通流横截面积之比。另外，超导体在不同的温度下的临界电流密度是不同的，温度越低，临界电流密度会越大，所以在谈及临界电流密度时应指出是在什么温度下的临界电流密度。

超导体除了超导临界转变温度、临界电流密度外，还有一个与应用相关的重要参数，这就是临界磁场强度 H_c。当把一个超导体置于磁场环境中，在磁场的强度小于一个特定的数值时，超导体会表现出迈斯纳效应，即把磁力线完全排斥在超导体之外，超导体内部的磁场为零。当磁场的强度超过这个特定的数值时，磁力线就会进入超导体的内部，超导体也随之失去了超导的特性。这个特定的磁场强度数值就称为该超导体的临界磁场强度。类似于临界电流密度，超导体临界磁场强度也随着温度的变化而变化，如图 2.9 所示。比较通用的描述超导体临界磁场强度随温度变化的数学表达式为

$$H_c(T) = H_c(0)[1-(T/T_c)^2]$$

其中，$H_c(0)$ 为温度 0K 时该超导体的临界磁场强度，T_c 为该超导体的临界转变温度。另外需要指出的是，某一超导体的临界电流密度与临界磁场强度是由该超导体自身的性质

决定的，而且两者是相互关联的。根据 1.3 节所介绍的西尔斯比效应，两者应该是正相关的。

综上所述，要保证一个超导体处于超导状态就必须同时满足三个条件，即所处在的温度低于其超导临界转变温度 T_c，所通过的电流密度小于其所处温度下的临界电流密度 J_c 以及所处的磁场小于其在该温度下临界磁场强度 H_c。超导体的 T_c、J_c 和 H_c 是相互关联的三个基本参数。图 2.10 为超导体保持超导状态所需要的温度、电流、磁场条件示意图。

对于一个超导体，只有当描述其温度、电流和所受磁场的点的坐标位于图 2.10 中所示的临界曲面以内时，它才会处于超导态。若点的坐标位于曲面之外，则它将处于非超导态，即正常态。在温度为 0K 时，J_c 和 H_c 达到最大值，随着温度的增加而逐渐减小，当温度到达 T_c 时，两者均衰减为零。

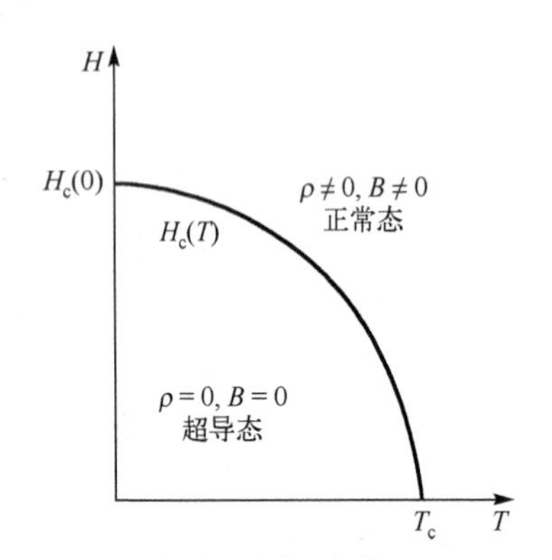

图 2.9　超导体临界磁场强度随温度变化示意图

ρ-电阻率；B-磁感应强度

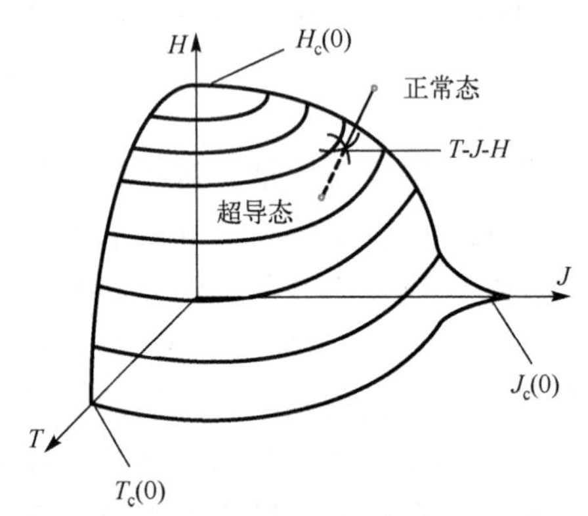

图 2.10　超导体保持超导状态所需要的温度、电流、磁场条件

值得一提的是，“临界磁场强度”也常常简称为“临界磁场”。由于历史的原因，人们已经习惯在表示 H_c 大小时使用其所对应的磁感应强度的量值，即以特斯拉(T)或高斯(Gs)作为单位。

2.3　超导体的分类

昂尼斯发现的超导体属于ⅡA、ⅣA、ⅡB 族金属元素，这类金属元素的特性是熔点低、柔软、容易提纯。早期对超导体物理性质的研究也是依据这些超导体样品的实验结果，针对这类超导体展开的。

20 世纪 30 年代初，科学家开始寻找新的超导体。当时能够开展超导体实验研究的仅限于为数不多的能够持续生产液氦的实验室，如在荷兰莱顿、英国牛津、苏联哈尔科夫(现属于乌克兰)和加拿大多伦多的几个实验室。人们把寻找新超导体的目光转移到了ⅣA 和ⅤA 族高熔点的硬金属元素，并很快发现了一些新的超导体。除了元素超导体之外，还发现了一些ⅣA 和ⅤA 族元素的合金超导体，并且发现合金超导体与纯元素超导体在一些物理性质上有显著不同。例如，1930 年，莱顿大学昂尼斯实验室的万德・约翰内斯·德哈斯(Wander Johannes de Haas)和雅各布·沃格德(Jacob Voogd)发现铅-铋超导合金($Pb_{1-x}Bi_x$，T_c≈7.7K)的临界磁场可以高达 20000Gs 左右。而元素铅的 T_c 虽然也超过 7K，但其临界磁场只有大约 800Gs。可见铅-铋合金的临界磁场远远高于元素铅的临界磁场。1934 年，牛津大学克拉伦登实验室的托马斯·克勒斯·基利(Thomas Clews Keeley)、库尔特·门德尔森(Kurt Mendelssohn)和朱迪斯·雷切尔·穆尔(Judith Rachel Moore)的实验表明，在合金超导体进入超导态后，会发生磁通“冻结”现象。同时他们还发现，当外磁场撤去后，在超导体内部的磁通并不消失。1935 年，德哈斯和卡西米尔的实验结果表明，当外磁场超过某一值时，磁场就开始进入合金样品体内，但这时合金样品仍处于超导态，直到外磁场达到一个更高的临界值，超导态才消失。他们也证实，当撤去外磁场后，磁通仍保留在超导体内。

苏联科学家列夫·舒勃尼科夫(Lev Vasiljevich Shubnikov)完成了在莱顿大学昂尼斯实验室的访问学者工作后，回到乌克兰的哈尔科夫物理技术研究所。1932 年，他建造了苏联的第一台氦液化装置。随后，他和助手开展了一系列包括元素超导体和合金超导体样品的实验研究。他们对合金超导体样品的实验结果与上述同时期在莱顿大学昂尼斯实验室和牛津大学克拉伦登实验室得到的实验结果基本一致。1935 年，J. N.里雅宾宁(J. N. Rjabinin)和舒勃尼科夫发表的文章中明确地指出了合金超导体具有上、下两个临界磁场强度，在两个临界磁场之间，超导体内的磁感应强度随外磁场的增加而增加，但样品仍处于超导态。在外磁场超过上临界磁场后，超导态将不复存在。

关于合金超导体的这些实验结果颠覆了人们以前根据元素超导体实验结果对超导体的认识，也与 1934 年刚刚建立起来的伦敦理论(成功地解释了迈斯纳效应)相矛盾。实际上，伦敦理论是基于人们对元素超导体的认识来解释超导体的完全抗磁性的。

合金超导体和元素超导体在外磁场下展示的显著不同特性说明这是两类不同的超导体。由于当时人们对超导现象的认识还不够清晰和完整，超导理论也刚刚出现(建立在唯象基础上的两流体理论和伦敦理论都是 1934 年提出的)，所以当时并没有明确提出“第一类超导体”和“第二类超导体”的分类概念，也无法解释实验观测到的“元素超导体”和“合金超导体”在磁场下表现不同的原因。

1952 年，在金兹堡-朗道理论的基础上，通过分析哈尔科夫物理技术研究所同事 N. N. 扎瓦里斯基(N. N. Zavarisik)薄膜样品实验得到的结果，阿布里科索夫第一次提出存在具有负界面能的超导体，他称为“第二类超导体”。这实际上也是人们第一次使用“第二类超导体”这个术语来称呼具有上面所描述的磁化性质的合金超导体，而把由元素超导体组成的超导体称为“第一类超导体”。但要说明的是，有三个元素超导体，即钒(V)、铌(Nb)和锝(Tc)也属于第二类超导体。锝是原子序数最低的没有稳定同位素的元素，也是第一个人工合成元素，其超导临界转变温度为 7.46K。

从宏观物理性能上看，第一类超导体(type Ⅰ superconductor)只存在单一的临界磁场强度(H_c)，在外磁场小于 H_c 时展现迈斯纳效应，同时电阻为零。第二类超导体(type Ⅱ superconductor)有两个临界磁场强度值，分别称为下临界磁场(H_{c1})和上临界磁场(H_{c2})。在外磁场小于 H_{c1} 时也展现迈斯纳效应，电阻为零。当外磁场在两个临界磁场之间时，允许部分磁场穿透超导体，但仍保留零电阻特性，这种状态称作混合态。图 2.11 给出了第一类超导体与第二类超导体在外磁场下的特性差异。需要说明的是，第二类超导体处于混合态时，穿透其内部的磁通并不像磁场穿透常规金属那样在空间均匀地分布，而是一束一束地分立在一些分散的驻留点上，且每一束的磁通量是磁通量子 Φ_0 的整数倍。这种现象称作磁通钉扎(flux pinning)，这些驻留点称作磁通钉扎中心(pinning center)，是由超导体内各种缺陷构成的。这些缺陷可能是杂质粒子、空洞、晶界、弱连接等。图 2.12 是第一类超导体处于超导态和第二类超导体处于混合态的磁通分布比较示意图。

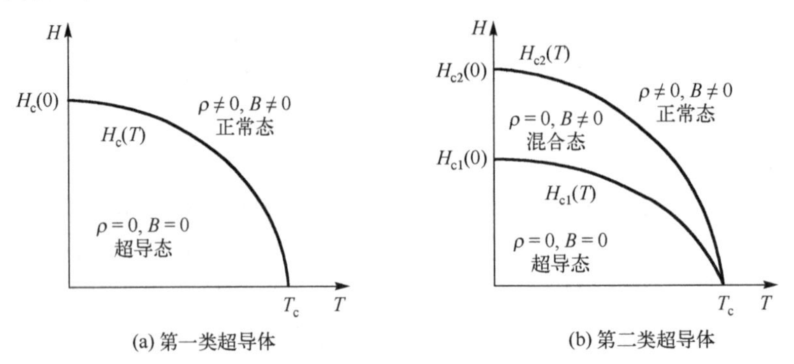

图 2.11　第一类和第二类超导体在外磁场下的特性差异

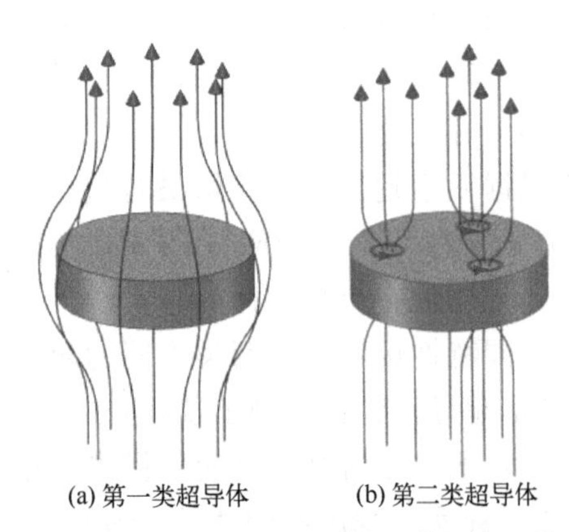

图 2.12　第一类超导体超导态和第二类超导体混合态下的磁通分布

阿布里科索夫指出，在磁通刚好被束缚在钉扎中心时，系统的总能量最低。围绕着每一个被钉扎的磁通束周围都伴随着对应的闭合涡旋电流(磁通涡旋，vortex)。图 2.13 是第二类超导体内部磁通钉扎示意图。在温度大于 0K 时，热激活可能导致磁通线脱离原钉扎中心而跳跃到另一钉扎中心，由此引起磁通线的缓慢流动，这种磁通运动称作磁通蠕动(flux creep)。磁通蠕动并非磁通连续、均匀地移动，而是成束的磁通线随机地跳跃到邻近钉扎中心的一种运动。磁通蠕动发生的频率与钉扎磁通的激活能和温度等因素有关。磁通运动将产生能量损耗，造成局部升温而引起该处钉扎效应降低，钉扎效应降低又导致磁通进一步运动。所以如果不能有效地控制超导体的温度，可能由原来少量、缓慢的磁通蠕动引起大量、迅速的磁通运动，即磁通雪崩(flux avalanche)。除了热激活之外，其他外界的能量扰动(如电流和磁场的变化)可能引起另一种磁通运动，即磁通跳跃(flux jump)，这时磁通运动的方向不再是随机的，而是由扰动因素所决定的特定方向。磁通雪崩和剧烈的磁通跳跃都可能使超导体由超导态转变为正常态，即失超。

即使在很低的温度下，第一类超导体的临界磁场强度也是很小的，基本上不超过 1000Gs。第二类超导体的 H_{c1} 也是很小的，不超过 2000Gs。但第二类超导体的 H_{c2} 一般都很高，最高的 $H_{c2}(0)$ 可以超过 200000Gs。所以第二类超导体处于混合态时，在较大的磁场下也可以承载很大的超导电流。目前，各种类型的实用超导材料几乎都源自第二类超导体。合理布置的磁通钉扎中心对于实用超导材料来说是非常重要的，钉扎中心的优化分布是制作实用超导材料时需要考虑的基本因素之一。

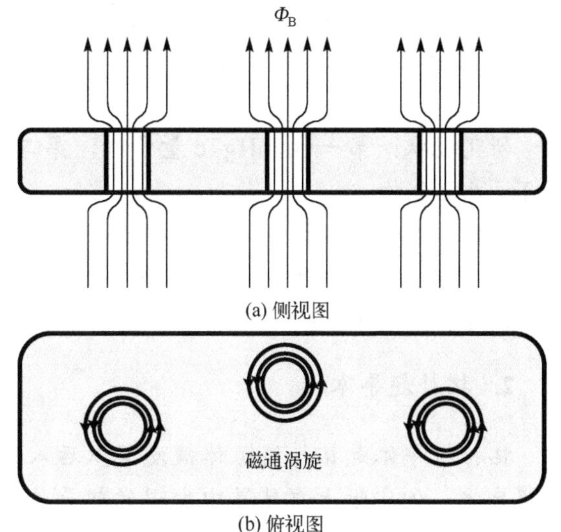

(a) 侧视图

(b) 俯视图

图 2.13　第二类超导体磁通钉扎和磁通涡旋

有时人们会根据理论属性把超导体分为“经典超导体”和“非经典超导体”。其特性可以用 BCS 理论解释的称为经典超导体，而不能用 BCS 理论解释的称为非经典超导体。

根据临界转变温度，还可以把超导体分为高温超导体(high temperature superconductor，HTS)和低温超导体(lowtemperature superconductor，LTS)。高温超导体是 1986 年发现铜氧化物超导体以后出现的一个名词。因很多铜氧化物超导体的临界转变温度高于液氮温度(约 77K)，远远高于以前发现的超导体的临界转变温度，所以用高温超导体来专门称呼这一类超导体。对应地，把以前发现的超导体称为低温超导体。但是 2006 年 IEC-TC90 修订的标准 *Terminology of Superconductivity* 中，把高、低温超导体的温度界限定为 25K，故现在也把 21 世纪发现的硼化镁和铁基超导体划归于高温超导体。

根据化学类型还可以把超导体划分为元素超导体、合金超导体、化合物超导体、重费米子超导体和有机物超导体等。

近些年，人们在发现拓扑绝缘体之后，在理论研究的基础上，预言拓扑超导体的存在。这是一种新型的物质状态，有着其他种类超导体所不具备的特殊性质。但是到目前为止，人们发现的超导体没有一种是拓扑超导体。在拓扑绝缘体基础上制作的某些实验样品展现了一些理论上拓扑超导体应该具有的性质，但还不能完全符合拓扑超导体的定义。

课 外 读 物

扩展知识

1. 拓扑绝缘体

拓扑绝缘体是一种内部绝缘，界面允许电荷移动的材料。

传统固体材料可以按照其导电性质分为绝缘体、导体和半导体。其中绝缘体材料在其费米能级处存在着有限大小的能隙，因而没有自由载流子；导体材料在费米能级处存在着有限的电子态密度，进而拥有自由载流子；半导体材料在费米能级处没有能隙，但是费米能级处的电子态密度仍然为零。而拓扑绝缘体是一类非常特殊的绝缘体，从理论上分析，这类材料体内的能带结构是典型的绝缘体类型，在费米能级处存在着能隙，然而在该类材料表面则总是存在着穿越能隙的狄拉克型的电子态，因而导致其表面总是金属性的。拓扑绝缘体这一特殊的电子结构，是由其能带结构的特殊拓扑性质所决定的。

研究现状：第一代，HgTe 量子阱；第二代，BiSb 合金；第三代，Bi_2Se_3、Sb_2Te_3、Bi_2Te_3 等化合物。

从现象上说，拓扑绝缘体有其他绝缘体所不具备的特殊性质。例如，根据理论预测，三维拓扑绝缘体与超导体的界面上的涡核(vortex core)中将会形成零能马约拉纳(Majorana)费米子，这一特点有可能实现拓扑量子计算。

2. 拓扑超导体

拓扑超导体是拓扑绝缘体被发现以后人们发现的另外一种物质状态，这是一种新型的超导体。但实际上自然界中发现的超导体，没有一种是拓扑超导体。拓扑超导体在自然界中不存在，这是一个很大的问题。

有一个理论预言，如果把拓扑绝缘体和超导体放在一起，它们就可以组合成拓扑超导体。

拓扑超导态是物质的一种新状态，有别于传统的超导体，拓扑超导体的表面存在厚度约 1nm 的受拓扑保护的无能隙的金属态，内部则是超导体。如果把一个拓扑超导体一分为二，新的表面又自然出现一层厚度约 1nm 的受拓扑保护的金属态。这种奇特的拓扑性质使得拓扑超导体被认为是永远不会出错的量子计算机的理想材料。

3. 拓扑学

拓扑学(topology)是 19 世纪发展起来的一个重要的几何分支，是研究几何图形或空间在连续改变形状后还能保持不变的一些性质的学科。它只考虑物体间的位置关系而不考虑它们的形状和大小。在拓扑学里，重要的拓扑性质包括连通性与紧致性。

在拓扑学里不讨论两个图形全等的概念，但是讨论拓扑等价的概念。例如，圆和方形、三角形的形状及大小不同，但在拓扑变换下，它们都是等价图形；足球和橄榄球也是等价的。从拓扑学的角度看，它们的拓扑结构是完全一样的。而游泳圈的表面和足球的表面则有不同的拓扑性质，如游泳圈中间有个“洞”。在拓扑学中，足球所代表的空间叫球面，游泳圈所代表的空间叫环面，球面和环面是不同的空间。

人物小传

列夫·舒勃尼科夫(Lev Vasiljevich Shubnikov，1901—1937 年)，苏联物理学家。1918 年从高级中学毕业后进入彼得格勒大学(现为圣彼得堡国立大学)数理系物理专业学习，是同年级唯一的物理专业学生。当时这个系的师生喜欢航海运动，舒勃尼科夫是其中的活跃分子。1921 年秋，他和伙伴在芬兰湾驾驶赛艇被芬兰当局扣留并被押送到德国，1922 年才回到圣彼得堡，但没能在彼特格勒大学继续完成学业，而于 1926 年在彼特格勒的技术学院毕业。这段历史导致了他悲剧命运。

在学习期间的实验工作中，他根据国外资料信息掌握了烧制大体积金属单晶的方法。而当时荷兰莱顿大学招聘有此特长的人才，他就被推荐到了莱顿大学工作。莱顿大学的实验室在当时是世界上唯一有液氦的大学实验室，吸引了不同领域的物理学家在那里做低温试验。除此之外，作为理论物理系主任，埃伦菲斯特还经常邀请爱因斯坦、玻尔、沃尔夫冈·泡利(Wolfgang Pauli)和狄拉克等理论物理学家到莱顿大学做学术交流，这也使舒勃尼科夫在理论物理方面有了长足的进步。

在莱顿大学，他和德哈斯合作在低温下测试低杂质铋单晶样品时发现了磁阻振荡现象，这种现象后来被称为舒勃尼科夫-德哈斯效应。后来的科学发展证明，这个发现在凝聚态物理方面具有重要性，是研究固体量子电子性质的主要手段之一。

莱顿大学实验室不仅给舒勃尼科夫提供了当时独一无二的研究条件，而且给他提供了接触当时最卓越的物理学家的环境，这大大地丰富了他的知识并提升了他的能力。1930 年，他回到苏联，1931 年成为建立不久的位于哈尔科夫的乌克兰技术物理研究所低温实验室的负责人。这个实验室分别在 1931 年和 1933 年实现了氢的液化和氦的液化，1934 年开始成为世界上第四个低温试验中心，所以舒勃尼科夫被后人称为“苏联低温物理之父”。

在另一方面，德哈斯等莱顿大学实验室的旧日同事经常给舒勃尼科夫寄去在当时苏联没有的材料和仪器，加上这里集中了一些苏联的优秀的物理学家和当时一些从纳粹德国逃亡的物理学家，这个实验室的研究能力大增。超导是当时这个实验室的主要研究方向之一。根据后来调查的结果，有很多研究低温物理发展历史的学者认为舒勃尼科夫也独立地发现了迈斯纳效应。一些学者认为舒勃尼科夫和他的研究组在研究超导体的磁性质方面领先于莱顿和剑桥的研究组。为了肯定舒勃尼科夫在发现第二类超导体方面的贡献，曾将第二类超导体介于 H_{c1} 和 H_{c2} 的状态称为舒勃尼科夫相(Shubnikov’s phase)。

舒勃尼科夫实验室在研究过渡金属氯化物的热学和磁学性质方面做了大量的工作，并且发现了抗铁磁性。这一发现引起了同在乌克兰技术物理研究所工作的朗道的兴趣。舒勃尼科夫和朗道不仅在工作上是同事，而且是好朋友。人们分别称呼他们“胖列夫”和“瘦列夫”。他们在做研究的同时也都在哈尔科夫大学给数学-物理系的学生讲课。

舒勃尼科夫对科学的贡献还有很多，其中包括成功地测量了质子的磁矩，甲烷在不同压力和温度下的比热，在苏联第一个对液氦物理性质的测量等。

1937 年，这位成就卓著，有巨大潜力的科学家被错误地处决，成为当时苏联肃反运动的无辜牺牲品。1957 年，苏联最高法院军事厅宣布其无罪，为其平反。

2.4　已经发现的超导体综览

到目前为止，已经发现了超过 5000 种超导体，包括元素、合金和化合物等。

有 31 个元素在环境通常压力下可以成为超导体，22 个元素在高压下可以成为超导体，4 个元素在非常结构时可以成为超导体。非常结构是指同素异形体，最常见的是碳的同素异形体，有金刚石、石墨、富勒烯、碳纳米管、石墨烯和石墨炔等。普通的碳分子材料不是超导体，但它的同素异形体碳纳米管和石墨烯却是超导体，也有报道在富勒烯样品上发现超导现象的。图 2.14 在元素周期表中标出了这些元素超导体。表 2.1 列出了超导临界转变温度超过 1K 的元素超导体。其中，铌(Nb)、钒(V)、锝(Tc)的 T_c 较高，与表中其他元素在抗磁性方面有着不同的性质。这三个元素是第二类超导体，而表中的其他元素是第一类超导体。

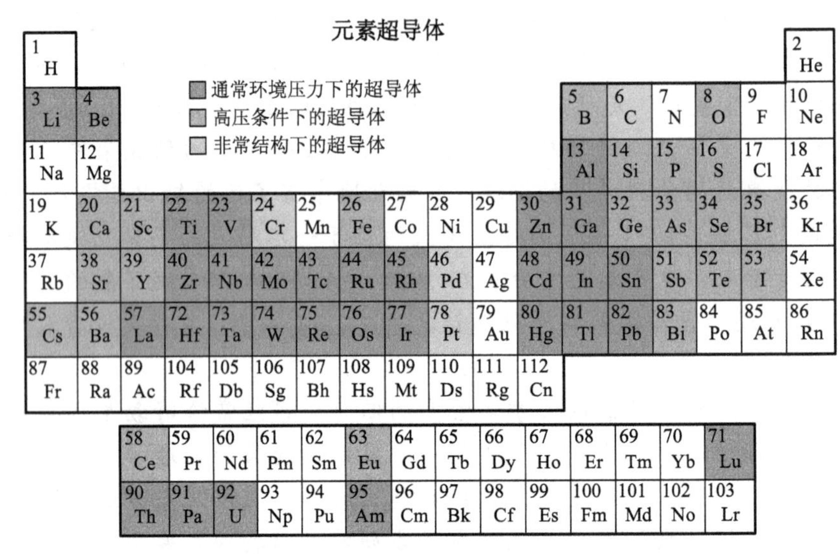

彩图 2.14

图 2.14　元素周期表中的超导体

表 2.1　T_c 大于 1K 的元素超导体

元素超导体	T_c/K	元素超导体	T_c/K
铝(Al)	1.2	锡(Sn)	3.72
镓(Ga)	1.1	钽(Ta)	4.48
汞(Hg)	4.15	**锝(Tc)**	**7.46～11.2**
铟(In)	3.4	钍(Th)	1.37
镧(La)	4.9/6.3	铊(Tl)	2.39
铌(Nb)	**9.26**	铀(U)	0.68/1.8
镤(Pa)	1.4	**钒(V)**	**5.03**
铅(Pb)	7.19	钨(W)	1～4
铼(Re)	2.4		

表 2.2 列出了一些典型的二元合金或化合物超导体。在两个元素中，至少有一个过渡金属元素。在二元合金超导体中，两个金属元素的比例并没有十分严格的要求，可以有较大的变化范围。其超导特性随着比例的变化并无非常显著的改变，一些其他物理性质(如硬度、密度和延展性等)对比例的变化更敏感些。

表 2.2　典型的二元合金或化合物超导体

分子式	T_c/K	H_{c2}/T
NbTi	10	>15(4.2K)
NbN	16	14(0K)
PbBi	8.7	2.6(0K)
MoRe	12.8	2.7(0K)
ZrN	11	9(0K)
PbTl	5.8	0.6(0K)
NbHf	9.8	
YB_6	8.4	

有一类二元金属间化合物超导体在化合物超导体中占据非常重要的特殊地位，这就是 A15 超导体。A15 是对一种晶体结构的命名，其结构如图 2.15 所示。A15 结构常被称作 β-W 或 Cr_3Si 结构，化学通式为 A_3B，其中 A 为一种过渡金属元素，B 可以为任何元素。在 B 原子组成的体心立方结构的每个面的中线上有两个 A 原子，在相对的两个面上 A 原子的排列互相平行，三组相对面上的 A 原子的排列则互相垂直。这种结构包括多个 T_c 在 20K 左右的超导体，而且有很高的 H_{c2} 和 J_c，其中一些有着很高的实用价值。表 2.3 列出了一些典型的 A15 超导体。

表 2.3　A15 超导体

分子式	T_c/K	H_{c2}/T
V_3Ga	14.2	>20.8
V_3Si	16.7	>23.5
Nb_3Al	18	>25
Nb_3Sn	18.3	>30
Nb_3Ge	23.2	>37

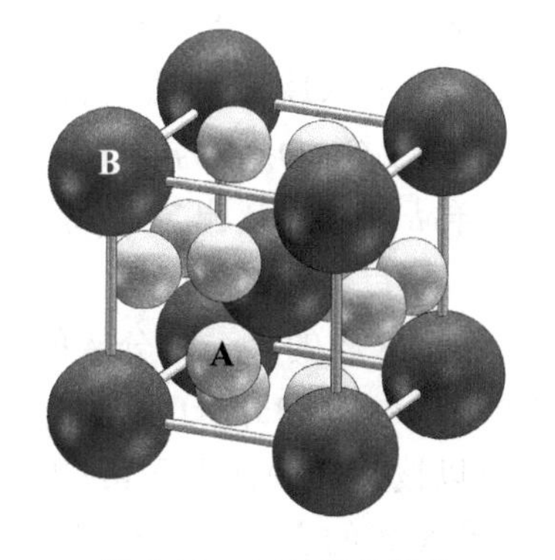

图 2.15　A15 晶体结构

彩图 2.15

表 2.4 给出了一些 T_c 较高的三、四元化合物超导体。因这些超导体没有较好的实用性，所以缺少临界磁场强度测量数据。

表 2.4　一些 T_c 较高的三、四元化合物超导体

分子式	T_c/K	分子式	T_c/K
$C_{60}Cs_2Rb$	33	$LuNi_2B_2C$	16.1
$C_6Li_3Ca_2$	11.15	$ErNi_2B_2C$	10.5
$LuRuB_2$	9.99	YRh_4B_4	11.34
Mo_2BC	7.5	YPd_2B_2C	23
BiPbSb	8.9	Al_2CMo_3	9.2
$BaPb_{1-x}Bi_xO_3$	13	$PbMo_4S_8$	16

1986 年 4 月，IBM 公司苏黎世实验室的科学家缪乐和贝德诺尔茨发现在 $Ba_xLa_{1-x}CuO_3$ 样品中出现了 35K 的超导转变。后来发现有十几个稀土元素可以取代 La 形成相同的晶体结构和类似的超导临界转变温度。人们称这种超导体为稀土 214 超导体家族。

1987 年 2 月，美国休斯敦大学的朱经武教授和阿拉巴马大学的吴茂昆教授领导的研究小组发现了超导临界转变温度为 90K 的 Y-Ba-Cu-O 超导体。几乎同一时期，中国科学院物理研究所赵忠贤、陈立泉等研究人员也成功地烧制出 Y-Ba-Cu-O 超导体，并在世界上率先公布了这种超导体的化学分子式。后来发现除 Y 外，还有 11 种稀土元素(La、Nd、Sm、Eu、Gd、Dy、Ho、Er、Tm、Yb 和 Lu)可以形成这种结构的超导体。其化学组成为 $REBa_2Cu_3O_7$，这里 RE 指某一稀土元素(rare earth)，具有这种结构的超导体后来被称为稀土 123 超导体家族。

1988 年 1 月，日本金属研究所的前田弘(Hiroshi Maeda)研究员领导的研究小组发现了 Bi-Sr-Ca-Cu-O 超导体家族。这个家族包括 $Bi_2Sr_2CuO_6$、$Bi_2Sr_2CaCu_2O_8$ 和 $Bi_2Sr_2Ca_2Cu_3O_{10}$ 三种超导体，超导临界转变温度分别为 30K、85K 和 110K。后来人们把这三种超导体称作 Bi 系超导体的 2201 相、2212 相和 2223 相。

1988 年 2 月，美国阿肯色大学的盛正直和艾伦·赫尔曼(Allen Hermann)发现了 Tl-Ba-Ca-Cu-O 超导体家族。当时确认了三个成员，即 $Tl_2Ba_2CuO_6$、$Tl_2Ba_2CaCu_2O_8$ 和 $Tl_2Ba_2Ca_2Cu_3O_{10}$ 三种超导体，超导临界转变温度分别为 90K、115K 和 125K。因这一分族的每个成员的分子式里都含有两个 Tl 原子，在晶体结构上对应两个铊原子层，所以人们又把这个家族称为铊双层分族。后来人们发现这个家族还可以扩展，其分子通式为 $Tl_2Ba_2Ca_{n-1}Cu_nO_{2n+4}$，$n = 1, 2, 3,\cdots$。高 n 指数($n>3$)的相很难独立地存在，只是在非纯的多相样品中被辨认出来。高 n 指数相的超导临界转变温度都低于 $Tl_2Ba_2Ca_2Cu_3O_{10}$ 的 125K。

铊系家族的另一个分族的化学分子通式为 $Tl(Ba, Sr)_2Ca_{n-1}Cu_nO_{2n+3}$，$n = 1, 2, 3,\cdots$。这个通式中的(Ba, Sr)表示这个位置可以是 Ba 也可以是 Sr。当这个位置的原子是 Sr 时，Ca 可以被某一种稀土元素(RE)取代。能参与取代的稀土元素达 15 种之多。在晶体结构上这个家族的主要成员有三个，即 1201 相、1212 相和 1223 相。与铊双层分族类似，高 n 指数($n>3$)的相很难独立地存在，只存在于非纯的多相样品中，且超导临界转变温度也不再提高。这个分族成员的每一个分子中只含一个铊原子，即在单位晶格中只有一层铊原子，所以人们又常把这个分族称为铊单层分族。铊单层分族的 1201 相、1212 相和 1223 相的超导临界转变温度分别为 45K、95K 和 122K。

铊超导体家族是一个成员众多的家族，几乎涵盖了所有的高温超导体的晶体结构类型。

1993 年，当时在瑞典斯德哥尔摩大学工作的俄罗斯科学家 S.N.普提林(S.N.Putilin)发现了超导临界转变温度更高的汞超导体家族。这个家族有三个成员：$HgBa_2CuO_5$、$HgBa_2CaCu_2O_7$ 和 $HgBa_2Ca_2Cu_3O_9$。其超导临界转变温度分别为 95K、120K 和 133K。汞超导体家族晶体结构与铊单层分族类似。

1986～1993 年发现了稀土 214 超导体家族、稀土 123 超导体家族、铋超导体家族、铊超导体家族和汞超导体家族，这些超导体的共同点就是含铜氧化物，所以称为铜氧化物超导体(cuprate superconductor)。铜氧化物超导体的发现在超导科学与技术发展史上具有划时代的意义。图 2.16 所示为铜氧化物超导体各个家族的最高超导临界转变温度和发现年份。

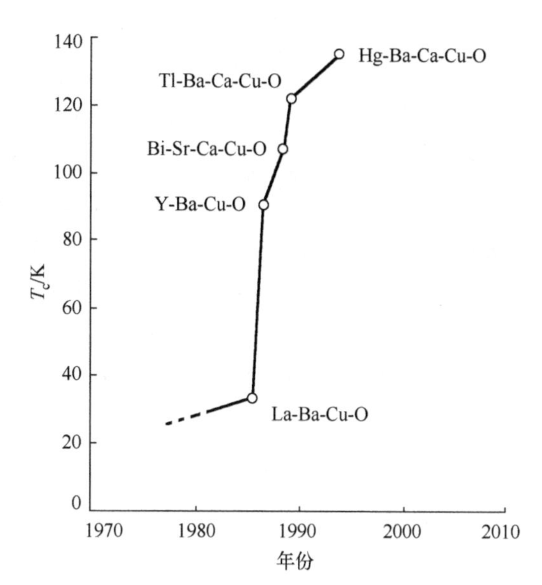

图 2.16　铜氧化物超导体各个家族的最高 T_c 及其发现年份

铜氧化物高温超导材料的发现，给轻元素超导体(轻元素超导体主要是指含氢、锂、硼、碳等轻元素的超导体)的研究带来了巨大的冲击，大家乐此不疲地在铜氧化物中寻找更高 T_c 的材料，不少人似乎有选择性地遗忘了轻元素超导体的存在。然而，2001 年 1 月 10 日，在日本仙台的一次学术会议上，日本青山学院大学的秋光纯(Jun Akimitsu)教授研究组报道了 MgB_2 是超导临界转变温度为 39K 的超导体。MgB_2 超导体的发现引发了一系列新的硼化物及其相关超导体的发现，如 TaB_2、BeB_2、CaB_2、AgB_2、ZrB_2 等。

2006 年，日本东京工业大学的西野秀雄(Hideo Hosono)教授的团队意外发现了镧-铁-磷-氧(La-Fe-P-O)材料中存在超导临界转变温度为 3K 左右的超导电性，打破了以往普遍认为铁元素不利于形成超导的观念。2008 年 2 月 18 日，日本科学振兴机构宣布西野秀雄又发现了超导临界转变温度为 26K 的“新型高温超导材料”——LaFeAsO。随后，世界上掀起了探索铁基超导体的高潮，至 2012 年已发现了数量可观的新的铁基超导体。

现有的铁基超导体从结构上可分为四类，分别称为 1111 相、122 相、111 相和 11 相。1111 相化学通式为 LnOFePn(Ln = La、Ce、Pr、Nd、Sm、Gd、Tb、Dy、Ho 和 Y，Pn = P、As 等)及 DvFeAsF(Dv = Ca、Sr 等)。有数个 1111 相铁基超导体的超导临界转变温度超过 50K，最高达 56K。122 相化学通式为 AFe_2As_2(A = Ba、Sr、K、Cs、Ca 和 Eu 等)，超导临界转变温度最高为 38K。111 相化学通式为 AFeAs(A = Li、Na 等)，超导临界转变温度最高为 25K。发现的 11 相铁基超导体数量较少，化学式为 FeSe(Te)等。不同研究组发表的论文中报道的超导临界转变温度差别较大，但一般不超过 27K。

课 外 读 物

扩展知识

1. 第一个人造元素锝

锝(Tc)是原子序数最低的没有稳定同位素的元素，也是第一个人工合成元素。1871

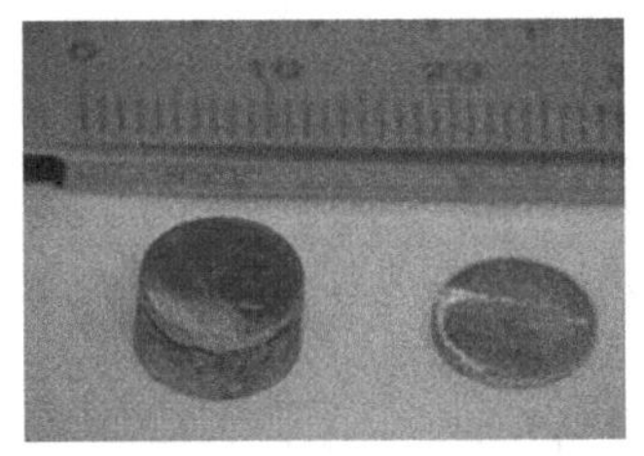

年，门捷列夫的化学元素周期表完成时，在第42号元素钼(Mo)和第44号元素钌(Ru)之间留下了一个空位，原因是当时还没有发现这个元素。之后，世界上很多化学家都在努力寻找这个元素，力求填补这个空白。1936年，意大利巴勒莫大学的卡洛·佩里尔(Carlo Perrier)和埃米利奥·吉诺·塞格雷(Emilio Gino Segré)在从美国劳伦斯伯克利国家实验室寄来的回旋加速器废旧部件(经过氘核轰击过的钼箔)中，经过化学对比，证实了43号元素的存在。因为它是第一个用人工方法制得的元素，所以1947年，按希腊文τεχνητός(人造)命名为technetium。锝的最稳定同位素是^{98}Tc，半衰期为420万年，最不稳定的同位素为^{99m}Tc，半衰期只有6h。

锝是一种银灰色金属，相对密度为11g/cm^3，具有顺磁性。锝也是一种第二类超导体，其临界转变温度为7.46K。

2. 合金

合金(alloy)就是两种或两种以上化学物质(至少有一组分为金属)混合而成具有金属特性的物质，一般由各组分熔合成均匀的液体，再经冷凝而得。合金至少是以下三种中的一种：元素形成的单一相固态溶液、许多金属相形成的混合物、金属形成的金属互化物。固态溶液的合金，其微结构有单一相，部分为溶液的合金则是有二相或二相以上，其分布可能均匀，也可能不均匀，依材料冷却过程的温度变化而定。金属互化物一般会有一种合金或纯金属包在另一种纯金属内。

合金的一些特性比纯金属元素要好，因此会用在特定的应用中。合金的例子包括钢、焊料、黄铜、白镴、磷青铜及汞齐等。钢是目前为止用量最大、用途最广泛的合金。素碳钢(铁和碳的合金，含碳量为0.03%～2%)中的含碳量越低，钢的韧性越好；含碳量越高，钢的硬度越大。

合金的成分一般是以质量比例来计算的。合金依其原子组成的方式，可以分为替代合金和间质合金，又可以进一步分为匀相(只有一相)、非匀相(不止一相)及金属互化物(两相之间没有明显的边界)。

合金的生成常会改变元素单质的性质，例如，钢的强度大于其主要组成元素铁。合金的物理性质，如密度、反应性、杨氏模量、导电性和导热性可能与合金的组成元素有类似之处，但是合金的抗拉强度和抗剪强度却通常与组成元素的性质有很大不同。这是由于合金与单质中的原子排列有很大差异。例如，合金的熔点通常比组成合金的金属熔点要低，这是因为各种金属原子半径有所差异，不易形成稳定的晶格。

少量的某种元素可能会对合金的性质造成很大的影响。例如，铁磁性合金中的杂质会使合金的性质发生变化。不同于纯净金属的是，多数合金没有固定的熔点，温度处在熔化温度范围内时，混合物为固液并存状态。因此可以说，合金的熔点比组分金属低。

常见的合金中，黄铜是铜和锌的合金。青铜是锡和铜的合金，常用于雕像、装饰品和教堂中。钢则为铁和碳的合金。一些国家的货币都会使用合金(如镍合金)。

合金是一种溶液，固态的溶液称为固溶体。例如，钢中，铁是溶剂，碳是溶质。因此，本质上讲，合金属于混合物。

3. 化合物

化合物(compound)指由两种或两种以上元素的原子(指不同元素的原子种类)组成的纯净物，是指从化学反应之中所产生的纯净物(区别于单质)。化合物由两种以上的元素以固定的摩尔比通过化学键结合在一起。化合物可以由化学反应分解为更简单的化学物质。例如，甲烷(CH_4)、葡萄糖($C_6H_{12}O_6$)、硫酸铅($PbSO_4$)及二氧化碳(CO_2)都是化合物。

化合物主要分为有机化合物和无机化合物。有机化合物含有碳氢化合物(或叫烃)，如甲烷(CH_4)，分为糖类、核酸、脂质和蛋白质。无机化合物不含碳氢化合物，如硫酸铅($PbSO_4$)，分为酸、碱、盐和氧化物。

4. 金属间化合物

金属间化合物(intermetallic compound)是指金属与金属或金属与准金属(如H、B、N、S、P、C、Si等)形成的化合物。这类化合物虽然也可以用一个“分子式”表示，但它和普通的化合物相比，具有若干不同的特点:

(1)大部分金属间化合物不符合原子价规则。例如，Cu-Zn合金系中有三种金属间化合物CuZn、Cu_5Zn_8和$CuZn_3$。显然，这三种化合物都不符合化合价的规则。

(2)大部分金属间化合物的成分并不确定，也就是说，化合物中各组元原子的比并非确定值，而是或多或少可以在一定范围内变化。例如，CuZn化合物中Cu和Zn原子之比(Cu/Zn)可以在36%～55%的范围内变化。

(3)原子间的结合键往往不是单一类型的键，而是混合键，即离子键、共价键、金属键乃至分子键(范德瓦耳斯力)并存，但不同的化合物占主导地位的键也不同。

(4)由于存在离子键或共价键，故金属间化合物往往硬而脆(强度高、塑性差)，但又因存在金属键的成分，也或多或少具有金属特性(如有一定的塑性、导电性和金属光泽等)。

(5)金属间化合物的结构是由原子价、电子浓度、原子(或离子)半径等多个因素决定的。

人物小传

卡尔·亚历山大·缪乐(Karl Alexander Müller，1927—2023年)，瑞士物理学家，他曾就读于瑞士联邦理工学院的物理系和数学系，后回到苏黎世联邦理工学院攻读博士学位。1963年，他加入了IBM研究实验室成为一名研究员，并一直在这里工作直到退休。与此同时，他也在苏黎世大学担任教职。20世纪80年代初，缪乐开始寻找在更高温度下具有超导性的物质，当时超导材料可达到的最高临界转变温度约为23K。1983年，缪乐将贝德诺尔茨招募到IBM研究实验室，帮助他系统地测试各种氧化物的超导性，这在当时的一些专家眼中是很“疯狂”的。1986年，二人成功地发现了镧-钡-铜-氧化物(La-Ba-Cu-O)在35K的温度下的超导性。他们在1986年年底，东京大学的田中昭次(Shoji Tanaka)研究组和休斯敦大学朱经武(Paul Chu)研究组分别独立确认了他们的结果。1987

年，缪乐和贝德诺尔茨因发现铜氧化物超导体共同获得了诺贝尔物理学奖，这是从新的物理发现到获得诺贝尔奖时间最短的一次。

约翰内斯·乔治格奥尔格·贝德诺尔茨(Johannes Georg Bednorz，1950年—)，德国物理学家，1968年，贝德诺尔茨开始在明斯特大学学习化学，后来转换专业到矿物学中的晶体学。经导师的安排，贝德诺尔茨在1972年去IBM研究实验室进行3个月的夏季学术交流。前往瑞士对他来说是一个重要的决定，在那里，他在缪乐领导的部门工作，学习了晶体生长的不同方法、材料特性和固体化学。1974年，他完成了关于晶体生长和$SrTiO_3$特性的硕士论文中的实验部分。钙钛氧化物是缪乐的研究方向，他建议贝德诺尔茨继续在这类材料上做研究。1976年，贝德诺尔茨硕士研究生毕业后回到明斯特，1977年他加入了瑞士苏黎世联邦理工学院(ETH Zürich)的固体物理学研究所，开始攻读博士学位，导师仍旧是缪乐。贝德诺尔茨在完成对钙钛氧化物$CaTiO_3$型晶体生长的结构、导电特性和极化特性等的研究后，于1982年获得博士学位，并加入IBM公司。贝德诺尔茨与缪乐的紧密合作开始于1983年对高临界转变温度的超导氧化物的系统研究，1986年获得重要发现。他们在陶瓷材料镧-钡-铜-氧化物(La-Ba-Cu-O)中发现临界转变温度为35K的超导。这在当时是超导临界转变温度的最高纪录，高出前一纪录12K。这一发现对全球许多新型超导材料的研究起到了推动作用，最终超导临界转变温度达到138K。1987年，他与缪乐一起获得了诺贝尔物理学奖，以表彰他们在高温超导材料方面的突破性发现。

参 考 文 献

方磊，闻海虎，2008. 铁基高温超导体的研究进展及展望[J]. 科学通报，53(19)：2265-2273.

管惟炎，李宏成，蔡建华，等，1981. 超导电性：物理基础[M]. 北京：科学出版社.

刘兵，1986. 第二类超导体的"发现"[J]. 低温与超导，14(3)：50-56.

信赢，2003. 铊系高温超导体的化学、晶体结构，材料特征及生产工艺[J]. 低温物理学报，25(S1)：315-324.

周光召，2009. 中国大百科全书-物理学[M]. 2版. 北京：中国大百科全书出版社.

BUSCHOW K H J, 1992. Concise encyclopedia of magnetic & superconducting materials[M]. 2nd ed. Oxford: Pergamon Press.

DE HAAS W J, CASIMIR-JONKER J M, 1935. Penetration of a magnetic field into supra-conductive alloys[J]. Nature, 135(3401): 30-31.

DOSS J D, 1989. Engineer's guide to high-temperature superconductivity[M]. New York: Wiley.

JOSEPHSON B D, 1974. The discovery of tunnelling supercurrents[J]. Reviews of modern physics, 46(2): 251-254.

KEELY T C, MENDELSSOHN K, MOORE J R, 1934. Experiments on supraconductors[J]. Nature, 134(3394): 773-774.

ROGALLA H, KES P H, 2012. 100 year of superconductivity[M]. Boca Raton: CRC Press.

VAN DELFT D, KES P H, 2010. The discovery of superconductivity[J].Physics today, 63(9): 38-43.

第3章 超导理论

本章介绍有较高认同度或在历史上具有里程碑意义的描述超导体基本性质和超导机理的物理理论，包括三个以实验结果为基础发展的唯象理论和一个以微观机理为基础的理论，总结每个理论的意义和局限性。还介绍关于20世纪80年代后期发现的高临界转变温度的铜氧化物超导体超导机制和理论的探索。

3.1 建立超导机理和发展超导理论需要考虑的主要因素

超导现象是在1911年意外发现的，在这以前没有任何一个物理理论预言过超导现象。发现超导现象以后，一个重大问题摆在物理学家面前：为什么会发生超导这种现象？

对于常规导体，可以把电流看作电子流体在晶格中流动。在流动过程中，电子不停地与晶格上的比自己重得多的离子碰撞，有时电子之间也会相互碰撞。这些碰撞阻碍电子流的行进，产生电阻，使电子流动的能量不断衰减。在电子与晶格碰撞时会把一部分能量传递给晶格，通过晶格转换为热能，即晶格上离子的振动动能，这就是焦耳热产生的原因。显然，超导电子流动时不会发生这些碰撞，所以才没有电阻，也不产生焦耳热。任何关于超导的物理机理必须考虑这一点，而且还必须考虑超导体的另一个独特的性质——完全抗磁性。

从另一个角度观察，超导体的一些特征和性质并不依赖于具体的物质。譬如，所有超导体在传导较小的电流和所处的磁场小于一定的临界值时，都具有不折不扣的零电阻特性。这些普适性质的存在说明超导体的超导态可以看作热力学意义上的一个相(phase)，所以从一定意义上来说，其具有的一些特征和性质并非其微观细节所能左右的。对超导机理的研究是从20世纪20年代后期开始的。那时，莱顿大学的威廉·亨德里克·凯索姆(Willem Hendrik Keesom)、阿伦德·琼·罗格斯(Arend Joan Rutgers)和戈特等先后开始运用热力学对超导体的宏观理论进行研究。

热力学用熵，相变理论和协同学用序参数，系统论、控制论、信息论用信息量来度量系统的秩序。热力学中系统的熵越大则有序度越低，这是因为熵描述所研究的目标系统(如一个由气体分子组成的系统)状态的紊乱程度。相变理论和协同学的序参量反映系统内部状态，只要序参量是非零值，就意味着对称性有了质的变化，变得有序。系统论、控制论、信息论中的信息量是用来确定研究目标(研究目标不是信息本身)的相关状态的，所以信息量越大，研究目标的约束参数就越多，系统的有序度就越高(不确定度越低)。有序和无序在一定条件下可以互相转化，熵增的过程就是有序向无序自动转化的过程。反之，一个开放系统在与环境进行物质、能量和信息的交换中，如果向外界输出的熵流大于内部产生的熵，导致系统的熵逐渐减小，就可使系统从无序变为有序。热力学第二定律揭示世界从有序走向无序，进化论则力图证明世界是从无序走向有序。进化论认为自然界的发展既有向上的分支也有向下的分支，一种趋势是从无序到有序，是进化，另一种趋势是从有序到无序，是退化。

显然，超导态是比正常态更为有序的状态。罗格斯和戈特提出超导态的熵总是低于正常态的熵这一重要推断，运用热力学理论分析了超导态和正常态之间的相变问题。

因此，任何描述超导现象的机理都要能够解释超导态的高度有序。图 3.1 所示为有序和无序的人群集合的例子。如果将这两个例子与导体内导电的电子的运动状态联系起来，人们会毫无异议地同意只有完全有序的载流子集合才能形成超导态。

(a) 有序

(b) 无序

图 3.1　两个秩序完全不同的人群

因为对超导现象的系统研究是从热力学开始的，所以在 20 世纪 30 年代初期已经开展了超导体宏观性质的一些热学实验。图 3.2 所示为测量超导体比热容和电阻率的实验测量结果。结果表明：在正常态时，超导体的比热容与温度成正比。在发生超导转变时，其比热容发生一个跃变式上升，不再具有线性的特征。在超导态的温度区间，$C \propto e^{-\alpha/T}$，其中 C 是超导体的比热容[J/(kg·K)]，α 是常数，T 是温度，比热容与温度的指数依赖关系是超导体能带存在能隙的一个证据。另外，超导体在由正常态向超导态的转变过程中导致其一些物理性质的改变，这些改变是相变的标志。早期的实验结果显示超导体由正常态向超导态的转变过程没有伴随潜热，所以人们把超导相变看作一个二级相变。

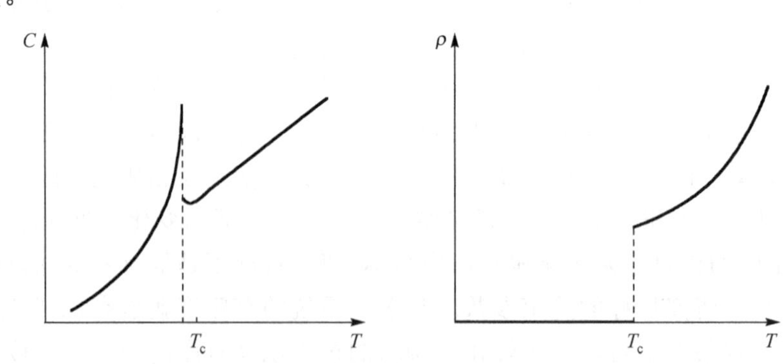

图 3.2　超导体的比热容 C 和电阻率 ρ 的实验测量结果

1950 年，美国国家标准局(NIST)的伊曼纽尔 • 麦克斯韦(Emanuel Maxwell)和罗格斯大学的查尔斯·雷诺(Charles A. Reyhold)各自独立测量了水银同位素的临界转变温度，实验发现 $T_c \propto M^{-1/2}$，其中，M 为同位素质量。同位素效应的发现暗示了晶格与共有化电子的相互作用必定在超导转变中扮演着重要角色。

因为有些在常压下并不是超导体的物质在较大的压力下变成了超导体，这一点可能与同位素效应一同揭示了晶格参数及其运动在影响超导体性质方面至关重要的作用。

除需要考虑上述各个要素之外，有效的超导理论还必须能解释第一类与第二类超导体磁化特性的差别。

一个成功的理论应该能够科学地阐明超导状态是如何产生的，为什么超导现象能够实现并在宏观尺度上被观测到。

近一百年来，人们尝试了很多物理模型来解释超导的机制，运用热力学、电动力学和量子力学等工具，发展了几个有较高认同度的超导理论，本章接下来的其他各节将简要介绍这些理论。

课外读物

扩展知识

1. 微观和宏观

微观(micro)原意是“小”，与宏观(macro)相对，粒子自然科学中一般指空间线度小于 10^{-9}m(即纳米以下)的物质系统，包括分子、原子、原子核、基本粒子及与之相应的场。微观世界的各层次都具有波粒二象性，服从量子力学规律。

宏观与微观相对，研究对象不涉及分子、原子、电子等内部结构或机制，其所关注的是整体的或系统的规律。

2. 有序

有序指系统的组成元素、事物内部诸要素或事物有规则地排列、组合、运动和转化，含结构有序与运动有序。无序则相反，指事物内部诸要素或事物之间、系统内部组成元素之间混乱而无规则的组合、运动和转化，含结构无序和运动无序。

3. 电子共有化运动

原子组成晶体后，由于电子壳层的交叠，电子不再完全局限在某一个原子上，可以由一个原子转移到相邻的原子，因而，电子将可以在整个晶体中运动。这种运动称为电子的共有化运动。

但必须注意，因为各原子中相似壳层上的电子才有相同的能量，电子只能在相似壳层间转移。因此，共有化运动的产生是由于不同原子的相似壳层间的交叠，如2p支壳层的交叠、3s支壳层的交叠。也可以说，结合成晶体后，每一个原子能引起“与之相应”的共有化运动。例如，3s能级引起“3s”的共有化运动，2p能级引起“2p”的共有化运动，等等。由于内外壳层交叠程度很不相同，所以只有最外层电子的共有化运动才显著。

科学史话

关于超导相变的不同看法

目前对于超导相变是一级相变还是二级相变还存在争论。长时间以来，人们一直认为超导相变是二级相变(不伴随潜热)。然而，近来的一些计算结果暗示超导相变实际上是在电磁场长程波动(long-range fluctuations)背景下的弱一级相变。

人物小传

威廉·亨德里克·凯索姆(Willem Hendrik Keesom，1876—1956年)，荷兰物理学家，专攻低温学，是第一个将液氦凝固的人。1904年，他在阿姆斯特丹大学获得博士学位后，在莱顿大学的昂尼斯指导下工作，并于1926年发明了一种冻结液态氦的方法。1930年，他发现了氦Ⅱ与氦Ⅰ之间的λ相变。1932年，他实现了–457.6℉的温度，仅比0K高1℃左右。

他还在1921年首次对偶极-偶极相互作用进行了数学描述。因此，偶极-偶极相互作用也称为凯索姆相互作用。1924年，他成为荷兰皇家艺术和科学院院士。1966年，小行星9686以他的名字凯索姆命名。

阿伦德·琼·罗格斯(Arend Joan Rutgers，1903—1998年)，荷兰-比利时物理化学家。他于1926年获得硕士学位后，前往莱顿大学，在埃伦菲斯特的指导下学习理论物理学，1930年在莱顿大学获得博士学位，1931年到阿姆斯特丹任研究助理。

1938年，罗格斯被任命为根特大学科学系的物理化学教授。他的大部分科学研究是胶体和表面化学，重点是电动力学。他的研究还涉及不明确相变的热力学、反应动力学和平衡学，并在实验中证实了德布雷效应(Debré-effect)，即由于超声波导致的溶液中电张力的变化。1939年后，他的《物理化学》(*Physische Scheikunde*)已成为物理化学的标准书籍，并在1954年被翻译成英文。

科内利斯·雅各布斯·戈特(Cornelis Jacobus Gorter，1907—1980年)，荷兰实验和理论物理学家，低温物理学的先驱。在海牙完成高中学业后，戈特在莱顿大学学习物理学，在德哈斯的指导下完成论文《盐的顺磁性》(*Paramagnetische Eigenschaften von Salzen*)并获得了博士学位。1946年，他接替凯索姆，以教授身份返回莱顿大学。1948年，戈特作为德哈斯的继任者领导了昂尼斯实验室，一直到1973年。

1934年，他与卡西米尔一起提出了两流体模型，用热力学和麦克斯韦方程组来解释超导性。1936年，他发现了顺磁弛豫现象。1966年，戈特因对低温物理学的广泛贡献而获得菲列兹·伦敦奖。

3.2 超导体的两流体模型及热力学性质

3.2.1 两流体模型

为了解释超导体的零电阻和完全抗磁性，戈特和卡西米尔提出了关于超导体内载流电子的假设，后来人们将这个假设称为两流体模型。两流体模型认为超导是超导体内的共有化电子在温度降低到临界转变温度以下时发生某种有序变化所引起的，超导态是比正常态更加有序的状态。

根据两流体模型，在温度低于超导体的临界转变温度时，一部分正常共有化电子开始凝聚为超导电子，传输超导电流。在温度达到0K时，超导体内的全部共有化电子都凝聚为超导电子，不再存在正常电子。在温度恢复到 T_c 时，所有电子又都变成了正常电子。超导体处于超导态时，共有化自由电子分为两部分：一部分是正常电子，其密度为 N_n(单位体积内正常电子数量)，占总数的 N_n/N；另一部分是超导电子，其密度为 N_s(单位体积内超导电子数量)，占总数的 $N_s/N(N = N_n + N_s)$。两部分电子占据同一体积，在空间上相互渗透，彼此独立地运动，两种电子的相对密度是温度的函数，如图3.3所示。进一步地，在温度为 $T(T<T_c)$ 时，超导电子的密度 $N_s = N[1-(T/T_c)^4]$。

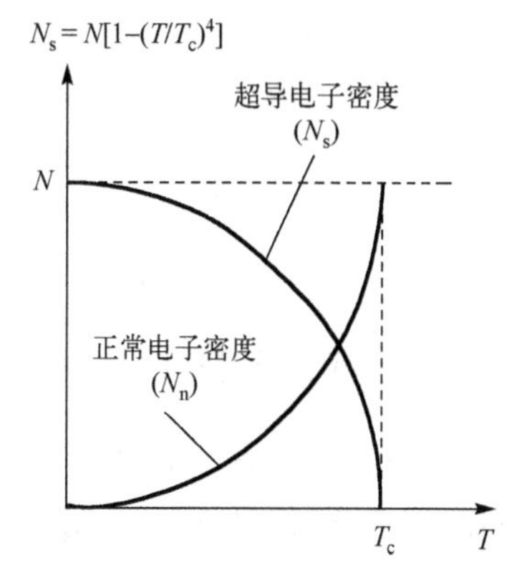

图3.3 两流体模型中超导电子和正常电子随温度变化示意图

按照这个模型，当温度低于 T_c 时，开始出现超导电子，超导体内如果存在电流，则完全是由于超导电子运动形成的超导电流。这时正常电子不再载荷电流，超导体电阻完全消失，导体内也不再存在电场。

两流体模型还阐明正常电子流体的性质与普通金属中的自由电子气相同，熵不等于零，处于激发态。正常电子因受晶格振动的散射而会产生电阻。超导电子流体由于其有序性而对熵的贡献为零，处于能量最低的基态。超导电子不会受晶格散射，不产生电阻。

超导态的有序度可用有序参量 $\omega(T) = N_s(T)/N$ 表示。当 $T>T_c$ 时，无超导电子，$\omega = 0$。当 $T<T_c$ 时，开始出现超导电子，随着温度 T 的减小，更多的正常电子转变为超导电子。当 $T = 0K$ 时，所有电子均成为超导电子，$\omega = 1$。

两流体模型的基本假设是在超导临界转变温度之下，一部分共有电子凝聚成高度有序的超导电子，超导电子的浓度(N_s/N)随着温度的降低而增加并在0K时达到1。在此基础上通过热力学方法得到了有关超导体的一些热力学物理参数(自由能、熵、磁化能、比热容、潜热)的定性数学表述，解释了一些观察到的超导体物理特性(超导相变、比热容突变、无潜热、临界磁场)。两流体模型没有对超导电子凝聚过程做出解释，所以无法从根本上解释超导机制。

两流体模型推动人们用唯象理论解释超导现象，为以后超导理论的发展提供了一些重要的启示。

3.2.2 超导体的磁化能

在力学中，已知势能越低的状态就越稳定。相似地，在确定的温度和外加磁场条件下，超导体究竟是应处于超导态，还是正常态，也将取决于哪个状态的能量低。在两流体模型的基础上，可以利用热力学中的吉布斯自由能来分析超导体磁化过程的能量变化规律。超导体的正常态是非磁性的，因而外加磁场对正常态的磁化作用可以忽略不计，但超导态的自由能增加 $\mu_0 H^2/2$。

一个超导体置于外磁场下，当磁场达到 H_c 时，其单位体积的吉布斯自由能可以表示为

$$G_n(T,0)=G_s(T,H_c)=G_s(T,0)+\frac{1}{2}\mu_0 H_c^2 \tag{3.1}$$

因此，超导体单位体积内的磁化能可表示为正常电子和超导电子吉布斯自由能的差值，即

$$\frac{1}{2}\mu_0 H_c^2=G_n(T,0)-G_s(T,0) \tag{3.2}$$

图 3.4 还告诉我们，当 $H>H_c$ 后，正常电子的吉布斯自由能小于超导电子的自由能，正常态能量更低，超导体将趋于正常态。

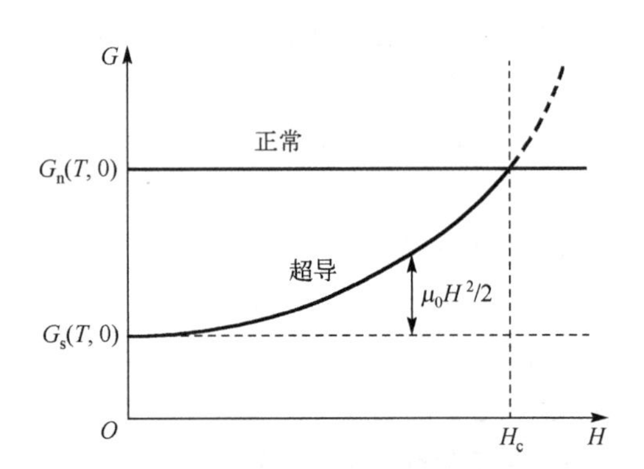

图 3.4　吉布斯自由能与外磁场的关系

3.2.3 超导体的熵和比热容

从式(3.2)出发，可以分别得到超导体正常态的熵 S_n 和超导态的熵 S_s。依据热力学第一定律：

$$S=-\left(\frac{\partial G}{\partial T}\right)_{P,H_a} \tag{3.3}$$

分别将 G_n 和 G_s 对温度 T 求导，并将两者的导数相减，代入式(3.2)得

$$S_n-S_s=-\mu_0 H_c\left(\frac{\mathrm{d}H_c}{\mathrm{d}T}\right) \tag{3.4}$$

由于 H_c 总是随着温度的增加而减小，所以 $\mathrm{d}H_c/\mathrm{d}T$ 一直是一个负值。这就意味着在 $T<T_c$ 时，S_n-S_s 总是一个正值。也就是说，对于一个超导体，其正常态时的熵大于其超导态时的熵。这个结果是和两流体模型中把超导态看作更有序的状态，正常电子的熵大于超导电子的熵是高度一致的。另外，当 $T=T_c$ 时，$H_c=0$，所以根据式(3.4)，这时 $S_n=S_s$。根据热力学第三定律，在 $T=0\mathrm{K}$ 时，$S_n=S_s=0$。

在热力学里，物质的比热容可以表示为

$$C=VT\frac{\partial S}{\partial T} \tag{3.5}$$

式中，V 是单位质量的体积。

将式(3.4)再次对 T 求导，并结合式(3.5)可以得到

$$C_s - C_n = VT\mu_0 H_c \frac{d^2 H_c}{dT^2} + VT\mu_0 \left(\frac{dH_c}{dT}\right)^2 \tag{3.6}$$

当 $T = T_c$ 时，$H_c = 0$，式(3.6)在 $T = T_c$ 时可以简化为

$$(C_s - C_n)_{T_c} = VT_c\mu_0 \left(\frac{dH_c}{dT}\right)^2_{T_c} \tag{3.7}$$

显然，$(C_s - C_n)_{T_c}$ 是一个正值，符合图 3.2 给出的实验测量结果。

综合上面基于两流体模型对超导体的熵和比热容的分析，可以用图 3.5 进行总结。图 3.5 揭示 $T = T_c$ 处，超导体的比热容 C 出现了一个跳跃式的增加。根据热力学，相变潜热为

$$q = T(S_n - S_s) = -\mu_0 TH_c \frac{dH_c}{dT} \tag{3.8}$$

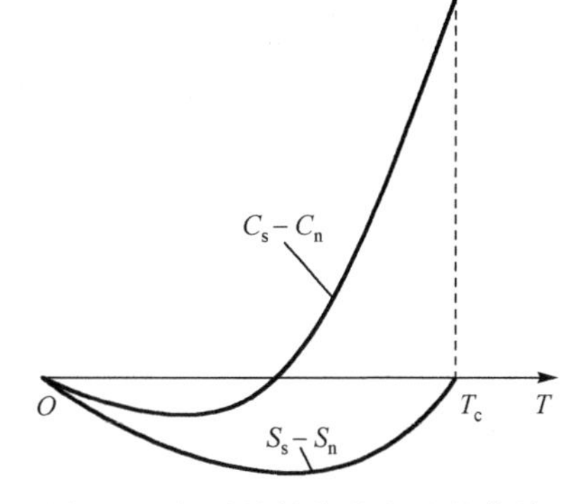

图 3.5 超导体的熵差和比热容差随温度变化示意图

而由图 3.5 可知，在 $T = T_c$ 处，$(S_s - S_n)_{T_c} = 0$，所以可以得出在超导相变时并不伴随潜热发生的结论。

3.2.4 超导体的能隙

20 世纪 30 年代开始，人们就对不同的超导体样品(如铟、锡、汞、钽等)开展了正常态和超导态比热容的测量。虽然不同材料的超导体样品的比热容在数值方面存在明显的差异，但在变化趋势方面却展示了相同的特征。图 3.6 是典型的超导体比热容实验测量结果的特征曲线。

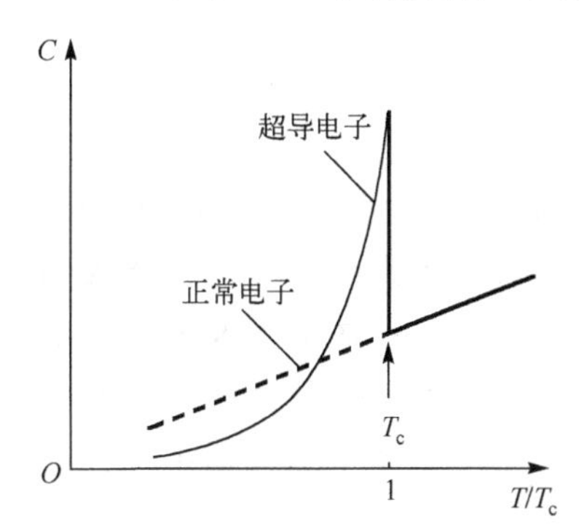

图 3.6 超导体的比热容随温度变化的特征曲线

一般认为金属的比热容由两部分组成，一部分来自晶格的贡献，与 T^3 成正比。另一部分是电子的贡献，与 T 成正比。金属的比热容可以表示为

$$C_n(T) = \gamma T + \beta T^3 \tag{3.9}$$

式中，γ 是在费米面附近的电子态密度，式(3.9)等号右边第一项是电子对比热容的贡献，第二项是晶格对比热容的贡献。两流体模型认为，超导相变只涉及电子状态的变化而与晶格无关。晶格对比热容的贡献 βT^3 在超导相变前后是基本不变的，如图 3.6 所示。所以在发生超导相变后所引发的比热容跳跃和在 $T<T_c$ 温度区间里比热容随温度按指数规律变化可以认为是电子状态变化决定的。从图 3.6 可以看出，比热容在超导态是按指数规律变化的，使用公式

$$C_{es}(T) = A\exp\left(\frac{-\Delta}{k_B T}\right) \tag{3.10}$$

可以很好地拟合实验结果。其中，C_{es} 代表超导体在超导态的比热容；k_B 是玻尔兹曼常量；A 和 Δ 是与超导体样品相关的常数。

式(3.10)所给出的指数依赖关系暗示在超导电子能级和正常电子能级之间存在一个能隙，超导电子处于一个比正常电子低的能量状态，两者能量的差值为 Δ。当然，对于不同的超导体，Δ 的值是有差异的。

超导体的超导电子能级和正常电子能级之间存在能隙的推测最初是在解释实验结果时产生的，后来形成的 BCS 超导微观理论对此给予了理论上的证实。

课 外 读 物

扩展知识

1. 唯象理论

唯象理论(phenomenology)是指物理学中解释物理现象时，不用其内在原因，而是用概括实验事实而得到的物理规律。唯象理论是实验现象的概括和提炼，对物理现象有描述与预言功能，但没有解释功能。最典型的例子如开普勒定律，就是对天文观测到的行星运动现象的总结。实际上支配开普勒定律的内在机制是牛顿的万有引力定律。进一步，牛顿的万有引力定律也是唯象的，需要用量子引力理论去解释。唯象理论有时称作前科学，因为它们也能被实践所证实。而理论架构比唯象理论更具基础，它可以用数学和已有的科学体系进行解释。

2. 吉布斯自由能

1876 年，美国著名数学物理学家、数学化学家吉布斯在康涅狄格学院学报(*Transactions of the Connecticut Academy*)上发表了奠定化学热力学基础的经典之作《论异质性物质的平衡性》(*On the Equilibrium of Heterogeneous Substances*)的第一部分。1878 年，他完成了第二部分。这一长达三百余页的论文被认为是化学史上最重要的论文之一，其中提出了吉布斯自由能(Gibbs free energy)、化学势等概念，阐明了化学平衡、相平衡、表面吸附等现象的本质。

吉布斯自由能是在化学热力学中为判断过程进行的方向而引入的热力学函数，又称自由焓或自由能。自由能指的是在某一个热力学过程中，系统减少的内能中可以转化为对外做功的部分。它的定义是 $G = U-TS+pV = H-TS$，其中，U 是系统的内能，T 是温度(热力学温度，K)，S 是熵，p 是压强，V 是体积，H 是焓。

3. 比热容

比热容(specific heat capacity)是热力学中常用的一个物理量，表示物质提高温度所需热量的能力，而不是吸收或者散热能力。它指单位质量的某种物质升高(或下降)单位温度所吸收(或放出)的热量。其国际单位制中的单位是 J/(kg·K)，即令 1kg 的物质的温度上升 1K 所需的热量。

4. 潜热

潜热(latent heat)是相变潜热的简称，指物质在等温等压情况下，从一个相变化到另一个相吸收或放出的热量。这是物体在固、液、气三相之间以及不同的固相之间相互转变时具有的特点之一。固、液之间的潜热称为熔解热(或凝固热)，液、气之间的潜热称为汽化热(或凝结热)，而固、气之间的潜热称为升华热(或凝华热)。

人物小传

亨德里克·布鲁格特·格哈德·卡西米尔(Hendrik Brugt Gerhard Casimir，1909—2000 年)，荷兰物理学家。他在莱顿大学师从埃伦菲斯特学习理论物理学，并于1931 年获得博士学位。1932～1933 年，卡西米尔在苏黎世联邦理工学院担任泡利的助理，致力于电子的相对论理论研究。1934 年，他与戈特一起提出了两流体模型，用热力学和麦克斯韦方程来解释超导性。1948 年，卡西米尔在菲利浦国家实验室与德克·波德(Dirk Polder)合作，预测了导电板之间的量子力学吸引力，后称为“卡西米尔效应”，这一成果在微机电系统(micro electromechanical systems，MEMS)等领域具有重要意义。

卡西米尔的大部分职业生涯都在工业界度过，但同时他也是荷兰最伟大的理论物理学家之一。卡西米尔在很多科学领域都做出了贡献，包括理论数学领域的 Lie 群(1931 年)、超精细结构、核四极矩的计算(1935 年)和物理学领域的低温物理学、磁学、超导体热力学、顺磁弛豫(1935～1942 年)和昂萨格(Onsager)不可逆现象理论的应用(1942～1950 年)等。

1946 年，卡西米尔成为荷兰皇家艺术和科学院的成员。他协助建立了欧洲物理学会，并于 1972～1975 年担任该学会主席。卡西米尔被荷兰以外的大学授予了六个荣誉博士学位。1976 年，工业研究所(Industrial Research Institute，IRI)颁发给他著名的 IRI 奖章。1982 年，他被授予威廉·埃克斯纳奖章。

3.3 伦敦理论

1935 年，菲列兹·伦敦(Fritz London)和海因茨·伦敦(Heinz London)两兄弟提出，如果超导电子的运动没有电阻，那么在一个外加电场下这些电子就会做连续的加速运动，即

$$\frac{\mathrm{d}v}{\mathrm{d}t}=\frac{e\boldsymbol{E}}{m} \tag{3.11}$$

式中，e、m、v 分别为电子电荷、电子质量和运动速度；$\boldsymbol{E}$ 是电场强度。

如果在式(3.11)等号两边同时乘以超导电子密度 N_s 和电子电荷 e，则得到

$$\frac{\mathrm{d}}{\mathrm{d}t}(N_s ev)=\frac{N_s e^2}{m}\boldsymbol{E} \tag{3.12}$$

由于式中 $N_s ev$ 正是超导电流密度 $\boldsymbol{J}_s$，所以式(3.12)可以写成：

$$\frac{\mathrm{d}}{\mathrm{d}t}(\boldsymbol{J}_s)=\frac{N_s e^2}{m}\boldsymbol{E} \tag{3.13}$$

式(3.13)后来被人们称为伦敦方程的第一个方程，体现了超导体的零电阻特性。

接着，伦敦兄弟使用磁势矢量 $\boldsymbol{A}$ 来表示电场、磁场，即

$$\boldsymbol{B}=\nabla\times\boldsymbol{A} \tag{3.14}$$

和

$$\boldsymbol{E}=-\frac{\partial\boldsymbol{A}}{\partial t} \tag{3.15}$$

将式(3.15)代入式(3.13)，得到

$$\frac{\mathrm{d}}{\mathrm{d}t}(\boldsymbol{J}_s)=-\frac{N_s e^2}{m}\frac{\partial\boldsymbol{A}}{\partial t} \tag{3.16}$$

对此积分得

$$\boldsymbol{J}_s=-\frac{N_s e^2}{m}\boldsymbol{A} \tag{3.17}$$

伦敦兄弟认为积分过程得到常数项应恒等于 0，且式(3.17)只对超导体成立，对一般导体是不成立的。

接着，伦敦兄弟引用麦克斯韦方程组的安培定律方程：

$$(\nabla\times\boldsymbol{B})=\mu_0\boldsymbol{J}_s \tag{3.18}$$

利用式(3.14)、式(3.17)和式(3.18)将 $\boldsymbol{J}_s$ 替代，从而得出磁感应密度的表达式：

$$\nabla\times(\nabla\times\boldsymbol{B})=-\frac{N_s e^2}{m}\mu_0\boldsymbol{B} \tag{3.19}$$

式(3.19)被人们称作伦敦方程的第二个方程，体现了超导体的完全抗磁性。根据式(3.17)，伦敦方程的第二个方程也常常写成：

$$\nabla\times\boldsymbol{J}_s=-\frac{N_s e^2}{m}\boldsymbol{B} \tag{3.20}$$

令

$$\lambda\equiv\sqrt{\frac{m}{\mu_0 N_s e^2}} \tag{3.21}$$

由于$\nabla\cdot\boldsymbol{B}=0$，式(3.19)可以写成：

$$\nabla^2\boldsymbol{B}=\frac{1}{\lambda^2}\boldsymbol{B} \tag{3.22}$$

假设外磁场是沿着 z 方向的，则超导体内沿着 x 方向的磁感应密度应满足：

$$\frac{\mathrm{d}^2 B(x)}{\mathrm{d}x^2}=\frac{\mu_0 N_s e^2}{m}B(x) \tag{3.23}$$

式(3.23)的解是

$$B(x)=B_0\exp\left(-\frac{x}{\lambda}\right) \tag{3.24}$$

式(3.24)与实验结果在特性上是相符的，即在超导体的表面($x=0$)，磁密有最大值B_0，进入超导体内部后，B迅速按指数衰减。λ被称为伦敦穿透深度或穿透深度，当$x=\lambda$时，B减少至B_0/e，如图3.7所示。

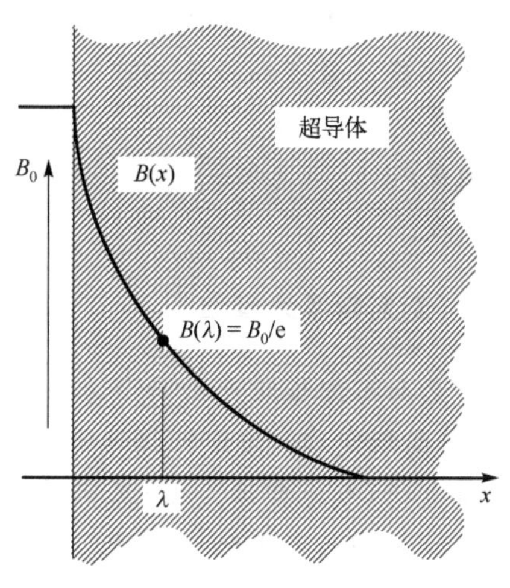

图3.7　伦敦穿透深度λ的物理意义

从式(3.21)可以看出，穿透深度λ与超导电子密度N_s的平方根成反比。随着温度的增加，N_s会变小，λ会变大。当$T=T_c$时，$N_s\to 0$，$\lambda\to\infty$，即磁场将穿透整个超导体。

对应地，也可以求出磁化电流在超导体内的分布规律：

$$j(y)=\frac{B_0}{\mu_0\lambda}\exp\left(-\frac{x}{\lambda}\right) \tag{3.25}$$

第一个伦敦方程反映了超导体的零电阻特性，第二个伦敦方程反映了超导体的完全抗磁性，但应该指出：

(1)伦敦方程是根据经典电动力学，加上超导体的特别限定条件后得到的，只适合于超导体(确切地说是第一类超导体)。

(2)根据伦敦方程推导出来的超导体电磁行为与实验结果基本相符，所以它们是有意义的。

(3)尽管伦敦理论解释了超导体的零电阻特性和迈斯纳效应，但是到目前为止，实验得到的λ值与通过式(3.21)计算的值差别较大。这可能是因为在通过式(3.21)计算时，N_s、e、m只能取金属导体中自由电子的相关值。而在超导体中，共有化电子的相关参数的有效值与自由电子是有很大差别的。

另外，与两流体模型类似，伦敦理论只能描述超导体的特征性质，不能解释超导产生的原因。

课 外 读 物

扩展知识

1. 哈密顿算子∇

在磁场和电场理论中，为简化运算而引入的一个算子：

$$\nabla=\frac{\partial}{\partial x}\boldsymbol{i}+\frac{\partial}{\partial y}\boldsymbol{j}+\frac{\partial}{\partial z}\boldsymbol{k}$$

∇是场论分析中不可缺少的工具，其本身并无意义，在运算时，具有矢量和微分的双重身份。梯度、散度和旋度都可以用∇算子表示。

梯度： $\mathrm{grad}(\varphi)=\nabla\varphi$

散度： $\mathrm{div}(\boldsymbol{A})=\nabla\cdot\boldsymbol{A}$

旋度： $\mathrm{rot}(\boldsymbol{A})=\nabla\times\boldsymbol{A}$

2. 麦克斯韦方程组

麦克斯韦方程组是由四个方程共同组成的，包括：

(1) 高斯定律。该定律描述电场与空间中电荷分布的关系。电场线开始于正电荷，终止于负电荷(或无穷远)。计算穿过某给定闭曲面的电场线数量，即其电通量，可以得知包含在这个闭曲面内的总电荷。更详细地说，这个定律描述穿过任意闭曲面的电通量与该闭曲面内的电荷之间的关系。

(2) 高斯磁定律。该定律表明，磁单极子实际上并不存在，所以没有孤立磁荷，磁场线没有初始点，也没有终止点。磁场线会形成循环或延伸至无穷远。换句话说，进入任何区域的磁场线，必须从该区域离开。以术语来说，通过任意闭曲面的磁通量等于零，或者磁场是一个无源场。

(3) 法拉第感应定律。该定律描述时变磁场怎样感应出电场。电磁感应是制造许多类型发电机的理论基础。例如，一块旋转的条形磁铁会产生时变磁场，接下来又会生成电场，使得邻近的闭合电路因而感应出电流。

(4) 麦克斯韦-安培定律。该定律阐明，磁场可以用两种方法生成：一种是靠传导电流(原本的安培定律)；另一种是靠时变电场，或称位移电流(麦克斯韦修正项)。

麦克斯韦方程组可以表述成积分或微分两种形式。其积分形式是描述在某一体积或某一面积内电磁场的数学关系的，为

$$\oint_l \boldsymbol{H}\cdot\mathrm{d}\boldsymbol{l}=\int_s \boldsymbol{J}\cdot\mathrm{d}\boldsymbol{S}+\int_s \frac{\partial\boldsymbol{D}}{\partial t}\cdot\mathrm{d}\boldsymbol{S} \tag{1}$$

$$\oint_l \boldsymbol{E}\cdot\mathrm{d}\boldsymbol{l}=-\int_s \frac{\partial\boldsymbol{B}}{\partial t}\cdot\mathrm{d}\boldsymbol{S} \tag{2}$$

$$\oint_s \boldsymbol{B}\cdot\mathrm{d}\boldsymbol{S}=0 \tag{3}$$

$$\oint_s \boldsymbol{D}\cdot\mathrm{d}\boldsymbol{S}=\int_v \rho\cdot\mathrm{d}v \tag{4}$$

麦克斯韦方程组的微分形式是对场中每一点而言的，应用∇算子，可以写成：

$$\nabla\times\boldsymbol{H}=\boldsymbol{J}+\frac{\partial\boldsymbol{D}}{\partial t} \tag{5}$$

$$\nabla\times\boldsymbol{E}=-\frac{\partial\boldsymbol{B}}{\partial t} \tag{6}$$

$$\nabla \cdot \boldsymbol{B} = 0 \tag{7}$$

$$\nabla \cdot \boldsymbol{D} = \rho \tag{8}$$

麦克斯韦在 1865 年提出的最初形式的方程组由 20 个等式和 20 个变量组成。他在 1873 年尝试用四元数来表达，但未成功。现在所使用的数学形式是奥利弗·赫维赛德和约西亚·吉布斯于 1884 年以矢量分析的形式重新表达的。

人物小传

菲列兹·伦敦(Fritz London，1900—1954 年)，物理学家，生于德国布雷斯劳(现波兰弗罗茨瓦夫)。20 世纪理论物理和化学发展中的关键性人物之一，量子化学的创立者之一，也是第一位提出超导和超流动性可以看作宏观量子现象的人。他与他的兄弟海因茨·伦敦于 1935 年提出伦敦方程，成功地解释了迈斯纳效应，伦敦方程是宏观超导体电磁理论的基本方程。他五次获得诺贝尔化学奖提名。

海因茨·伦敦(Heinz London，1907—1970 年)，物理学家，生于德国波恩。与他的兄弟菲列兹·伦敦一起在用伦敦方程理解超导体的电磁特性方面做出了重大贡献。第二次世界大战后期，他曾参加英国原子弹的研究工作。战后，他最主要的贡献是于 1951 年提出 He-He 稀释制冷机的原理，这种制冷机可使温度达到 4.5～6.0mK，是广泛使用的能获得极低温度的一种制冷机。

詹姆斯·克拉克·麦克斯韦(James Clerk Maxwell，1831—1879 年)，英国物理学家、数学家，经典电动力学的创始人，统计物理学的奠基人之一。

麦克斯韦生于苏格兰爱丁堡，1847 年中学毕业后进入爱丁堡大学学习，他是班上年纪最小的学生，但考试成绩却总是名列前茅。他在大学专攻数学和物理，并且显示出非凡的才华。在学习之余，他大量阅读课外读物，积累了广泛的知识。麦克斯韦仅用三年时间就完成了四年的学业。1850 年，他到剑桥大学求学。

麦克斯韦的电学研究始于 1854 年，当时他刚从剑桥毕业不过几个星期。他读到了迈克尔·法拉第(Michael Faraday)的《电学实验研究》(*Experimental Researches in Electricity*)，立即被书中新颖的实验和见解吸引住了。在当时，人们对法拉第的观点和理论看法不一，有不少非议。最主要的原因就是当时超距作用的传统观念影响很深。另一方面的原因就是法拉第的理论不够严谨。法拉第是实验大师，有着常人所不及之处，但唯独欠缺数学功底，所以他的创见都是以直观形式来表达的。一般的物理学家恪守牛顿的物理学理论，对法拉第的学说感到不可思议。有一位天文学家曾公开宣称：“谁要在确定的超距作用和模糊不清的力线观念中有所迟疑，那就是对牛顿的亵渎！”在剑桥的学者中，这种分歧也相当明显。汤姆森也是剑桥里一名很有见识的学者。麦克斯韦对他敬佩不已，特意给汤姆森写信，向他求教有关电学的知识。汤姆森比麦克斯韦大 7 岁，对麦克斯韦从事电学研究给予过极大的帮助。在汤姆森的指导下，麦克斯韦得到启示，相信法拉第的新论中有着不为人所了解的真理。认真地研究了法拉第的著作后，他感受到力线思想的宝贵价值，也看到法拉第在定性表述上的弱点。于是这个刚刚毕业的青年科学家决定用数学来弥补这一点。

麦克斯韦在前人成就的基础上，对整个电磁现象作了系统、全面的研究，凭借他高深的数学造诣和丰富的想象力接连发表了电磁场理论的三篇论文：《论法拉第的力线》(*On Faraday's Lines of Force*，1855年)、《论物理的力线》(*On Physical Lines of Force*，1861年)、《电磁场的动力学理论》(*A Dynamical Theory of the Electromagnetic Field*，1864年)。这三篇论文对前人和他自己的工作进行了综合概括，将电磁场理论用简洁、对称、完美的数学形式表达出来，经后人整理和改写，成为经典电动力学主要基础的麦克斯韦方程组。据此，1865年他预言了电磁波的存在，指出电磁波只可能是横波，并推导出电磁波的传播速度等于光速，同时得出结论：光是电磁波的一种形式，揭示了光现象和电磁现象之间的联系。1873年，麦克斯韦出版了科学名著《电磁通论》(*A Treatise on Electricity and Magnetism*)，系统、全面、完美地阐述了电磁场理论。这一理论成为经典物理学的重要支柱之一。

麦克斯韦在48岁时就英年早逝。现在普遍认为，麦克斯韦是在牛顿和爱因斯坦之间这一历史时期最伟大的理论物理学家之一。

3.4　金兹堡-朗道理论

1937年，朗道曾提出一个二级相变理论，认为两个相的不同全在于秩序度的不同，并引进秩序参量 η 来描述不同秩序度的两个相，$\eta=0$ 时为完全无序，$\eta=1$ 时为完全有序。1950年，金兹堡和朗道在二级相变理论的基础上提出了有关超导的唯象理论，称为金兹堡-朗道理论(简称 GL 理论)。超导态与正常态间的相互转变是二级相变(相变时无体积变化，也无相变潜热)。GL 理论把二级相变理论应用于正常态与超导态的相变过程，其独到之处是引进了一个有效波函数 ψ 作为复数秩序参量，$|\psi|^2$ 则代表超导电子的数密度，应用热力学理论建立了关于 ψ 的金兹堡-朗道方程。根据 GL 理论可得到许多与实验基本相符的结论，如临界磁场、相干长度及穿透深度与温度的关系等。从 GL 理论出发，还可以给出区分第一类超导体和第二类超导体的表面能判据。

1937年，朗道提出的一般相变理论建立在如下三个基本假设的基础上。

(1) 存在一个有序量 ψ，与超导流体的密度相关，其在相变前不为零，相变时为零。

(2) 系统的自由能在相变点附近可以按 ψ 的幂次展开。

(3) 展开式的系数是 T 的有规律的函数。

于是，系统的自由能 F 在相变点附近按 ψ 的幂次展开为

$$F=F_{\mathrm{n}}+\alpha|\psi|^2+\frac{\beta}{2}|\psi|^4+\frac{1}{2m}|(-i\hbar\nabla-2e\boldsymbol{A})\psi|^2+\frac{|\boldsymbol{B}|^2}{2\mu_0} \tag{3.26}$$

式中，F_{n} 为正常态的自由能；α 和 β 为由实验确定的系数；m 为电子的有效质量；e 为

电子电荷；$\boldsymbol{A}$ 为磁势矢量；$\boldsymbol{B}=\nabla\times\boldsymbol{A}$，为磁通密度；$\hbar$ 为约化普朗克常量，即 $\hbar=h/2\pi$。自由能 F 与吉布斯自由能的关系为 $F=G+\boldsymbol{B}\cdot\boldsymbol{H}$，当无磁场时，两者是相等的。另外还要说明的是，$\psi$ 是一个复数，且在相变点附近 ψ 及其 $\nabla\psi$ 都很小。

1950 年，金兹堡和朗道将前述相变理论应用于正常态与超导态的相变过程，通过热力学的自由能最小化原理建立了金兹堡-朗道方程：

$$\alpha\psi+\beta|\psi|^2\psi+\frac{1}{2m}(-i\hbar\nabla-2e\boldsymbol{A})^2\psi=0 \tag{3.27}$$

$$\nabla\times\boldsymbol{B}=\mu_0\boldsymbol{J},\ \boldsymbol{J}=\frac{2e}{m}\mathrm{Re}\{\psi^*(-i\hbar\nabla-2e\boldsymbol{A})\psi\} \tag{3.28}$$

式中，$\boldsymbol{J}$ 为不随时间衰减的电流密度；α 和 β 为与电磁场无关的常数，但两者均随温度 T 变化；Re 是数学运算符号，意为取括弧部分的实数部分；ψ^* 与 ψ 互为共轭复数。式(3.27)类似于时间为常量的薛定谔方程，不同的是其有一个决定秩序参数 ψ 的非线性项。式(3.28)描述超导体的超导电流。

原则上说，由上面两个 GL 方程加上麦克斯韦方程可以解出在任何磁场下超导体内部的 ψ 和 $\boldsymbol{A}$，但迄今为止，这个方程尚未找到严格解，只在如下情况下求得了近似解。

(1) 零场，$\psi=\psi_0$。

(2) 弱场，ψ 缓变，近似认为 $\nabla\psi=\nabla\psi^*=0$。

(3) 薄膜，假如膜的厚度 d 可以和相干长度 ξ 相近，则可认为 ψ 在 d 范围内缓变，即 $\nabla\psi=\nabla\psi^*=0$。

(4) 强场，在临界磁场下可认为 $\psi\to0$，则可忽略 GL 第一个方程的高次项 $|\psi|^3$。

另外，在利用 GL 方程求解与超导体边界相关的问题时，为了满足电动力学规范，一般将超导体看作半无限大，与其为邻的另外半无限大空间是正常导体。所选取坐标的 x 轴垂直于超导体和正常导体的界面且指向超导体内部，外磁场 H_a 的方向为 z 轴方向。

即使在这些条件下，近似解的求解过程也比较烦琐，基于本书的性质，不再演绎详细的求解过程，对求解过程有兴趣的读者可以参考相关文献(POOLE et al., 2015; 张裕恒，2019)。下面仅就求解这两个 GL 方程的部分过程及其得到的一些重要结果做简要介绍。

在没有磁场且在距表面较远的超导体内部，$\boldsymbol{A}=\boldsymbol{0}$，因在超导体内部 ψ 的分布是均匀的，可以把 ψ 看作没有梯度，即 $\nabla^2\psi=0$。在此条件下，式(3.28)的各项均为零，式(3.27)也蜕变为

$$\alpha\psi+\beta|\psi|^2\psi=0 \tag{3.29}$$

这个方程有一个平凡解，$\psi=0$。这对应 $T>T_\mathrm{c}$ 的情况，描述的是超导体的正常态。当 $T<T_\mathrm{c}$ 时，期待此方程有一个非平凡解，即 $\psi\neq0$，因此式(3.29)可变化为

$$|\psi|^2=-\frac{\alpha}{\beta} \tag{3.30}$$

显然，只有在 α/β 为负值时，此等式才能成立，故可以将 α 在 T_c 上展开为 $\alpha(T)=\alpha_0(T-T_\mathrm{c})$，$\alpha_0/\beta>0$。这样式(3.30)可以写成：

$$|\psi|^2 = -\frac{\alpha_0(T - T_c)}{\beta} \tag{3.31}$$

当 $T \to T_c$ 时，$\psi \to 0$，这是典型二级相变的特征。在 GL 理论中，超导电子形成“超流”，$|\psi|^2$ 表示超导电子的归一化密度。

在没有磁场的条件下，在超导体表面附近求解式(3.28)时，GL 理论定义了一个特征长度：

$$\xi = \sqrt{\frac{\hbar^2}{2m|\alpha|}} \tag{3.32}$$

ξ 被称为 GL 相干长度，其物理意义是在这个长度范围内 $\psi(r)$ 可以在没有能量增加的前提下发生变化。也可以说，ξ 量度超导有序度在空间的变化范围。需要指出的是，GL 相干长度与一些其他超导物理理论的“相干长度”的物理含义是不同的，表述的是不同的物理量。

如果用 $\alpha(T) = \alpha_0(T - T_c)$ 取代式(3.32)中的 α，则得到

$$\xi = \sqrt{\frac{\hbar^2}{2m|\alpha_0(T - T_c)|}} = \sqrt{\frac{\hbar^2}{2m|\alpha_0|(T_c - T)}} \tag{3.33}$$

从式(3.33)可以看出，当 $T \to T_c$ 时，ξ 是发散的。而一些其他超导物理理论的“相干长度”表示超导电子的相干范围，当 $T \to T_c$ 时是趋于零的。

除 ξ 外，在弱磁场条件下求解 GL 方程时得到另一个特征长度，即 GL 穿透深度 λ：

$$\lambda = \sqrt{\frac{m}{\mu_0 e^2 \psi^2}} \tag{3.34}$$

根据 ψ 的定义，显然其为温度和场强的函数。依据 GL 方程，可以将 λ 表示为

$$\lambda = \frac{\sqrt{2}\lambda_0}{\sqrt{1 + \sqrt{1 - \left(\frac{H_a}{H_c}\right)^2}}} \tag{3.35}$$

式中，

$$\lambda_0 = \sqrt{\frac{m}{\mu_0 e^2 \psi_0^2}} \tag{3.36}$$

式中，ψ_0 是无外磁场时的 ψ 值。而 λ_0 与伦敦理论中的穿透深度 λ 是一致的，与磁场无关。这证明了伦敦理论是 GL 理论的弱磁场近似。但从普遍意义上讲，GL 理论中的穿透深度是磁场和温度的函数，与伦敦理论中的穿透深度是不同的。图 3.8 展示了两者的差异。

在 GL 理论中，把伦敦穿透深度 λ 与 GL 相干长度 ξ 的比值

$$\kappa = \frac{\lambda}{\xi} \tag{3.37}$$

称为GL参量。由于伦敦理论中的穿透深度λ与GL理论中的λ_0是一致的，所以式(3.37)中的λ是可以用λ_0取代的。

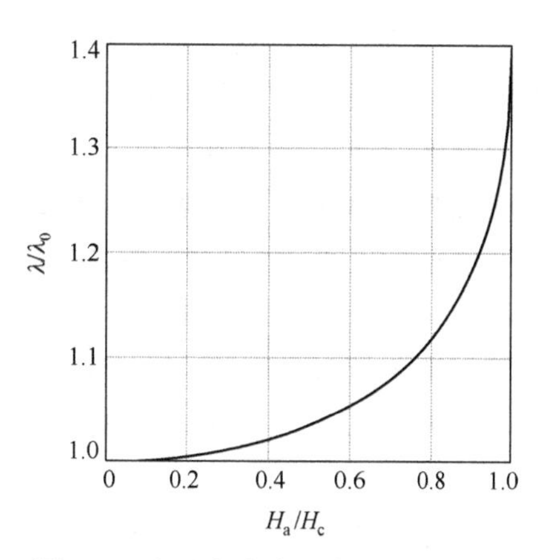

图3.8 半无穷大高温超导体的λ和H_a的理论结果

由于λ和ξ都含有$1/\sqrt{T_c-T}$因子，所以两者的比值κ是与温度无关的常数，只与超导体自身的物质特性有关。一般来说，对于典型的超导体，λ远小于ξ，κ小于1。当$\kappa=1/\sqrt{2}$时，超导体的界面能为零。1957年，阿布里科索夫提出将$\kappa=1/\sqrt{2}$作为区别第一类超导体和第二类超导体的分界线。当$\kappa<1/\sqrt{2}$时，界面能为正，是第一类超导体。当$\kappa>1/\sqrt{2}$时，界面能为负，是第二类超导体。

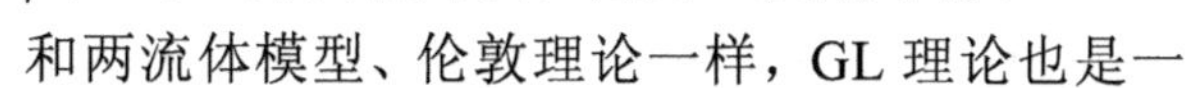

和两流体模型、伦敦理论一样，GL理论也是一种唯象理论。GL理论的重要之处是它可以应用于磁场和超导电子密度在空间不均匀的情况，但所假设的条件超导体的磁化是可逆的理想的情况，实际上，大多数超导体的磁化过程是不可逆的。到目前为止，GL理论只可以用来近似地处理第一类超导体在弱磁场或临界磁场附近的状态。阿布里科索夫提出的在临界磁场下求解GL方程的理论，得到了第二类超导体中涡旋线的概念和磁通点阵的周期结构，大大地发展了GL理论。列夫·戈尔科夫(Lev Petrovich Gor'kov)从超导体的微观理论(BCS)出发，利用格林函数方法，在严格的极限下推导出了GL方程。今天，研究者把GL理论与后来阿布里科索夫和戈尔科夫的工作合起来称为GLAG理论。

课外读物

人物小传

列夫·达维多维奇·朗道(Lev Davidovich Landau，1908—1968年)，苏联物理学家，被誉为世界上最后一位全能的物理学家。

1908年，朗道出生于里海之滨巴库的一个知识分子家庭里。他7岁学就完了中学数学课程，12岁学会了微分，13岁学会了积分，数学思维几乎成了他的本能。1922年转入巴库大学学习数学、物理和化学。

1924年，圣彼得堡被易名为列宁格勒，朗道进入了同时易名的列宁格勒大学。在20世纪20年代，列宁格勒大学可以说是苏联科学(特别是物理学)研究的中心，当时苏联一些很有名望的物理学家都在此授课，从他们那里，朗道第一次接触到了物理学发展的浪潮，了解到当时尚处于形成阶段的量子理论。在列宁格勒大学物理系学习时，朗道把全部的热情倾注于学习。后来朗道说，在那段时间里，他完全被那些普遍联系的不可置信的美给迷住了。他入迷地演算海森堡、薛定谔、索末菲和狄拉克的量子力学。他之所以入迷不仅仅是因为它们的科学美，更因为它们凝聚着人类的智慧和创造力。他尤其热衷于“时空弯曲”和“测不准关系”。

1927 年，他发表了第一篇学术论文，讨论了双原子分子的光谱问题。同一年，他在用波动力学处理韧致辐射的论文中，首次使用了密度矩阵的概念，这个概念在后来的量子力学和量子统计物理学中起了重要的作用。朗道 19 岁从列宁格勒大学毕业，成为苏联科学院列宁格勒技术物理研究所的研究生。

经过数次申请，1929 年 10 月，朗道被批准出国。在不到两年的时间中，朗道先后在德国、瑞士、荷兰、英国、比利时和丹麦进修访问。他曾回忆说，在这段时间里，除了恩利克 · 费米(Enrico Fermi)之外，他见到了几乎所有的量子物理学家。在与这些著名科学家的交往中，朗道充分地展示了他的才能和个性。

相传有一次，在爱因斯坦做演讲时，主持人请听众对演讲者提问，一位年轻人从座位上站起来说道："爱因斯坦教授告诉我们的东西并不是那么愚蠢，但是第二个方程不能从第一个方程严格推出，它需要一个未经证明的假设。"与会者都惊讶地回过头来注视这位似乎不知天高地厚的年轻人。爱因斯坦用心地听着，对着黑板思索片刻后对大家说："后面那位年轻人说得完全正确。诸位可以把我今天讲的完全忘掉。"这位提问的年轻人就是朗道。

在剑桥大学卢瑟福主持的卡文迪许实验室，朗道结识了在卡文迪许实验室工作的同胞彼得 · 卡皮查(Pyotr kapitsa)。

在丹麦的哥本哈根，朗道深受"哥本哈根精神"的感染，并成为玻尔研究班上的活跃分子。玻尔和哥本哈根精神给朗道留下了深刻的印象，对他后来的发展起着重要的作用。玻尔和朗道虽然性格迥异，但是他们却成了好朋友。后来，玻尔在谈到朗道时说："他一来就给了我们深刻的印象。他对物理课题的洞察力，以及对人类生活的强烈见解，使许多次讨论会的水平上升了。"朗道一生中接触过不计其数的物理学家，虽然他在玻尔那里只待了四个月左右的时间，但他却对玻尔十分敬仰，终生承认自己是玻尔的学生。

在欧洲的进修访问期间，朗道在金属理论方面做了重要的工作。在 1930 年发表的《金属的抗磁性》(*Diamagnetism of Metals*)论文中，朗道应用量子力学来处理金属中的简并理想电子气，提出理想电子气具有抗磁性的磁化率。

朗道于 1931 年回国，1932 年到哈尔科夫从事研究和教学工作。在哈尔科夫期间，朗道的科学研究工作继续深入。他发展了普遍的二级相变理论，不但说明了许多当时很奇特的现象，而且为此后各种新型相变的研究开辟了道路。他就铁磁磁畴结构、铁磁共振理论和反铁磁态理论发表了一系列的重要文章。此外，他还对原子碰撞理论、原子核物理学、天体物理学、量子电动力学、气体分子运动论、化学反应理论和有关库仑相互作用下的运动方程等方面做了研究。

1937 年，朗道应莫斯科物理问题研究所所长卡皮查之邀，到该所主持理论物理方面的工作，卡皮查把研究所理论部主任的职位给了朗道。他在那里一直工作到逝世。

1938 年冬，在当时的苏联肃反运动中，朗道突然被以"德国间谍"的罪名逮捕，并被判处十年徒刑，送到莫斯科最严厉的监狱。由于卡皮查等人的竭力营救，一年后，已经奄奄一息的朗道终于获释。1946 年，朗道被选为苏联科学院院士，后来还获得了斯大林奖金。

遗憾的是，正当朗道步入科学的丰产期时，发生了一场意外的车祸。经过多国医生的精心治疗，朗道的生命虽然保住了，却留下了严重的后遗症，导致他失去了做物理学研究的能力。1962年，瑞典的诺贝尔委员会将物理学诺贝尔奖授予朗道，以表彰他在24年前提出的理论。由于朗道遭遇车祸后身体不允许他远行，颁奖仪式破例在莫斯科举行，由瑞典驻苏联大使代表国王授奖。

朗道虽然在科学上取得了空前的成功，但是还多少有些“学阀”作风。有些被朗道“枪毙”的论文，后来被证明是极重要的。1956年，苏联物理学家皮亚捷茨基·沙皮罗(Piatetski-Shapiro，Ilya)在对介子衰变的研究中，发现了介子衰变过程中宇称不守恒。他向朗道介绍了自己的发现，朗道过于相信自己的直觉，对此不以为然。他认为，宇称一直是守恒的，无论是在宏观状态还是在微观状态。所以当沙皮罗将自己的研究成果写成论文请他审阅时，若无其事地将它扔在一边。几个月之后，中国旅美学者杨振宁和李政道提出了沙皮罗已经发现的弱相互作用下宇称不守恒的理论，不久，吴健雄又用实验做出了证明。第二年，杨振宁和李政道获得了诺贝尔物理学奖，而沙皮罗虽然发现在先，但最终与诺贝尔物理学奖失之交臂。当杨振宁和李政道获得诺贝尔物理学奖的消息传到朗道耳中时，他才如梦方醒，认识到自己扔掉的是什么，但是无可奈何花落去，一切都已经晚了。

维塔利·拉扎列维奇·金兹堡(Vitaly Lazarevich Ginzburg，1916—2009年)，苏联理论物理学家和天体物理学家。1916年，金兹堡出生于莫斯科。1938年，他毕业于莫斯科大学物理系，1940年进入俄罗斯科学院理论物理研究所工作，1942年在莫斯科大学获得物理学博士学位。年轻时，他曾参与苏联氢弹的研制工作，提出了锂氚化合物燃料，为苏联氢弹成功爆炸做出了重大贡献。1966年，他当选苏联科学院院士。他在物理学和天体物理学领域都做出了重大贡献。

金兹堡主要研究波在电离层中的扩散理论、射电天文学、宇宙线的起源问题、酒石酸钾钠电介质现象的热力学理论、超导电性理论、光学辐射理论、天体物理学等。在射电天文学的萌芽时期，他就以宁静太阳射电理论为基础，于1946年做出关于日冕本质的一系列推断。1952～1961年，他深入研究了太阳射电辐射的偶现部分的理论，提出了一系列射电天文方法。例如，用观测月球边缘的衍射来研究分立射电源等。他发表过400多篇科学论文及10多部关于理论物理、天体物理及宇宙射线方面的专著。

1943年，金兹堡及其同事在喀山研究超导现象。从此，他对超导体和超流体现象表现出了浓厚的兴趣。在以后的几十年里，他在超导体和超流体领域的研究论文超过百篇。1950年，金兹堡与朗道提出了一种描述超导现象的公式，在此基础上，1957年，阿布里科索夫提出了一种能够解释第二类超导体特性的理论。

因在超导和超流理论研究方面的贡献，2003年，金兹堡、阿布里科索夫和安东尼·莱格特(Anthony Leggett)爵士共同获得诺贝尔物理学奖。

阿列克谢·阿列克谢维奇·阿布里科索夫(Alexei Alexeyevich Abrikosov，1928—2017年)，俄罗斯物理学家。阿布里科索夫生于莫斯科，1948年从莫斯科大学毕业，进入朗道领导的苏联科学院物理问题研究所进修，1955年以高温下的量子电动力学方面的研究获得物理和数学博士学位。1951 年，阿布里科索夫在分析玻璃底板上所镀金属薄膜的实验数据时，发现了第二类超导体的一些磁特征，对磁场线形成周期性的“格子”和“混合态”的理论进行了解释，但这一研究并未得到导师朗道的认可，论文被搁置下来，直到 1957 年才发表。1965 年，阿布里科索夫任苏联科学院物理问题研究所研究室主任。阿布里科索夫和金兹堡在 1966 年共同荣获苏联最高奖——列宁奖金。1966 年，阿布里科索夫兼任莫斯科大学教授，1987 年成为苏联科学院院士，1991 年起任职于美国国立阿贡实验室材料科学部凝聚态物理研究组，现拥有俄罗斯和美国双重国籍。因在超导和超流理论研究方面的贡献，阿布里科索夫成为 2003 年诺贝尔物理学奖获得者之一。

安东尼·莱格特(Anthony Leggett，1938—)，英国物理学家。莱格特爵士出生于伦敦南部坎伯韦尔。他相继在英国牛津大学贝利奥尔学院和墨顿学院获得文学和物理学学士学位，然后在德克特·哈尔(Dirkter Haar)指导下获得理论物理博士学位。氦-3 超流体有一些特别的现象无法用原有理论解释，针对这些现象，20 世纪 70 年代末，在英国工作的莱格特提出了一种能用数学公式解释氦-3 超流体现象的理论。后来证明，这一理论能够系统地解释多种超流体的特性，并适用于粒子物理和宇宙学等其他领域。他自 1983 年在美国伊利诺伊大学厄巴纳-香槟分校担任物理系教授。近些年，他活跃于高温超导体、量子液体、宏观量子效应等研究领域，致力于研究在极端条件下的奇异量子相变与新型材料。莱格特因在超导和超流理论研究方面的贡献，获得 2003 年诺贝尔物理学奖。

3.5　BCS 理论

到了 20 世纪 50 年代初期，已经建立起超导理论，包括本章前几节介绍的两流体模型、伦敦理论和 GL 理论，它们从理论角度解释了超导体零电阻和完全抗磁性等独有的特性，也解释了当时得到的大部分超导体实验结果。然而从本质上讲，这些理论都属于唯象理论或半唯象理论，并没有解释超导的物理机制是什么，即无法解释为什么会发生超导。

1957 年，巴丁、库珀和施里弗三人发表了《超导理论》(*Theory of Superconductivity*)的文章，总结了当时存在的主要超导理论的贡献与不足，并从微观机制出发给出了超导的起因，摆脱了对经验公式的依赖，形成了一个自成体系的超导理论。后来，将该理论以他们三人姓氏的首字母命名，称为 BCS 理论。BCS 理论是以金属中的近自由电子模型为基础的，引入电子-声子(晶格)相互作用建立起来的理论，成功地给出了超导现象的起因，阐述了产生超导体基本宏观性质的微观机制。BCS 理论是迄今为止影响最大、认可度最高的经典超导理论。

类似 GL 理论，BCS 理论的数学推导过程烦琐、冗长，基于本书的性质将略去推导过程(详细推导过程可参考本章参考文献(BARDEEN et al.，1957；GINZBURG et al.，2009))，本节主要介绍 BCS 理论形成过程、主要原理和一些重要结论。

3.5.1　库珀对

前面的理论都认为超导是导体内大量共有化电子(载流子)集体一致行动的结果，而且这些参与集体一致行动的电子处于同一个低于正常电子能量的状态。这与当时的传统理论有两点是矛盾的。

(1) 电子是费米子，需遵守费米-狄拉克统计，即不能同时有两个电子停留在同一量子能级上，这与大量处于同一能级的电子集体一致行动相矛盾。

(2) 电子之间存在库仑排斥力，不管这个排斥力有多弱，都会阻止电子集聚到一起一致行动。

1950 年，赫伯特·弗洛里希(Herbert Fröhlich)提出通过吸收或释放声子的电子-晶格相互作用可能导致电子集体一致行动的超导状态。图 3.9 形象地说明由于这种电子与晶格的相互作用而形成彼此束缚的一对电子的机理。在超导体中，当某一电子穿越晶格时，可能由于与晶格上的正离子相互吸引而使附近的晶格发生畸变。畸变的晶格可能对后面沿着前述电子路径运动的电子加大吸引力，因此后面的电子被约束在前面电子的路径上。在这种情况下，本来毫不相干的两个自由电子通过发生畸变的晶格这个媒介成为相互关联的一个电子对，后面的电子会追随前面的电子一起移动。

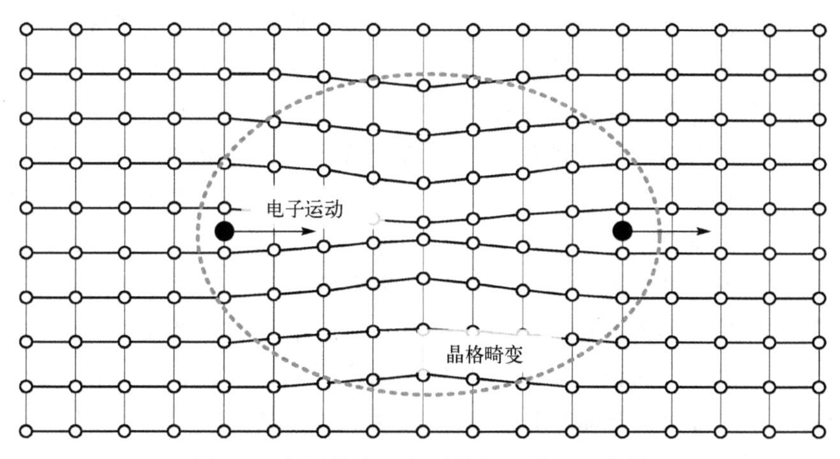

图 3.9 超导体电子与晶格相互作用示意图

在 1950 年，巴丁也提出了类似的电子与电子之间通过交换虚拟的声子产生相互作用的假设。多年来，金属超导体同位素效应的实验结果也证实了电子和晶格的相互作用是与超导息息相关的。

1956 年，库珀发表文章指出在一个多电子系统中，相对于被束缚的电子对来说，正常电子气的基态是不稳定的。一般认为在正常电子气的基态，所有满足 $k<k_F$(k 表示电子的动量，k_F 表示电子气的费米面对应的动量)的单个电子轨道都被占满，而其他轨道全部是空的。库珀认为在电子间存在弱吸引作用的情况下，这种相互作用将导致两个关联的电子动量发生变化，从 k_1、k_2 变为 k'_1、k'_2。由于所有低于 k_F 的能级都已经被占据，所以 k'_1、k'_2 一定大于 k_F。显然，这种相互作用趋于增加了系统的动能。如果整个系统势能的降低大于动能的增加，系统的总能量就会处于更低的状态。所以说，对于一个存在着相互关联的配对电子的多电子系统，从系统的总能量考虑，是可以允许部分电子占据 k_F 以上能级的。图 3.10 给出了正常电子和超导电子在费米面附近的分布差异。

人们习惯上把上面描述的被“绑定”在一起的两个电子称作库珀对。库珀对的两个

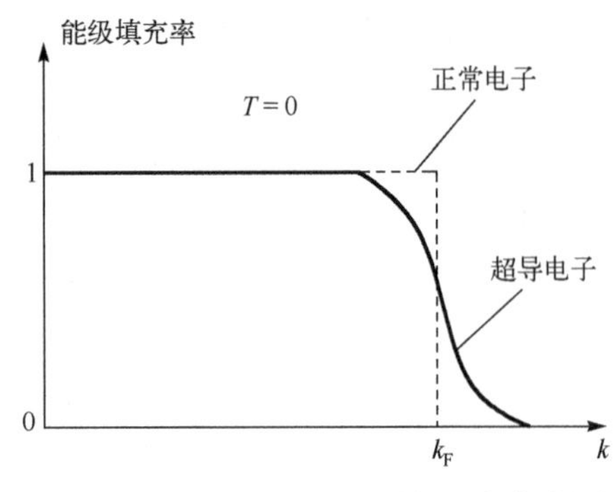

图 3.10　超导电子与正常电子在费米面附近的不同分布

电子之间的束缚能 E_b 在 10^{-4}～10^{-3}eV 量级。为防止热激发产生的能量超过两个电子之间的束缚能，就必须保持温度足够低才能维持超导电子对的存在，保证超导体不失超。当两个电子具有大小相等、方向相反的动量时，库珀对的动量和为零，这时束缚能最大。库珀对的空间尺寸 d 可以粗略地通过 $d=\hbar v_F/E_b$ 计算得到。式中，取 $v_F=10^8$cm/s(金属的费米速度)，$E_b=10^{-4}$～10^{-3}eV，则 $d=10^2$～10^3nm。与金属中两个自由电子之间的距离(约 0.01nm)相比，库珀对的尺寸是巨大的。由此可以推测，在超导体中，大量的库珀对在空间中是交叉存在的。

3.5.2　BCS 理论的基础

BCS 理论首先认为存在大量库珀对的多电子系统具有比正常电子气的基态更低的能量状态。当所有的库珀对的动量均相等且为零，同时具有相位相干性时，整个系统的能量最低，这个最低的能量状态就是超导电子的能量基态。图 3.11 展示了正常金属中电子与超导体电子在费米面附近不同能级上分布情况的差异。在 0K 时，对于正常金属来说，在费米面以下的所有能级都被占满，而费米面以上的能级完全是空的。而超导体在 0K 时，所有电子都结对凝聚在低于费米能级 $\Delta(0)$ 能量的基态。而当 $0<T<T_c$ 时，超导体中有部分电子结对处于能量基态，而另一部分则激发为正常电子占据费米能级以上的一些能级。$\Delta(0)$ 被称作超导体的能隙，在 $T=0$ 时，一个电子对要吸收 $2\Delta(0)$ 的能量才能打破耦合激发至费米面以上的正常态。在 $0<T<T_c$ 温度区间，超导体的能隙 $\Delta(T)$ 小于 $\Delta(0)$。另外需要说明的是，遵循能量最低的前提，在能量基态凝聚的一对电子的自旋方向必须是相反的，自旋的合量为零。

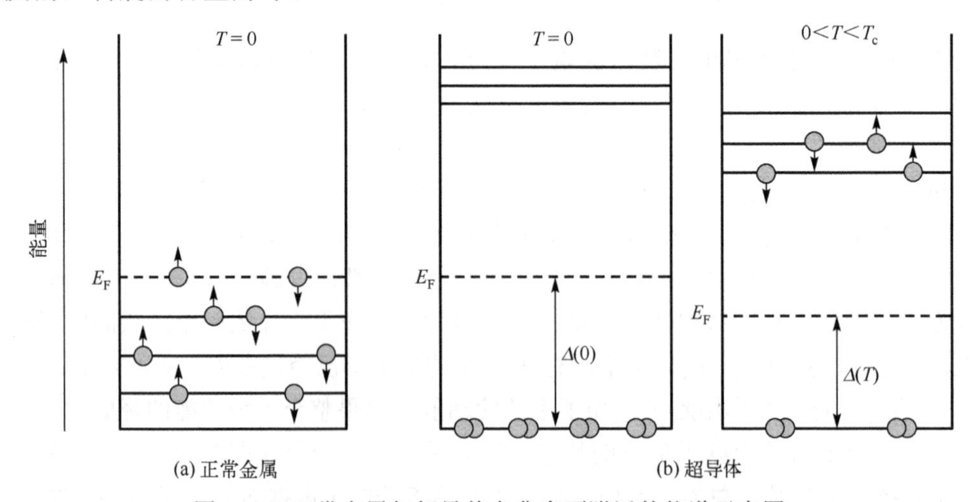

图 3.11　正常金属与超导体在费米面附近的能谱示意图

到了 20 世纪 50 年代中期，已经得到了大量的有关超导体的实验数据，而且出现了几种能够比较成功地解释超导体主要性质的唯象理论。而库珀对的假设是超导电子对的基态能量可以低于正常电子费米能级的理论基石，并突破了作为费米子的电子不能形成凝聚态的理论障碍。这些成果为建立系统超导微观理论提供了可以依赖的坚实基础，BCS理论呼之欲出并非偶然。

3.5.3 BCS 理论的建立

BCS 理论是围绕着库珀对及其形成机制建立起来的。图 3.12 是两个电子通过发射和吸收声子(即通过晶格耦合)形成相互束缚的库珀对示意图。图中假设电子 1 处于原始态 k，电子 2 处于原始态-k。图 3.12(a)和(b)描述的是两个不同又等价的过程。图 3.12(a)描述的是处于 k 态的电子 1 通过晶格发射一个波矢为$-q$ 的声子，然后这个声子被处于$-k$态的电子 2 吸收的过程。图 3.12(b)描述的处于$-k$ 态的电子 2 通过晶格发射一个波矢为 q 的声子，然后被处于 k 态的电子 1 吸收的过程。无论是过程(a)还是过程(b)，两个电子的动量和在过程前后并没有变化，但在这个过程中两者确立了相互关联、协同运动的关系。

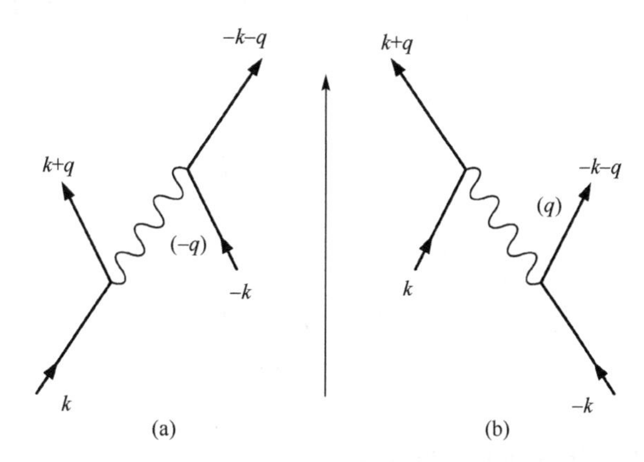

图 3.12 通过声子耦合两个电子相互作用形成库珀对示意图

库珀对中的两个电子是相互吸引的，当这个吸引力大于库仑力时，电子对就是稳定的。更重要的是库珀对将类似玻色子遵守玻色-爱因斯坦统计，即所有玻色子可以共同凝聚在同一个单一的量子能级上。库珀对的形成不但降低了系统基态的能量，而且保证了所有成对的电子都凝聚在能量最低的基态。BCS 理论并不要求库珀对的两个电子“从一而终”，但交换“配偶”时必须保证交换前后两个电子对的动量和能量不变。BCS 理论认为，所有凝聚在基态的电子对是不可分辨的，且波函数的相位相同，所以用一个单一的量子力学的波函数表示。这个波函数描述的状态是高度有序的，可以有效地描述超导体的整个晶格和几乎所有的超导特性。

BCS 理论对超导体的基态(后来被称为 BCS 基态)采用的是零动量波函数。假设在 $T = 0$ 时，对于凝聚在费米能级下的一个库珀对的两个电子(坐标为 r_1 和 r_2)，可以使用零动量的波函数

$$\psi(r_1, r_2) = \sum_k g_k e^{ik\cdot(r_1 - r_2)} \left(|\uparrow\downarrow\rangle - |\downarrow\uparrow\rangle\right) \tag{3.38}$$

来描述。依据自旋的反对称性要求，式中，$g_k = g_{-k}$。所采用的哈密顿算符为

$$\hat{\boldsymbol{H}} = -\frac{\hbar^2}{2m}(\nabla_1^2 + \nabla_2^2) + \boldsymbol{V}(r_1 - r_2) \tag{3.39}$$

将式(3.38)和式(3.39)代入薛定谔方程 $H\Psi = E\Psi$，可得到

$$(E - 2E_k)g_k = \sum_{k' > k_F} V_{kk'} g_{k'} \tag{3.40}$$

这里 k 和 k' 电子态之间的相互作用矩阵元 $V_{kk'}$ 为

$$V_{kk'} = \frac{1}{\text{vol}} \int_{\text{vol}} \mathrm{d}^3 r V(r) \mathrm{e}^{i(k-k')\cdot r} \tag{3.41}$$

式中，vol 为系统的体积。采用平均场近似，单位体积内有

$$V_{kk'} = \begin{cases} -V, & E_F < E_k < E_F + \hbar\omega_c \\ 0, & \text{其他} \end{cases} \tag{3.42}$$

式中，E_F 为费米能；ω_c 为晶格振动的截止频率。应用德拜分布模型，则得到

$$\frac{1}{V} = \sum_{k > k_F} \frac{1}{2E_k - E} \tag{3.43}$$

式中，V 为电子-声子耦合势能。通过运算和化简，得到

$$\frac{1}{2\hbar\omega_c}(2E_F - E) = \frac{1}{\mathrm{e}^{2/N_0 V} - 1} \approx \mathrm{e}^{-2/N_0 V} \tag{3.44}$$

式中，N_0 为费米能级处的电子态密度。对于 $N_0 V \ll 1$，这个电子对的能量满足：

$$E = 2E_F - 2\hbar\omega_c \mathrm{e}^{-2/N_0 V} < 2E_F \tag{3.45}$$

3.5.4　BCS 理论推导出来的主要结果

1．超导临界转变温度 T_c

在弱耦合条件下(即假设 $k_B T_c \ll \hbar\omega$，ω 为声子的频率)，求解 BCS 理论关于基态的相关方程，得到超导临界转变温度：

$$k_B T_c \approx 1.14 \hbar\omega_c \mathrm{e}^{-1/N_0 V} \tag{3.46}$$

式中，k_B 为玻尔兹曼常量，从式(3.46)可以看出，T_c 是与声子振动频率成正比的，与在费米能级处的电子态密度是指数相关的。也就是说，无论是晶格的性质还是电子的状态都是超导体 T_c 的决定因素。晶格性质对 T_c 的决定性作用还可以用来解释同位素效应和压力对超导的影响。

2．超导体的能隙 $\varDelta$

BCS 理论的另一个重要结果是给出了 T_c 与 0K 时能隙 $\varDelta(0)$ 之间的定量关系：

$$2\varDelta(0) = 3.53 k_B T_c \tag{3.47}$$

式(3.47)表明尽管是不同的超导体，比值$2\Delta(0)/k_BT_c$是一个定值，都等于3.53。BCS理论发表以后，很快世界上有多个研究组通过实验测量了十几个不同金属超导体的$\Delta(0)$值和T_c值，测量结果总结在表3.1中。表中有些元素后面列出了多个测量值，它们分别是来自不同测量组的数据。可以看出，除了Pb和Hg以外，测量值和理论值是很接近的，实验结果证实了BCS理论的有效性。

表3.1 $2\Delta(0)/k_BT_c$的测量值(张裕恒，2019)

超导体	测量值	超导体	测量值
Al	4.2±0.6	Pb	4.29±0.04
	2.5±0.3		4.38±0.01
	2.8～3.6	Sn	3.46±0.1
	3.37±0.1		3.10±0.05
Cd	3.2±0.1		3.51±0.18
Hg(α)	4.6±0.1		2.8～4.06
In	3.63±0.1		3.1～4.3
	3.45±0.7	Ta	3.60±0.1
	3.61		3.5
La	3.2		3.65±0.1
Nb	3.84±0.06	Tl	3.57±0.05
	3.6		3.9
	3.6	V	3.4
		Zn	3.2±0.1

当$T\to T_c$时，超导体随温度变化的能隙公式为

$$2\Delta(0)=3.2k_BT_c[1-(T/T_c)]^{\frac{1}{2}} \tag{3.48}$$

图3.13是使用BCS理论公式计算出来的$\Delta(0)$和T_c值绘制的约化能隙$\Delta(T)/\Delta(0)$随约化温度T/T_c的变化曲线。曲线变化规律的正确性也得到实验数据的验证。

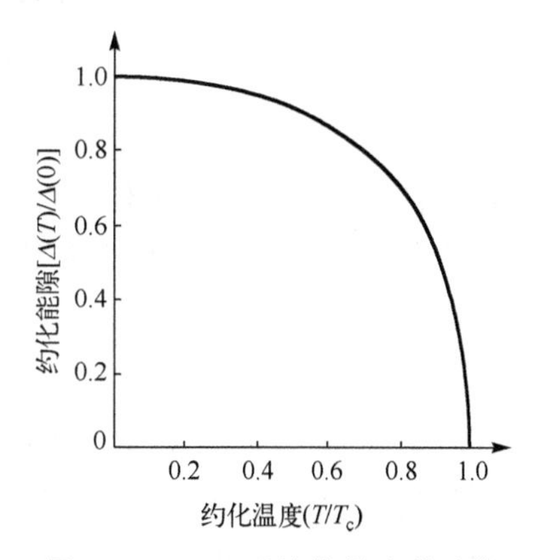

图3.13 BCS理论推导出的约化能隙-约化温度曲线

在3.5.1节曾经给出库珀对的束缚能E_b在$10^{-4}\sim10^{-3}$eV量级，因此可以利用测不准关系估算电子对的尺寸。设形成电子对的两个电子之间距离为d，局限在这一尺度内的电子的动量不确定度为$\Delta p\sim\hbar/d$，则相应的动能不确定度为

$$\Delta_{\text{K.E}}=\Delta\frac{p^2}{2m}=\frac{p}{m}\Delta p=\frac{p_F}{m}\frac{\hbar}{d} \tag{3.49}$$

显然，只有$\Delta_{\text{K.E}}\leqslant\Delta(0)$时两个电子才能结合成对，故

$$d\geqslant\frac{\hbar p_F}{m\Delta(0)}=\xi_0 \tag{3.50}$$

式中，ξ_0为 BCS 相干长度。结合式(3.47)可以估算出 $\xi_0 \sim 10^3$nm，与 3.5.1 节中推算出的相关尺寸范围是吻合的。为了明确，在文献中常常将 ξ_0 写作 ξ_{BCS}。

3. 超导体的临界磁场强度 H_c

BCS 理论推导出在 $T=0$ 时有关临界场强 $H_c(0)$ 的表达式为

$$H_c(0)=[4\pi N(0)]^{\frac{1}{2}}\Delta(0)=1.75[4\pi N(0)]^{\frac{1}{2}}k_B T_c \tag{3.51}$$

BCS 理论得到的临界场强随温度变化的规律也是 $H_c(T)\propto 1-(T/T_c)^2$，与戈特和卡西米尔利用两流体模型得到的结果相同。对于不同超导体的大量的实验测量结果和 BCS 推算的 $H_c(T)$ 曲线符合得很好。

4. 超导体的比热容 C_{es}

从式(3.51)出发还可以推导出：

$$\frac{\gamma T_c^2}{H_c(0)^2}=\frac{1}{6}\pi\left[\frac{k_B T_c}{\Delta(0)}\right]^2=0.170 \tag{3.52}$$

在这里，γ 被称作正常态的电子比热系数（$C_{en}=\gamma T$），可表示为

$$\gamma=\frac{2}{3}\pi^2 N(0)k_B T \tag{3.53}$$

利用两流体模型求解式(3.53)的值是 0.159，接近 BCS 理论得到的值。

当 $T=T_c$ 时，超导体的能隙消失了，其比热容也由于经历了一个二级相变从峰值突降到正常态的值。这时的比热容突变的比值可以表示为

$$\left.\frac{C_{es}-\gamma T_c}{\gamma T_c}\right|_{T_c}=1.52 \tag{3.54}$$

戈特和卡西米尔在 1934 年推算的这个比值是 2.00，大部分实验测量值为 1.52～2.00。BCS 理论给出的确切超导体比热容表达式为

$$\frac{C_{es}}{\gamma T_c}=a\mathrm{e}^{-bT_c/T} \tag{3.55}$$

文献中报道的 V 和 Sn 样品的测量结果在 $T_c/T>1.4$ 时与式(3.55)取 $a=9.10$、$b=1.50$ 时的计算值符合得很好，这表明 BCS 理论可以有效地描述超导体的热力学性质。

除上面给出的这些超导体的重要参数之外，BCS 理论还推导出了如临界电流密度、穿透深度等其他关于超导体的重要参数的计算公式。BCS 理论从微观上阐明了发生超导现象的原因，与本章前几节介绍的任何一种超导唯象理论都没有本质上的矛盾。后来人们通过进一步的数学演算证明了 BCS 理论和唯象理论的一些重要结果的一致性。BCS 理论形成 15 年后，巴丁、库珀和施里弗在 1972 年被授予诺贝尔物理学奖。

然而，BCS 理论也存在很大的局限性。首先它无法直接解释迈斯纳效应，其次它也并不适用于所有的超导体，另外它也不能给出发现或合成新的超导体的具体方向。

后来，把能够用 BCS 理论很好地描述的超导体称为经典超导体(主要是属于第一类超导体范畴的金属超导体)，其他的超导体称为非经典超导体。随着时间的推移，研究者发现的非经典超导体越来越多，尤其是 1986 年发现的铜基氧化物超导体的临界转变温度远远地超过了 BCS 理论预言的临界转变温度极限，因此必须发展新的超导理论来解决超导研究中的新问题逐渐成为物理学家的共识。

课 外 读 物

扩展知识

1. 声子

声子(phonon)即“晶格振动的简正模能量量子”。声子用来描述晶格的简谐振动，是固体理论中很重要的一个概念。在固体物理学的概念中，结晶态固体中的原子或分子是按一定的规律排列在晶格上的。在晶体中，原子间有相互作用，原子并非是静止的，它们总是围绕着其平衡位置在不断地振动。另外，这些原子又通过其间的相互作用力而联系在一起，即它们各自的振动不是彼此独立的。原子之间的相互作用力一般可以很好地近似为弹性力。形象地讲，若把原子比作小球，整个晶体犹如由许多规则排列的小球构成，而小球之间又如同彼此由弹簧连接起来一般，从而每个原子的振动都要牵动周围的原子，使振动以弹性波的形式在晶体中传播。这种振动在理论上可以认为是一系列基本的振动(即简正振动)的叠加。当原子振动的振幅与原子间距的比值很小时(这在一般情况下总是固体中在定量上高度正确的原子运动图像)，如果在原子振动的势能展开式中只取到平方项(即简谐近似)，那么这些组成晶体中弹性波的各个基本的简正振动就是彼此独立的。换句话说，每一种简正振动模式实际上就是一种具有特定的频率υ、波长λ和一定传播方向的弹性波，整个系统也就相当于由一系列相互独立的谐振子构成。在经典理论中，这些谐振子的能量将是连续的，但按照量子力学，它们的能量则必须是量子化的，只能取$h\upsilon$的整数倍，即$E_n=(n+1/2)h\upsilon$(其中，$E_0=h\upsilon/2$为零点能)。这样，相应的能态E_n就可以认为是由n个能量为$h\upsilon$的“激发量子”相加而成。而这种量子化了的弹性波的最小单位就叫声子。声子是一种元激发。

2. 库珀对

费米面附近的两个电子，只要存在净的吸引作用，不管多么微弱，都可以形成束缚态，这种束缚态称为库珀对(Cooper pair)，相应的两个电子称为库珀电子对。

3. 费米子

费米子(Fermion)是遵守费米-狄拉克统计的粒子。费米子包括所有夸克与轻子，任何由奇数个夸克或轻子组成的复合粒子、所有重子与很多种原子及原子核都是费米子。术语“费米子”是由狄拉克给出的，为纪念恩·费米在这个领域所做的杰出贡献。

费米子可以是基本粒子，如电子或者复合粒子、质子、中子。根据相对论性量子场论的自旋统计定理，自旋为整数的粒子是玻色子，自旋为半整数的粒子是费米子。除了这自旋性质以外，费米子的重子数与轻子数守恒。因此，时常被引述的“自旋统计关系”实际上是一种“自旋统计量子数关系”。

4. 费米面

费米面(Fermi surface)是固体物理学概念。费米面是最高占据能级的等能面，是当 $T=0$ 时电子占据态与非占据态的分界面。一般来说，半导体和绝缘体不用费米面，而用价带顶概念。金属中的自由电子满足泡利不相容原理，其在单粒子能级上的分布概率遵循费米统计分布。

5. 玻色子

玻色子(Boson)是遵循玻色-爱因斯坦统计，自旋量子数为整数的粒子。玻色子不遵守泡利不相容原理，多个全同玻色子可以同时处于同一个量子态，在低温时可以发生玻色-爱因斯坦凝聚。和玻色子相对的是费米子，费米子遵循费米-狄拉克统计，自旋量子数为半整数(1/2，3/2，…)。物质的基本结构是费米子，而物质之间的基本相互作用却由玻色子来传递。

6. 费米-狄拉克统计

费米-狄拉克统计(Fermi-Dirac statistics)简称费米统计或 FD 统计，是统计力学中描述由大量满足泡利不相容原理的费米子组成的系统中粒子分处不同量子态的统计规律。1926 年，费米和狄拉克先后独立地发现了该统计规律，所以这个规律被命名为费米-狄拉克统计。

费米-狄拉克统计的适用对象是热平衡的费米子(自旋量子数为半奇数的粒子)。此外，应用此统计规律的前提是系统中各粒子间的相互作用可忽略不计。如此便可用粒子在不同定态的分布状况来描述大量微观粒子组成的宏观系统。不同的粒子分处不同能态，这点对系统的许多性质会产生影响。自旋量子数为 1/2 的电子是费米-狄拉克统计最普遍的应用对象。费米-狄拉克统计是统计力学的重要组成部分，它利用了量子力学的一些原理。

7. 玻色-爱因斯坦凝聚

印度物理学者玻色在 1923 年完成论文《普朗克定律与光量子假说》(*Planck's Law and the Light Quantum Hypothesis*)，并且将这篇论文寄给英国《哲学杂志》(*Journal of Philosophy*)，但是被拒绝发表。玻色丝毫不因此气馁，隔年他又将该论文转寄给爱因斯坦，寻求爱因斯坦的意见。在这篇论文里，玻色提出了一种新的统计模型，按照这种模型，光束可以视为由一群无法分辨的粒子所组成的气体，因此在做统计运算时，所有相同能量的光子应该合并处理。爱因斯坦注意到玻色的统计模型不仅适用于光子，还适用于很多其他粒子，这些粒子后来被称为玻色子。爱因斯坦把玻色的论文翻译成德文后发表于德国的《物理期刊》(*Zeitschrift für Physik*)。

爱因斯坦将玻色的理论推广至带质量的粒子，于1924年发表论文《单原子理想气体的量子理论》(*Quantum Theory of the Monatomic Ideal Gas*)，隔年，又发表论文预言玻色子冷却至非常低温时，会凝聚到其能量最低的量子态，因此会出现一种新的物态，称为玻色-爱因斯坦凝聚(Bose-Einstein condensate)态。1995年，科罗拉多大学博尔德分校的埃里克·阿林·康奈尔(Eric Allin Cornell)和卡尔·埃德温·威曼(Carl Edwin Wieman)使用铷原子气体在170nK(1.7×10^{-7}K)的低温下首次观测到了玻色-爱因斯坦凝聚现象。四个月后，麻省理工学院的沃尔夫冈·克特勒(Wolfgang Ketterle)使用钠原子气体独立实现了玻色-爱因斯坦凝聚。

人物小传

约翰·巴丁(John Bardeen，1908—1991年)，美国物理学家，因发明晶体管及其相关效应和超导的BCS理论分别在1956年、1972年两次获得诺贝尔物理学奖。

1908年，约翰·巴丁出生在威斯康星州麦迪逊市。他的父亲是威斯康星大学麦迪逊分校的解剖学教授和第一任医学院院长。

1929年，他在威斯康星大学列欧·皮特兹(Leo J. Peters)的指导下取得电气工程硕士学位。他的数学导师沃伦·韦弗(Warren Weaver)和爱德华·范弗莱克(Edward van Vleck)、物理导师约翰·哈斯布劳克·范弗莱克(John Hasbrouck van Vleck)、狄拉克、海森堡和索末菲对他的学术研究影响很大。1930～1933年，巴丁在匹兹堡大学海湾研究实验中心参与地球磁场及重力场勘测方法的研究。1936年，他在导师尤金·保罗·维格纳(Eugene Paul Wigner)指导下获得普林斯顿大学数学物理博士学位。

1935～1938年，他在哈佛大学与范弗莱克和珀西·威廉姆斯·布里奇曼(Percy Williams Bridgman)等人进行合作，研究金属的内聚和导电性及原子核能级密度。1938～1941年，巴丁担任明尼苏达大学助理教授，1941～1945年在华盛顿海军军械实验室工作。1945年10月，巴丁在贝尔电话公司实验研究所开始研究半导体及金属的导电机制、半导体表面性能等问题，当时的研究组组长是物理学家威廉·肖克利(William Shockley)和化学家斯坦利·摩根(Stanley Morgan)，其他组员有物理学家沃尔特·布拉顿(Walter Brattain)、杰拉尔德·皮尔森(Gerald Pearson)，化学家罗伯特·吉尼(Robert Gibney)，电子专家希尔伯特·摩尔(Hilbert Moore)及一些技术员。该小组的任务是寻求一种固态放大器来取代易碎的真空管放大器。他们根据肖克利的构想，使用从外部施加的电场来影响半导体的导电性。这些实验用了各种材料和搭配，但是都失败了。直到巴丁提出一种有关表面态的理论后，研究结果才出现转机。巴丁猜想半导体物质的表面存在着一种机制，能激发出一种可防止自身被外场贯穿的特殊状态。于是小组将研究重点改为材料的表面状态。1946年冬，巴丁等已经有了足够多的研究成果，才向《物理评论》(*Physical Review*)提交了关于表面态的论文。布拉顿开始研究当亮光照射在半导体表面时，其表面态有何可观察的物理变化。这些工作涉及半导体、导线和电解质之间的点接触，得到了突破性的结果。摩尔建立了一种易于调节频率的电路，并建议使用一种不易蒸发的化学物质硼酸二醇。最终于1947年，巴丁和布拉顿发明了半导体三极管(双极型晶体管)。一个月后，肖克利发明了 P-N 结晶体管。基于晶体管效应的发现，后来他们三人共同获得了 1956 年诺贝尔物理学奖。

在 1951 年，巴丁进入伊利诺伊大学香槟分校电机学院和物理学院担任教授。巴丁建立了两个主要研究计划，一个在电机系，另一个在物理系。电机系的研究计划是关于半导体实验和理论的，物理系的研究计划是关于宏观量子理论的，特别是量子超导性和量子液体。他的第一个博士研究生正是后来在 1962 年发明了 LED 的小尼克 • 何伦亚克(Nick Holonyak Jr)。

20 世纪 50 年代早期，巴丁就已经开始考虑超导电性的问题。他意识到电子与声子的相互作用是解决问题的关键。1953 年，施里弗来到伊利诺伊大学，在巴丁的指导下攻读物理学博士学位，并选择超导问题作为博士论文题目。在普林斯顿高等研究院的杨振宁推荐下，刚从哥伦比亚大学获得博士学位不久的库珀开始与巴丁和施里弗进行合作。1957 年，巴丁和库珀、施里弗共同创立了 BCS 理论，对超导电性做出了合理的解释。他们三人后来也因此获得 1972 年诺贝尔物理学奖。巴丁也成为第一位，也是目前为止唯一一位两次获得诺贝尔物理学奖的人。

利昂 • 库珀(Leon N. Cooper，1930—)，美国物理学家，布朗大学物理系教授，1951 年在哥伦比亚大学获得学士学位，1954 年获得博士学位后到普林斯顿高等研究院做博士后研究。他的博士论文是关于原子核理论的，在研究中要运用到量子场论。杨振宁把他介绍给巴丁，使他抓住了一个难得的机遇，有机会对超导电性的研究做出自己的贡献。对于库珀来说，研究超导电性的任务是一场遭遇战。在这之前，他并不是固体物理学的专家，但是他却在这一领域里做出了关键性的贡献，为超导态建立了正确的物理图像。1956 年，库珀在文章《简并费米气体中的束缚电子对》(*Bound Electron Pairs in a Degenerate Fermi Gas*)中提出了相互吸引的两个电子形成“库珀对”的概念，成为 BCS 理论的出发点和催化剂。1957 年，他与巴丁、施里弗三人共同建立了 BCS 理论，并因此获得了 1972 年的诺贝尔物理学奖。

约翰 • 罗伯特 • 施里弗(John Robert Schrieffer，1931—2019 年)，美国物理学家，伊利诺伊州奥克帕克人。1953 年获得麻省理工学院物理学学士学位(原学习电机学，大三改修物理学)，毕业后因对固态物理感兴趣，赴伊利诺伊大学香槟分校，师从巴丁。巴丁建议施里弗尝试对超导机理进行研究，这一提议在当时是具有一定风险。虽然量子理论在描述普通导体、绝缘体和半导体方面已经取得了初步的成功，但当科学家们无数次试图解释超导体，却都以失败而告终。

1957 年，施里弗在参加美国物理学会会议时，在地铁上他突然想到，描述电子对状态的波函数是电子数不固定，但具有一定量子力学不确定性的波函数，他当即将其写了下来。这一重要见解在当时是十分激进的，但现在已经成为理论物理的经典之一，它彻底解决了上述困扰了物理界 40 多年的难题。有了波函数，许多已经观察到的超导体特性都能够得到解释，而且它预测出了之后发现的新特性。在这之后不到一年，施里弗与巴丁、库珀一起发表了赫赫有名的 BCS 波函数和完整的超导理论，后来他们共同被授予

1972 年的诺贝尔奖。这项工作对基础科学和应用技术都产生了深远的影响，施里弗独到的理论为理解固体中电子的性质及基础物理学的许多分支做出了贡献。1964 年，施里弗出版了关于 BCS 理论的著作《超导理论》(*Theory of Superconductivity*)。

1979 年，他和同事们证明了某些导电聚合物可以表现出带有电荷的激发态，但是不存在自旋。相反的情况也可能发生：激发态可能带有自旋，但不带电荷。这揭示了电子的两个基本性质，电荷和自旋是可以分开而单独存在。此后，这种现象在凝聚态物理的许多其他前沿领域均被发现。

1980 年，施里弗入职加州大学圣巴巴拉分校，加盟新成立的理论物理研究所。1984 年至 1989 年，他担任该所第二任主任，为研究所赢得了良好声誉。20 世纪 90 年代初，施里弗对高温超导产生了兴趣，并开展了理论研究工作。1992 年，他佛罗里达州立大学中担任教授，并成为佛罗里达州立大学国家高磁场实验室的第一位首席科学家。

恩利克·费米(Enrico Fermi，1901—1954 年)，美籍意大利裔物理学家，美国芝加哥大学物理学教授。他对量子力学、核物理、粒子物理以及统计力学都做出了杰出贡献。费米在 1938 年因研究由中子轰击产生的感生放射以及发现超铀元素而获得了诺贝尔物理学奖。

费米在统计力学领域做出了他第一个重大理论贡献。物理学家泡利于 1925 年提出了泡利不相容原理。费米依据这一原理对理想气体系统进行分析，所得到的统计形式现在通常称作费米-狄拉克统计。现在，人们将遵守泡利不相容原理的粒子称为“费米子”。之后，泡利又对 β 衰变进行了分析。为使这一衰变过程能量守恒，泡利假设在产生电子时会同时产生一种电中性的粒子。当时这种粒子尚未被观测到。费米对于这一粒子的性质进行了分析，得出了它的理论模型，并将其称为“中微子”。他对 β 衰变进行理论分析而得到的理论模型后来被物理学家称作费米相互作用。这一理论后来发展为弱相互作用理论。弱相互作用是四种基本相互作用之一。费米还对由中子诱发的感生放射进行了实验研究。他发现慢中子要比快中子易于俘获，并推导出费米寿命方程来描述这一放射过程。在用慢中子对钍核以及铀核进行轰击后，他认为他得到了新的元素。尽管他因为这一发现而获得了诺贝尔物理学奖，但这些元素后来被发现只是核裂变产物。

费米于 1938 年移民至美国。费米在第二次世界大战期间参与曼哈顿计划，领导他的团队设计并建造了芝加哥 1 号堆。1942 年 12 月 2 日，这个反应堆进行了临界试验，完成了首次人工自持续链式反应。他之后着手建造位于田纳西州橡树岭的 X-10 石墨反应堆和位于汉福德区的汉福德 B 反应堆。这两个反应堆先后于 1943 年和 1944 年进行了临界试验。他还领导了洛斯阿拉莫斯国家实验室的 F 部，致力于实现爱德华·泰勒(Edward Teller)设计的利用热核反应的“超级核弹”。1945 年 7 月 16 日，费米参与了三位一体核试，并利用自己的方法估算了爆炸当量。

二战后，费米参与了由朱利叶斯·罗伯特·奥本海默(Julius Robert Oppenheimer)领导的顾问委员会，向美国原子能委员会提供核技术以及政策方面的建议。在得知苏联 1949 年 8 月完成了首枚原子弹爆炸试验后，费米从道德和技术层面极力反对发展氢弹。费米对于粒子物理，特别是 π 介子及 μ 子的相关理论，做出了重要贡献。有许许多多以他的名字命名的奖项、事物以及研究机构，如恩利克·费米奖、恩利克·费米研究所、费米国立加速器实验室、费米伽马射线空间望远镜、恩利克·费米核电站以及元素镄。

萨特延德拉·纳特·玻色(Satyendra Nath Bose，1894—1974 年)，印度物理学家。最著名的研究是 20 世纪 20 年代早期的量子物理研究，该研究为玻色-爱因斯坦统计及玻色-爱因斯坦凝聚理论提供了基础。玻色子就是以他的名字命名的。

玻色生于印度西孟加拉邦的加尔各答。玻色就读于加尔各答印度教学校，后就读于位于加尔各答的院长学院。他接触了一些优秀的老师，如贾加迪什·钱德拉·玻色(Jagdish Chandra Bose，无血缘关系)及普拉富尔拉·钱德拉·罗伊(Prafulla Chandra Roy)，他们都鼓舞玻色要立好远大志向。他于 1911～1921 年任加尔各答大学物理学系讲师。1924 年玻色写了一篇推导普朗克量子辐射定律的论文，投稿屡遭挫折后，他把论文寄给德国的爱因斯坦。爱因斯坦意识到这篇论文的重要性，不但亲自把它翻译成德文，还以玻色的名义把论文递交给知名度颇高的德国《物理期刊》(*Zeitschrift für Physik*)并发表。在这以后，玻色的概念在世界物理学界广受好评，达卡大学于 1924 年批准他休假到欧洲去旅行。他在法国跟居里夫人共事，也交了多位知名科学家。在柏林跟爱因斯坦共事。1926 年，他回到达卡大学就被擢升为教授。他没有博士学位，通常是不够资格当教授的，但爱因斯坦推荐了他。因为他的研究范围很广，从 X 射线晶体学到统一场理论都有涉猎。

1945 年，玻色回到加尔各答，在加尔各答大学教学至 1956 年，他退休时被授予名誉教授头衔。他于 1944 年当选为印度科学促进协会主席，1958 年当选为英国皇家学会会员。

作为一个有孟加拉国背景的印度人，他花了不少时间把孟加拉语推广为教学语言，将孟加拉语应用到他所翻译的科学论文中。

3.6　铜氧化物超导体出现后的理论探索

1986 年，缪乐和贝德诺尔茨在铜氧化物 La-Ba-Cu-O 样品中发现了超导临界转变温度为 35K 的超导体，轰动了科学界，在全球范围内掀起了超导研究的新热潮。全球范围内超导研究的新热潮迅速带来了丰硕的成果，大量的铜氧化物被发现。1987 年，发现 Y-Ba-Cu-O 的超导临界转变温度为 92K，1988 年先后发现了超导临界转变温度分别为 110K 和 125K 的 Bi-Sr-Ca-Cu-O 和 Tl-Ba-Ca-Cu-O，1993 年发现了超导临界转变温度为 133K 的 Hg-Ba-Ca-Cu-O。

短短六七年的时间，超导体的超导临界转变温度提高了 100 多开(K)，这是任何现有的超导理论都无法预言的。铜氧化物超导体的发现挑战了所有现存的超导理论，也成了探索新的超导理论的推进剂。

3.6.1 铜氧化物超导体的特别性质

大量的实验数据证明，铜基氧化物超导体在非超导↔超导的相转变过程中晶体结构内的载流子的变化规律是与经典超导体显著不同的，这是与其晶体结构息息相关的。

铜基氧化物超导体晶体的基本单元具有类钙钛矿($CaTiO_3$)结构，典型的钙钛矿结构如图3.14所示。图中A的位置是碱土或稀土金属元素，阳离子呈12配位结构，位于一个八面体构成的空穴中。B的位置为具有多价态的过渡金属元素，阳离子与6个氧离子(X位置)构成一个八面体结构。B位置的金属离子的状态决定吸附O^{2-}离子的能力，A位置选择不同价态的金属原子时也会影响晶格内氧的数量和活性。

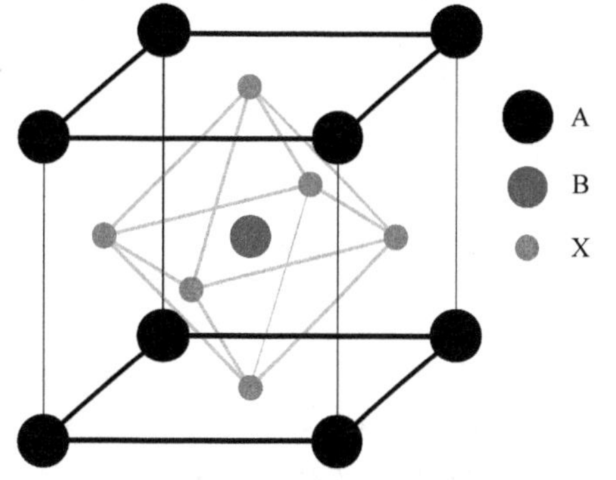

图3.14 典型的钙钛矿结构示意图

彩图3.14

在铜氧化物超导体晶体的基本单元中，占据B位置的是Cu及Bi、Tl和Hg原子，占据A位置的是碱土或稀土原子。有两类不同，但均为类钙钛矿结构的基本晶体单元组成的铜氧化物超导体家族。在这两类不同的铜氧化物基本晶体单元中，由于A、B位置上的金属原子价态不同，O原子的有效数量和配位方式不同。每一种铜氧化物超导体都是由这两类基本晶体单元周期性叠加而成的，不同的金属原子及不同的叠加方式和周期构造的铜氧化物超导体也不同。

铜氧化物晶体里面的铜原子分成功能完全不同的两种类型：一种称作铜氧链上的铜原子，另一种称作铜氧面中的铜原子。铜氧链(Cu-O)上的铜原子只与氧原子在一维方向上呈…Cu-O-Cu-O-Cu-O…的周期性排列，而铜氧面(CuO_2)中的铜原子与氧原子在一个平面的垂直两维方向上均与氧原子呈…Cu-O-Cu-O-Cu-O…周期性排列。铜氧链和铜氧面在晶体中分处于不同平面上，周期性地交错排列。一般认为，由于和氧的配位方式上的差异，铜氧链上的Cu离子的化合价为+2，而铜氧面中的部分Cu离子的化合价可能为+3。当Cu离子的平均价态为+2时，晶体中载流子浓度为零，所以这时铜氧化物是绝缘体。Cu离子的平均价态>+2时，说明在铜氧面中有部分Cu^{3+}离子存在。Cu^{3+}离子的存在意味着在铜氧面中存在着可以流动的空穴(阳性载流子)。在Bi、Tl和Hg系铜氧化物超导体中，Bi、Tl和Hg原子在晶体中的地位与铜氧链中的Cu原子是相似的。由Cu^{3+}离子产生的空穴是大多数铜氧化物超导体的多数载流子，只有少数稀土214相的铜氧化物超导体的多数载流子是电子(阴离子)。大量的实验证明，载流子浓度的变化可以引起铜氧化物超导体一系列的相变，展现出明显不同的电磁性质，包括超导相的形成。

图3.15是铜氧化物超导体不同电磁性质的相随温度和载流子浓度变化示意图。在铜氧化物的晶格中，当所有Cu离子的化合价均为+2时，其内部的载流子的浓度很低，在奈尔温度(Néel temperature，铜氧化物超导体的奈尔温度为几百开尔文)之下，其为具有反铁磁性的绝缘体。随着载流子浓度的增加，开始出现超导性，T_c也随着载流子浓度的增加而升高。不同结构的铜氧化物超导体开始出现超导性的载流子浓度不尽相同，一般认为在晶格里每个CuO_2平面中的载流子(空穴)个数为0.06～0.1。当载流子达到最优浓

彩图 3.15

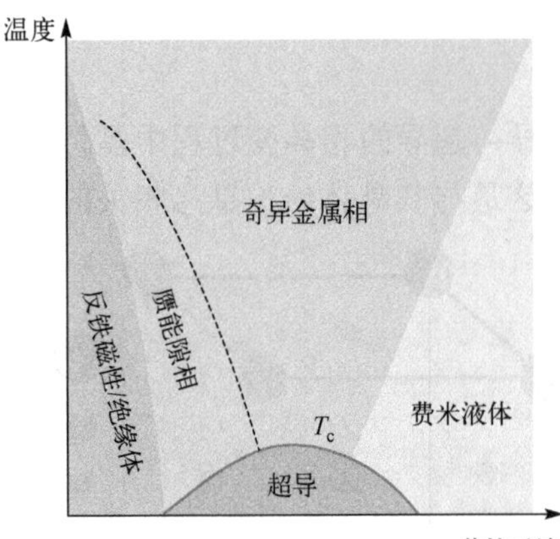

图 3.15　铜氧化物超导体不同电磁性质的相随温度和载流子浓度转化示意图

度时，T_c 达到最大值。结构不同的铜氧化物超导体的最优载流子浓度也略有不同，但在晶格里每个 CuO_2 平面中基本是 0.2 个左右。若载流子的浓度继续增大，T_c 则逐渐降低，直至消失。这时在高于 T_c 的温度区域及载流子浓度继续增大的区域会出现费米液体相。在费米液体相，铜氧化物超导体的电阻较小并随着温度的平方成比例变化。从图中还可以看出，在反铁磁性的绝缘体和费米液体相之间，在很大的温度和载流子浓度范围里还存在赝能隙相和奇异金属相。通过几种精确的测量手段，如比热容测量、角分辨光电子能谱测量和扫描隧道电镜测量，在邻近反铁磁性绝缘体的低载流子浓度区域，在铜氧化物超导体中发现存在赝能隙相。这个能隙与在 T_c 附近的超导体的正常能隙有很大不同，存在较广阔的载流子和温度区域，在这个区域，铜氧化物超导体的电阻随温度变化的趋势类似半导体。有人认为，找到这个赝能隙的起因可能对解释铜氧化物超导体的超导机理有重要帮助。而在奇异金属相中，其电阻随温度变化的规律与普通金属类似，但在霍尔效应和电导率与频率的依赖关系等方面与普通金属又有较大的差异。

对于铜氧化物超导体，要调节其载流子浓度有两种方法：一种是选用不同价态的金属原子替代 A 位置上的金属原子，从而改变相邻晶面上 Cu 离子的价态，达到改变晶体中空穴的浓度的目的。由于离子尺寸和电负性与被替代原子必须相近的要求，只有有限的碱土元素和稀土元素之间能够实现这种替代。另一种是改变晶体中氧的含量来调制空穴载流子的浓度，一般是通过在材料烧制过程中控制氧气分压和通氧时间来实现的。

彩图 3.16

无论是正常状态还是超导状态，铜氧化物超导体的导电性能在平行于其晶体 *a*-*b* 平面和沿 *c* 轴(如图 3.16 所示，以 YBCO 晶体为例)方向有着巨大的差异，表现出显著的各向异性。从 T_c 开始往上的一个很大的温度区间，平行于 *a*-*b* 平面的电阻随温度变化的趋势与金属类似，而沿 *c* 轴方向的电阻变化规律却很像半导体。不过相同的是，在 T_c 处，两个方向的电阻都降为零。铜氧化物超导体在平行于 *a*-*b* 平面和沿 *c* 轴方向的临界电流密度与上临界磁场也表现出各向异性。

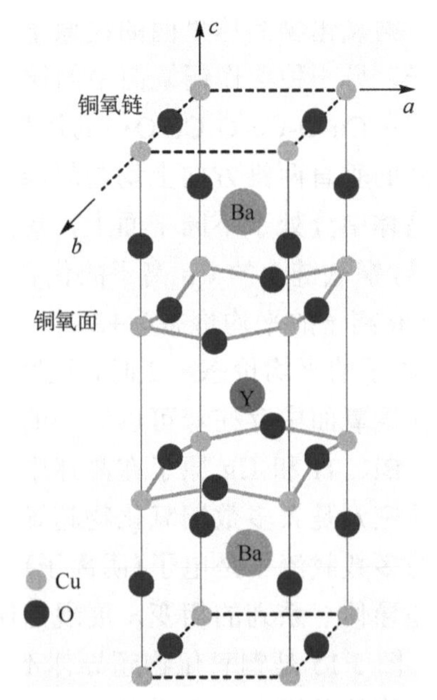

图 3.16　YBCO 晶体结构示意图

3.6.2　铜氧化物超导体与经典超导体的主要性质比较

大量的实验结果表明，铜氧化物超导体有很多与经典超导体相似的性质，但也有一些性质与经典超导体差别明显。

与经典超导体相似的有如下几种。

(1)载流子在超导态时形成“库珀对”，其电荷也是$e^{*}=2e$。

(2)存在能隙，而且能隙远大于经典超导体。

(3)超导态时磁通量子化，磁通量子与经典超导体一致，等于$h/(2e)$。

(4)对是否存在同位素效应存在争议，但基本一致同意即使存在同位素效应，其相对经典超导体来说也非常弱。

(5)有关几个重要的特征参数相互关系的实验结果为

$$\frac{2\varDelta}{k_{\mathrm{B}}T_{\mathrm{c}}}\approx 3.5\sim 4.8$$

$$\frac{2\varDelta}{\gamma T_{\mathrm{c}}}\approx 1.5$$

$$\frac{H_{\mathrm{c}}}{4\pi N(0)^{\frac{1}{-\varDelta}}}\approx 1$$

这些比例数值基本落在经典超导体对应的数值范围内。

铜氧化物超导体的$\lambda/\xi\gg1$，意味着其穿透深度很大，从而可以推断其载流子浓度较低。根据实验结果，铜氧化物超导体的载流子浓度估算在 $2\times10^{21}\sim5\times10^{21}\mathrm{cm}^{-3}$ 范围内，明显低于经典超导体。由于相关长度 ξ 比较小，铜氧化物迈斯纳屏蔽效应与经典超导体相比明显偏弱。另外，根据 BCS 理论，$H_{\mathrm{c2}}(0)=\varPhi_0/(2\pi\xi^2)$，所以较小的$\xi$将导致较大的$H_{\mathrm{c2}}(0)$。实验数据显示，铜氧化物超导体的$H_{\mathrm{c2}}(0)$可以达到 100T，是 Nb_3Sn 的 4～5 倍。

铜基氧化物的几个超导特征参数也是各向异性的。以 $YBaCu_3O_7$ 的相干长度ξ为例，其ξ_{ab}大约为 1.5nm，而$\xi_{\mathrm{c}}=0.15$～0.3nm。

铜氧化物一个晶粒内部的临界电流密度 $J_{\text{c-intra}}$ 远大于晶粒之间的临界电流密度 $J_{\text{c-inter}}$，这与它在晶界处的弱连接特征相关。晶界处的弱连接特征也是在磁场下铜氧化物超导体的临界电流密度J_{c}随着磁场的增大而减小的幅度要明显大于经典超导体的原因。

3.6.3 解释铜氧化物超导体的理论探索

铜氧化物超导体展现的许多非经典特性挑战了经典超导理论，也引起了众多物理学家发展新的超导理论的兴趣。在过去三十多年，理论物理学家尝试着提出了各种各样的理论来解释铜氧化物超导体的这些非经典特性。这些尝试包括修补和延展 BCS 理论(仍以声子与电子相互作用为基石)、基于电子极化的激子(excitonic mechanism based on electronic polarization)理论、修正的费米液体(marginal Fermi liquid)理论、自旋口袋(spin bag)理论、共振价键(resonating valence bond，RVB)理论和自旋涨落(spin fluctuation)理论等。经过长时间，到目前为止接受度相对较高的是 RVB 理论和自旋涨落理论。下面对这两种理论做简单的介绍。

1. RVB 理论

共振价键的概念最早是莱纳斯·卡尔·鲍林(Linus Carl Pauling)于 1960 年针对一些有机化合物分子的 pπ 键提出来的，是指两个原子共享它们最外层的价带中未配对的电子所形成的共价键，这两个电子在两个原子之间形成一个单峰态的二聚体。当在大量相邻原子单峰态二聚体的作用下形成一种稳定的晶格状态时，实际上就是共振价键状态。共振价键状态是由所有可能的单峰态叠加而成的，而且这些单峰态可以自由地在原子对之间运动，使晶格呈现金属特性。然而，与任何存在长程电荷涨落的体系一样，这些单峰态的叠加会导致在 $T=0$ 时出现能隙，所以一个具有纯共振价键状态的晶格并不是金属。

1973 年，安德森利用共振价键概念来描述莫特(Mott)绝缘体的基态。莫特绝缘体的基态是指在每个晶体单元有一个未配对电子(最外层电子半满填充)的体系中电子间相互关联形成单峰态电子对时所形成的一种绝缘的基态。在这样的体系中，1/2 自旋的激发将导致在 $T = 0$ 时形成反铁磁奈尔相或通过单峰态电子对的叠加形成不断涨落的 RVB 相。这种涨落是量子化的，而且在低维度或受到几何方面抑制时会加强。铁磁奈尔相是固体相，而 RVB 相是液体相。在一维条件下，这两个相是没有区别的，能量状态也是相同的。但在二维条件下，RVB 相的自由能更低，所以也更稳定。在铜基氧化物超导体被发现后不久，安德森意识到导致超导的物理要素就在 CuO_2 面中的电子状态之中。他同时认为，CuO_2 面中自旋为 1/2 的激发产生不时涨落的自旋液体相——RVB 液体相。长程涨落导致这个相是存在一个能隙的，所以是绝缘体。适用于这些 1/2 自旋的粒子的物理学统计规律显然不同于正常不可分辨的 1/2 自旋粒子(如自由电子)的费米-狄拉克统计。这些束缚在局部的单峰态并不参与涨落，故不传导电流。只有这些莫特绝缘体的电子态中通过某种方法产生空穴，才能出现载流子传导电流，呈现金属特性。

研究者发现了一种有趣的现象，在 RVB 相出现空穴后，其中的量子化粒子分化成相互之间具有强烈作用的区域化的 1/2 自旋子和非区域化的空穴子，两类粒子的分布方式显著不同。前者像一般的费米子，而后者像自旋为零的玻色子。铜氧化物超导体的二维 CuO_2 面中自旋-电荷粒子的分离是 RVB 概念的重要支柱。这种分离使 Cu^{2+} 3d 轨道一定数量的自旋单峰态电子有了可以移动的电荷，形成库珀对。这些库珀对通过玻色凝聚产生超导相。

一些有关铜氧化物超导体赝能隙的实验结果支持上述的论点，但也有一些采用不同方法的实验结果与上述论点存在矛盾。关于 RVB 理论的争议一直没有停止，安德森一直是 RVB 理论的有力推动者。

2. 自旋涨落理论

自旋涨落理论是另一个受到关注较多的解释铜氧化物超导体的理论。RVB 理论是建立在存在长程电荷涨落的电子单峰态叠加产生库珀对的机制基础上的，自旋涨落理论则认为自旋涨落是导致电子形成库珀对的主要起源。

最早的铜氧化物超导体的自旋涨落理论首先是菲利普·蒙图(Phillipe Monthoux)研究组于 1991 年提出来的。这个理论认为，在缺乏载流子时，铜氧化物超导体里面 Cu 原子的最外层电子自旋一致有序排列引起的反铁磁性产生的磁场锁住了这些电子，所以这时的铜氧化物超导体是绝缘体。载流子的注入产生了可以移动的电子，而移动的电子可能影响邻近电子的自旋，产生系列化的搏动，这与经典超导体里电子运动引起的晶格畸变非常类似。这种畸变也会拖拽另一个电子形成库珀对，导致超导的发生。

自旋涨落理论着重在正常态的物理性质中找到其铜氧化物超导体超导及其超导临界转变温度高的线索。该理论认为几乎局域化的 Cu^{2+}3d 轨道强反铁磁关联是铜氧化物超导体正常态一些奇异物理性质的原因，同样它也应该是产生较高温度超导的原因。在真正的金属中，一个携带电子云和它一起运动的电子可以看成准粒子，它的有效质量可以比一个单纯的电子的质量高出两个以上的数量级。所以自旋涨落理论把这些相互作用的准粒子看成电荷和自旋相同，但质量不同。

自旋涨落理论是根据铜基氧化物超导体测量实验看到的自旋涨落现象提出的，它把正常态的一些物理性质与超导态的物理性质关联起来。该理论认为体系的截止频率与能带宽度成正比，因为高频振动与超导的关系最密切，所以它重点关注自旋涨落的高频部分。蒙图研究组在 1991 年给出了与自旋涨落相关的临界转变温度公式及根据实验数据($YBa_2Cu_3O_7$、$YBa_2Cu_3O_{6.63}$ 和 $La_{1.85}Sr_{0.15}CuO_4$ 样品)计算得到的公式里相关常数的数值：

$$T_c = \alpha\hbar\omega_{SF}(T_c)\frac{\xi^2(T_c)}{\alpha^2}\exp\left[-\frac{1}{\lambda(T_c)}\right] \tag{3.56}$$

这里，

$$\hbar\omega_{SF}(T_c) = \frac{\Gamma(T_c)}{\beta^{1/2}\pi\left[\frac{\xi(T_c)}{\alpha}\right]^2} \tag{3.57}$$

为顺磁振子能量。其中，α 为与具体材料相关的常数；$\beta \approx \pi^2$；ξ 为随温度变化的反铁磁相干长度；Γ 是与系统的磁费米能相关的参数，与温度相关。ξ 和 Γ 在 $T<T_c$ 时是常数，可以通过实验确定，而

$$\lambda(T_c) = \eta g_{eff}^2(T_c)\chi_0(T_c)N(0) \tag{3.58}$$

式中，与 α 类似，η 也是与具体材料相关的常数；g_{eff} 为耦合系数；χ_0 为自旋长波的磁化率，与温度无关；$N(0)$ 为费米面附近的有效态密度(有效状态数/eV)。依据前面讲的三个实验样品的测试数据，蒙图研究组认为 α 和 η 两个常数的值为 1.07～1.66，并给出 $\lambda(T_c)$ 的值为 0.33～0.48。最后，式(3.56)可简化表示为

$$T_c = \alpha\frac{\Gamma(T_c)}{\pi^2}\exp\left[-\frac{1}{\lambda(T_c)}\right] \tag{3.59}$$

蒙图研究组认为，当温度低于 T_c 时，一个由携带电子云准粒子和自旋长程涨落的耦合系统在电荷浓度合适时，所产生的能隙可以大大地大于 BCS 理论中的能隙，所以铜氧化物超导体可以有比经典超导体高得多的 T_c。

式(3.56)～式(3.59)是针对铜氧化物超导体推导出来的，里面有多个需要通过各种实验数据才能确定的参数，而且这些参数因样品材料不同而数值不同，所以自旋涨落超导

理论的适用范围到底有多大遭到很多质疑。

自旋涨落理论也被用来解释后来发现的铁基超导体，所得到的分析结果与铁基超导体的一些相关实验结果大致吻合。当然，铁基超导体并不含有 Cu 离子，实验也证明铁基超导母体是反铁磁性半金属，而不是反铁磁性绝缘体，所以上面介绍的以 Cu^{2+}3d 电子自旋涨落为基础的铜氧化物超导体的自旋涨落理论的分析过程并不能直接应用于铁基超导体。

本节介绍的两个影响较大的关于铜氧化物超导体的理论在概念上继承了 BCS 理论中库珀对(通过某种方式相互束缚的一对电荷)、能隙及 T_c 与能隙大小直接相关等基本概念，但是挑战了 BCS 理论的另一个基本概念——声子(晶格振动)的调制作用。BCS 理论得到的与超导相关的重要物理参数表达式是以表征能量基态电子 s 波的薛定谔方程推导出来的，而前面介绍的关于铜氧化物超导体的 RVB 理论和自旋涨落理论依据大量的实验数据提出描述 Cu^{2+}3d 电子的 d 波才应该是研究铜氧化物超导体的出发点。不过超导理论界也有一些不同的观点，譬如由 BCS 理论的创建者之一施里弗领导的研究组于 1989 年发表的论文虽然同意电子的反铁磁关联度对决定铜氧化物超导体的 T_c 扮演了一个重要的角色，但对 d 波的作用提出了异议。他们认为准粒子和自旋涨落的耦合太强了，以至于正常态的激发元是孤立波(自旋口袋)。这些孤立波与自旋涨落完成交换后的次阶项产生 s 波超导，而不是作为一阶项直接得到 d 波超导。

探索关于铜氧化物超导体，包括后来发现的铁基超导体的物理机制，发展相关理论，是近几十年来理论物理学家的主要兴趣之一。他们从不同的模型出发，根据各种实验数据，提出了五花八门的物理机制和理论。但迄今为止还没有得到一种系统的、得到公认的机制和理论。有人将这种情况比喻为“盲人摸象”，细细斟酌起来也颇有道理。

课 外 读 物

扩展知识

1. 费米液体

费米液体(Fermi liquid)是一个强相互作用的多粒子体系，是由遵从费米-狄拉克统计的粒子组成的液体，如液体 He 及金属中的电子体系。在温度远低于费米温度时，正常的(没有发生相变的)费米液体的性状可以用朗道在 1956 年提出的费米液体理论很好地描述，即在液体中粒子加上与其相互作用并一同运动的近邻粒子“屏蔽云”组成准粒子(见固体中的元激发)，液体可以看成这些近自由的准粒子的集合，准粒子之间的相互作用可以用一些分子场来描述，有关的参量称为朗道参量，可由实验确定。温度下降时，准粒子的平均自由程加长。这一理论与实验结果十分相符。

2. 赝能隙

赝能隙(pseudogap)是正常相中电子元激发谱的能隙，实验发现，赝能隙和超导能隙具有相同的对称性。超导体的特征之一是具有能隙，用来打破库珀对使之成为单个自由电子。在20世纪90年代中期，物理学家在铜氧化物高温超导材料中发现了与低温超导体相似的能隙，称为“赝能隙”。

3. 奇异金属

大多数导体在温度变化时，其导电特性如何变化是可以根据已知的规律预测的。但一类被称为奇异金属(strange metal)的材料的行为似乎不符合一般的电学规则。在这种材料中，电荷不是像通常那样由电子携带，而是由更像波的库珀对携带。

4. 波函数的分类

波函数根据超导配对波函数的轨道部分角动量进行分类，角动量为0的是s-wave，角动量为1的是p-wave，角动量为2的是d-wave，依次类推。

人物小传

莱纳斯·卡尔·鲍林(Linus Carl Pauling，1901—1994年)，美国著名化学家，量子化学和结构生物学的先驱者之一。1954年，他因在化学键方面的工作获得诺贝尔化学奖，1962年，因反对核弹在地面实验的行动获得诺贝尔和平奖。

鲍林提出的共振论是20世纪最受争议的化学理论之一，也是有机化学结构基本理论之一。为了求解复杂分子体系化学键的薛定谔方程，鲍林使用了变分法。在原子核位置不变的前提下，提出体系所有可能的化学键结构，写出每个结构所对应的波函数，将体系真实的波函数表示为所有可能结构波函数的线性组合，经过变分法处理后，得到体系总能量最低的波函数形式。这样，体系的化学键结构就表示成为若干种不同结构的杂化体，为了形象地解释这种计算结果的物理意义，鲍林提出共振论，即体系的真实电子状态是介于这些可能状态之间的一种状态，分子是在不同化学键结构之间共振的。鲍林将共振论用于对苯分子结构的解释获得成功，使得共振论成为有机化学结构基本理论之一。20世纪50年代，苏联和中国等国家出于意识形态的考虑，对共振论、现代遗传学等科学理论展开政治批判，共振论被作为唯心主义的典型加以批判。由于这场政治运动的影响，在这些国家，量子化学的传播和发展几乎陷入停顿。20世纪80年代以后，这些国家的学术界逐渐破除了政治因素对科学的束缚，重新审视和接受共振论的思想。在量子化学领域，随着分子轨道理论的出现和发展，鲍林的化学键理论由于在数学处理上的烦琐和复杂而逐渐处于下风，共振论方法作为一种相对粗糙的近似处理也较少使用了，但是在有机化学领域，共振论仍是解释物质结构，尤其是共轭体系电子结构的有力工具。

菲利普·沃伦·安德森(Philip Warren Anderson，1923—2020年)，美国物理学家，他的研究领域较广，包括材料电子结构、粒子物理和高温超导机理等。1977年，他因在磁性和非有序系统电子结构研究领域的卓越成就获得诺贝尔物理学奖。

安德森1923年出生于印第安纳波利斯，在伊利诺伊州的厄巴纳度过他的童年，1940

年，他从厄巴纳的高级中学毕业。之后于哈佛大学获得学士学位并进入研究所，在范弗莱克的指导下学习物理。二战期间，安德森曾在美国海军研究实验室待过一段时间。1949～1984 年，安德森任职于新泽西的贝尔实验室，广泛地研究了凝态物理的许多问题。这段时间，他发现了局部化(localization)的概念，写下了安德森哈密顿算符以描述过渡金属系统中的电子。另外，他还建议粒子物理学家寻找产生粒子质量的机制(后来称为希格斯机制)，发展了超导体 BCS 理论中的计算方法。1967～1975 年，安德森在剑桥大学担任理论物理学的教授。1972 年，在经典论文《量变导致质变》(*More is Different*)中，安德森驳斥了物理学界长期弥漫的还原论观点，认为自然在不同尺度上会涌现出新的复杂性。1977 年，由于对磁性和无序体系电子结构的基础性理论研究，他与内维尔 · 弗朗西斯 · 莫特(Nevill Francis Mott)、范弗莱克一同获得了诺贝尔物理学奖。这个研究为电子元件开关与记忆的技术提供了理论基础，对于后来计算机的发展有重要贡献。

针对 20 世纪 80 年代高温超导体的发现，安德森提出用 RVB 理论来解释这一现象。虽然高温超导的谜题至今仍未解决，但 RVB 理论被证明对于自旋液体的研究是至关重要的。1982 年，他获得了美国国家科学奖章。自 1984 年起，他从贝尔实验室退休，担任普林斯顿大学物理学名誉教授。安德森在晚年生活中，经常与物理学圈子之外的听众或读者打交道。他会在杂志上发表书评，内容涉及的范围也不限于物理学，甚至不限于科学，他会谈论军事规模控制、复杂性、宗教、科学圈政治、未来学、文化冲突、科学的意义等。他思考科学哲学，是因为他认识到科学的结构更像彼此交错的网，而不是层级的演化树或金字塔。1994 年，他为英国《每日电讯报》(*The Daily Telegraph*)所写的随笔中提到，关于科学，每个人都应该知晓以下四点：科学不是民主；计算机不能代替科学家；统计有时候会被误用而且经常被误解；好的科学有美学特质。

2013 年，普林斯顿大学举办活动庆祝安德森的 90 岁生日，约 150 名曾与他共事的同事与学生参加，其中包括 5 名诺贝尔奖得主与 1 名菲尔兹奖得主。安德森对凝聚态及其他领域的深刻影响使他成为 20 世纪后半叶理论物理天空中最闪亮的巨星之一。

参 考 文 献

李世亮, 戴鹏程, 2011. 超导与自旋涨落[J]. 物理, 40(6): 353-359.

罗会仟, 2022. 超导“小时代”: 超导的前世、今生和未来[M]. 北京: 清华大学出版社.

信赢, 2003. 铊系高温超导体的化学、晶体结构，材料特征及生产工艺[J]. 低温物理学报, 25(S1): 315-324.

张裕恒, 2019. 超导物理[M]. 5 版. 合肥：中国科学技术大学出版社.

ABRIKOSOV A A, 1957. On the magnetic properties of superconductors of the second group[J]. Soviet physics JETP, 5(6): 1174-1182.

ANDERSON P W, 1987. The resonating valence bond state in La_2CuO_4 and superconductivity[J]. Science, 235(4793): 1196-1198.

BARDEEN J, 1950. Wave functions for superconducting electrons[J]. Physical review, 80(4): 567-574.

BARDEEN J, COOPER L N, SCHRIEFFER J R, 1957. Theory of superconductivity[J]. Physical review,

108(5): 1175-1204.

COOPER L N, 1956. Bound electron pairs in a degenerate fermi gas[J]. Physical review, 104(4): 1189-1190.

FRÖHLICH H, 1950. Theory of the superconducting state. I. the ground state at the absolute zero of temperature[J]. Physical review, 79(5): 845-856.

GINZBURG V L, LANDAU L D, 2009. On the theory of superconductivity[C]//On superconductivity and superfluidity. Berlin: Springer.

GORTER C J, CASIMIR H B G, 1934. On supraconductivity I[J]. Physica, 1(1-6): 306-320.

LONDON F, LONDON H, 1935. The electromagnetic equations of the supraconductor[J]. Proceedings of the royal society A-Mathematical, physical and engineering science, 149(866): 71-88.

MONTHOUX P, BALATSKY A V, PINES D, 1991. Toward a theory of high-temperature superconductivity in the antiferromagnetically correlated cuprate oxides[J]. Physical review letters, 67(24): 3448-3451.

MONTHOUX P, BALATSKY A V, PINES D, 1992. Weak-coupling theory of high-temperature superconductivity in the antiferromagnetically correlated copper oxides[J]. Physical review B, 46(22): 14803-14817.

MONTHOUX P, PINES D, LONZARICH G G, 2007. Superconductivity without phonons[J]. Nature, 450(7173): 1177-1183.

PAULING L, 1960. Nature of chemical bond[M]. 3rd ed. New York: Cornell University Press.

POOLE JR C P, FARACH H A, CRESWICK R J, et al., 2015. Superconductivity[M]. 2nd ed. Amsterdam: Elsevier Pte Ltd.

SCHRIEFFER J R, WEN X G, ZHANG S C, 1989. Dynamic spin fluctuations and the bag mechanism of high-T_c superconductivity[J]. Physical review B, 39(16): 11663-11679.

SHARMA R G, 2021. Basics and applications to magnets[C]//Superconductivity. Berlin: Springer Nature.

XIN Y, LI Y F, FORD D, et al., 1991. Thermopower and resistivity of 1212-type phase $TlSr_2(Er_{1-y}Sr_y)Cu_2O_{7-\delta}$[J]. Japanese journal of applied physics, 30(9A): L1549-L1552.

第 4 章　实用超导材料磁场下的性质

本章介绍实用超导材料的磁通钉扎性质及描述实用超导材料磁化过程的 Bean 和 Kim-Anderson 两种临界态模型，介绍磁体与超导体相互作用的一些特殊规律，阐述实用超导材料产生交流损耗的内在性和主要因素。

4.1　实用超导材料的磁化特性及磁通钉扎

在第 2 章中已经讲过：第一类超导体只存在单一的临界磁场强度(H_c)，在外磁场小于 H_c 时展现迈斯纳效应，同时电阻为零。第二类超导体有两个临界磁场强度值，分别称为下临界场(H_{c1})和上临界场(H_{c2})。在外磁场小于 H_{c1} 时也展现迈斯纳效应，电阻为零。当外磁场在两个临界磁场值之间时，允许部分磁场穿透超导体，但仍保留零电阻特性，这种状态被称作混合态。

第二类超导体的发现催生了实用超导材料的问世，也打开了超导技术应用的大门。实用超导材料都是第二类超导体，但并不同于金兹堡-朗道理论描述的理想的第二类超导体。实用超导材料内存在许多物理缺陷，如结构和粒子分布的不均匀性、杂质、空洞、损伤、位错等，这些缺陷在生产实用超导材料过程中是无法完全避免的。值得庆幸的是，物理缺陷的存在对于实用超导材料来说并不完全是坏事，而适当数量缺陷的存在可以提高超导材料的应用性能，或者说是保证超导材料的应用性能所必需的。要强调的是实际存在的第二类超导体晶体内的缺陷是不可避免的，理想的第二类超导体只存在书本的模型中。

一般地讲，超导材料的应用总要涉及与磁场的相互作用，所以了解作为实用超导材料的第二类超导体的磁化特性对于超导技术应用来说是至关重要的。最早在理论上系统性研究第二类超导体内缺陷对超导体磁化性质影响的是苏联物理学家阿布里科索夫。1957 年，他在 GL 理论的基础上，对第二类超导体开展了更加深入的研究，提出了对于存在晶体缺陷(非理想)的第二类超导体，当磁场超过下临界场 H_{c1}，迈斯纳效应消失后，磁通线会进入超导体的内部，并以量子化的管状磁通涡旋形式被束缚在晶体内部的缺陷处，在磁场达到上临界场 H_{c2} 之前会一直保持这种状态(混合态)。这种现象称作磁通钉扎，能够束缚磁通线的晶体缺陷称作钉扎中心。

图 4.1 是第二类超导体处于混合态时产生磁通钉扎的示意图。这时超导体内的磁通线沿着外磁场的方向束缚在钉扎中心，每一束磁通线的磁通量等于磁通量子 Φ_0 的整数倍。每一束磁通线外环绕着对应的超导永恒电流，电流方向可根据右手定则确定。这个环形电流称作磁通涡流(也常称作磁通涡旋)，其环流平面垂直于对应的磁通束。钉扎力起源于磁通涡旋处的超导相和缺陷处于的非超导相具有不同的能量，磁通涡旋挣脱钉扎中心需要外界提供能量。图 4.1 描述的是一种在均匀磁场下简单理想的情况，目的是帮助读者了解第二类超导体磁化特性的本质。在非均匀磁场下，磁通钉扎的布局是由磁场

的分布和超导体内缺陷的分布决定的，不太可能形成图中所展示的规范的图案。在有些情况下，磁通束可能不是完全沿直线行进的，而且磁通线之间的距离也可能是变化的。

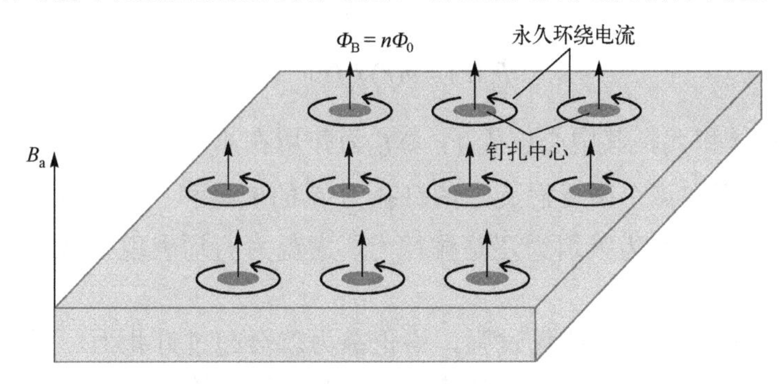

图 4.1　在均匀外加磁场下第二类超导体处于混合态时，产生磁通钉扎和涡旋电流的示意图

如果在发生了上述磁通钉扎现象后有一个电流通过超导体，这时钉扎的磁通束就会与电流中的运动电荷之间产生洛伦兹力。根据图 4.2 中的电流方向和外磁场方向，通过判断洛伦兹力的方向可以确定磁通束受力的方向在图中是向右的。这就是说，如果磁通束是可以左右自由移动的，那么其会产生移动。但实际上磁通束还受到一个束缚其移动的力，即钉扎力，所以其是否会发生移动决定于这两个力孰大孰小。如果钉扎力总是大于洛伦兹力，那么磁通束就会一直留在钉扎中心，保持不动。而这时超导体内的传输电流是不受到任何阻碍的，因此也就不存在传输损耗。

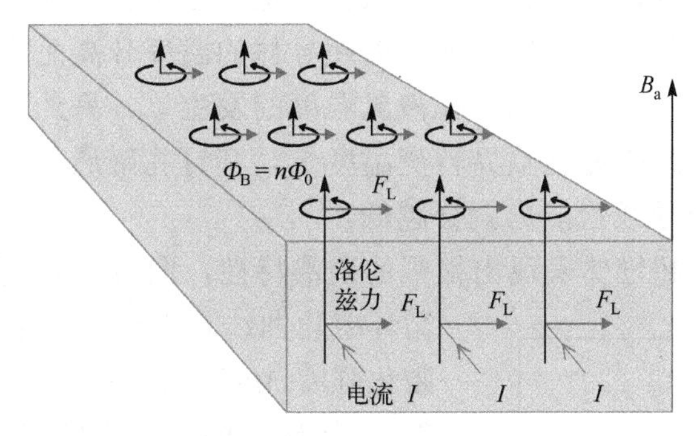

图 4.2　当有电流通过处于混合态的第二类超导体时，电流与磁通束之间存在相互作用力——洛伦兹力

单个钉扎中心和一根磁通线的相互作用力称为微观力 f'，微观力可表现为吸引力，也可以表现为排斥力，决定于钉扎中心的性质。对于一个在磁通线芯子处的小的异相正常粒子，其体积为 V，依据 GL 理论计算求得的其最大元钉扎力 f_p' 约为

$$f_p' = \frac{1}{2\sqrt{2}} \frac{\mu_0^{3/2}}{\varphi_0^{1/2}} \frac{H_{c2}^{5/2}}{\kappa^2} \left(\frac{H_a}{H_{c2}}\right)^{1/2} \left(1 - \frac{H_a}{H_{c2}}\right) V \tag{4.1}$$

式中，H_a 为外加场强；H_{c2} 为上临界场；μ_0 为真空磁导率；φ_0 为磁通量子，即前面内容中提到的 Φ_0；κ 为 GL 参量。

微观上一个大的体积元 ΔV 内的作用力的统计平均值为宏观力，可分为线钉扎力 f_p(每单位长度磁通涡旋所受到的钉扎力)和体钉扎力 F_p(单位体积中磁通涡旋所受到的钉扎力)。由矢量线性叠加，有

$$f_{\mathrm{p}}(r)=\frac{\sum_{i}\delta f_{i}'}{n(r)\Delta V} \tag{4.2}$$

$$F_{\mathrm{p}}(r)=n(r)f_{\mathrm{p}}(r) \tag{4.3}$$

式中，ΔV 为求和体积元，其中心位于 r；$\delta f_i'$ 为作用在第 i 个磁通涡旋上的钉扎力，等于每个钉扎中心作用在这个磁通涡旋上的钉扎力 f' 的矢量和；$n(r)$ 为磁通涡旋密度。要说明的是，无论微观力 f_{p}'为吸引力还是排斥力，宏观力 f_{p} 均表现为吸引力，即钉扎中心对磁通线有钉扎作用。

如果传输电流过大或外加磁场过强，洛伦兹力就会超过钉扎力，磁通束就会沿着洛伦兹力的方向移动。一般情况下，磁通束的这种移动不是连续的，而是断断续续地由一个钉扎中心跳跃到相邻的另一个钉扎中心。但在这种情况下，所有移动的磁通的运动方向基本是一致的，即发生磁通跳跃。如果出现磁通跳跃，在超导体内部就会对传输电流的流动产生阻碍作用，也就是说，沿电流方向会出现电压。这种阻碍作用也会类似电阻一样消耗能量产生热，如果不能及时得到控制，就会使超导材料失超。

在没有传输电流或传输电流较小的情况下，如果超导材料所处的温度不是0K，体内某些部分的分子热能也可能超过附近钉扎中心的钉扎能，这时也会有磁通束离开自己原来的位置跳跃到附近钉扎中心，即发生磁通蠕动。与磁通跳跃不同的是，发生磁通蠕动时磁通束的方向是随机的，没有集体的一致性，也不会使超导体损耗迅速增加而导致失超。磁通蠕动是热扰动的结果，发生率随着超导体的温度升高而增大。所以超导材料在液氮温度的磁通蠕动发生率大大高于在液氦温度的发生率。另外，对于某一种特定的超导材料来说，工作温度越接近其临界转变温度 T_{c}，其钉扎磁通势能会变得越小，磁通蠕动的程度就会越高，超导载流能力就会越低。

磁通钉扎使第二类超导体表现出很强的磁滞特性，图 4.3 是典型的第二类超导体的循环磁化曲线。开始发生磁化前，磁场强度 H=0，磁化强度 M=0。施加一个方向和大小循环变化的外磁场(磁场的最大强度>H_{c1})后，由于超导体的抗磁性，M 向负方向不断增大，直至磁场强度数值达到 H_{c1}(图中的 A 点)。H 达到 H_{c1} 后，超导体进入混合态，磁通开始进入超导体的内部。磁化曲线由 A 点行至 B 点过程中，M 的幅值随着 H 的增大而逐渐减小。到达 B 点时，外磁场达到最大值 $H=H_{\mathrm{c2}}$，然后逐渐变小，M 继续减小到 0 以后，随着 H 的减小而增大，在 C 点 H 回归到零而 M 达到最大值。经过 C 点后，H 向负的方向不断增大，在 D 点处达到反向的最大值 H=$-H_{\mathrm{c2}}$，M 逐渐减小，通过 D 点后，H 的幅值逐渐减小，M 减小到 0 后在负的方向上逐渐增大，至 E 点达到负向的最大幅值，而 H 回到零点完成了一个循环。显然地，这是与任何其他材料

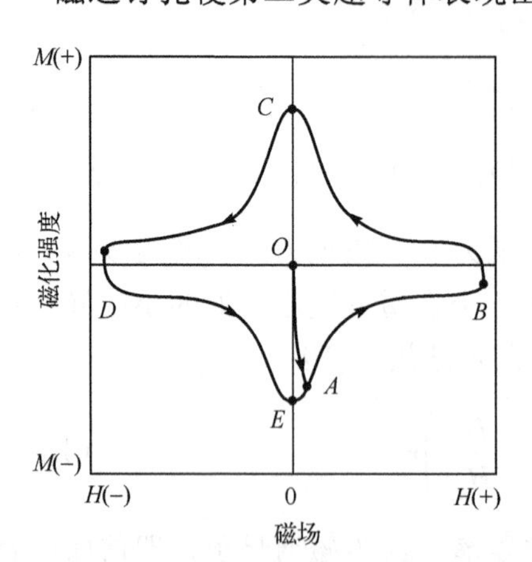

图 4.3　第二类超导体典型的循环磁化曲线

都不同的磁滞回线，展示了很强的磁滞效应。需要说明的是，不同的实用超导材料的磁化曲线并不完全相同。

作为实用超导材料的第二类超导体的磁滞特性是和其磁通钉扎特性相关联的。如果实用超导材料的磁化过程不是一个完整的循环过程，而是外磁场在某个区间简单地往返，磁通钉扎导致的磁化特性就是其磁化曲线的不可逆性。图 4.4 是第二类超导体不可逆磁化的示意图。从图中可以看出，在将超导体磁化的外加磁场从零增大到某一点后逐渐减小退回到零点的过程中，M 的路径是不重合的。当 H 回到零点后，M 并不消失，而是仍然处在被磁化状态。

图 4.5 给出上述磁化过程中第二类超导体中磁通密度对应的变化情况。可以看出，在外加磁场从零增大到某一点后逐渐减小退回到零点的过程中，超导体内的磁通密度曲线也是不可逆的。在外磁场回到零点后，仍有一部分磁通被束缚在超导体内的磁通钉扎中心，这种现象常称作磁通俘获。外加磁场回到零点后被俘获在超导体内部的磁通是造成图 4.4 中 M 在这一点不为零的原因。由于实用超导材料种类的不同，其磁通钉扎的能力也不同，所以在相同磁化条件下所残留的磁通密度和磁化强度也可能不同。

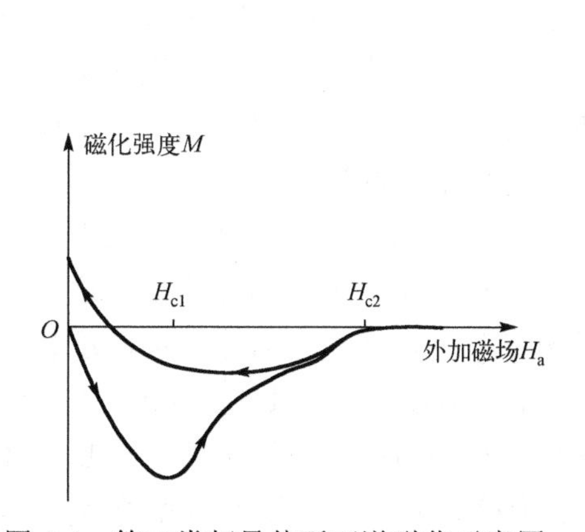

图 4.4　第二类超导体不可逆磁化示意图

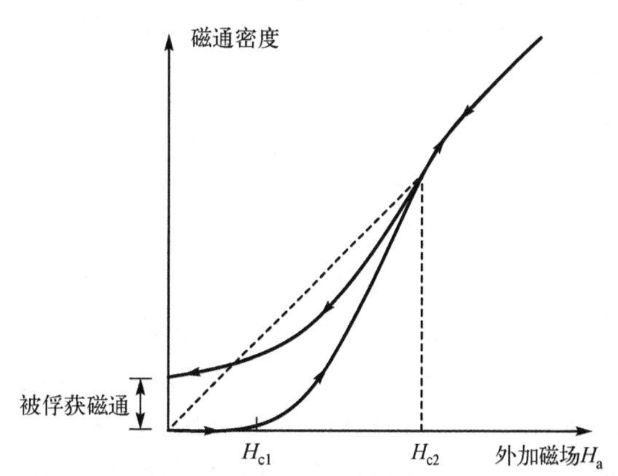

图 4.5　第二类超导体磁化过程磁通密度不可逆示意图

另外，值得注意的是，由于实用超导材料种类的不同，磁化的不可逆场和 H_{c2} 的关系也不尽相同。图 4.5 所给出的磁化过程是一种理想的状态，即材料的不可逆场与其 H_{c2} 是相同的。一般来讲，低温超导材料的不可逆场和其 H_{c2} 是比较接近的，而高温超导材料的不可逆场明显低于其 H_{c2}。

课 外 读 物

扩展知识

磁滞

磁性(magnetic hysteresis)物体的磁化存在着明显的不可逆性，当铁磁体被磁化到饱和状态后，若将磁场强度(H)由最大值逐渐减小，其磁感应强度(B)不是按照原来的途径返回，而是沿着比原来的途径稍高的一段曲线而减小，当 $H = 0$ 时，B 并不等于零，即磁性体中 B 的变化滞后于 H 的变化，这种现象称为磁滞现象。

4.2 实用超导材料的临界态模型

虽然在金兹堡-朗道理论的基础上发展的 GLAG 理论对第二类超导体的物理性质有了系统的描述，但仅仅依靠该理论还无法完成对具体实用超导材料磁化性质的定量分析。到目前为止，人们研究实用超导材料磁化性质和电磁特性时使用最多的方法是从第二类超导体半经验临界态模型出发，再借助 GLAG 理论或经典电磁学理论，通过理论解析或计算机模拟仿真得出一些定性或定量的结果，作为指导解决一些实际应用问题的线索与依据。目前使用最多的第二类超导体临界态模型是比恩模型(Bean's model)和 Kim 模型(Kim's model)。

4.2.1 比恩模型

1962 年，美国通用电气公司实验室科学家查尔斯·帕尔默·比恩(Charles Palmer Bean)对 Nb_3Sn 小圆柱样品做了磁化实验，根据实验结果提出了第二类超导体的磁化现象的简单物理模型。比恩模型的推论与实验结果的主要特征符合，可以用来定量或半定量地给出一些简单几何形状的第二类超导体磁化时的磁场与超导电流的数量关系。

在门德尔森 1935 年提出的海绵超导体模型的基础上，比恩提出了可以将第二类超导体看成由很多层丝网构成的，组成这些丝网的细丝的直径小于伦敦穿透深度 λ。这些丝网全部由第二类超导体组成，在外磁场小于上临界场 H_{c2} 时，其电阻为零，可以承载的最大超导电流的密度为 J_c。在丝网之间的空间充满了第一类超导体，其临界磁场 H_c 与组成丝网的第二类超导体的下临界场 H_{c1} 相同。在这样假设的前提下，置于第二类超导体丝网之间的第一类超导体是相互关联的，当外磁场小于第二类超导体的下临界场 H_{c1} 时，由于迈斯纳效应，整个丝网结构内磁场为零，也就是说没有任何磁通线进入这个丝网结构内。

因此，若从零开始逐渐施加一个均匀的外部磁场 H，当 $H<H_{c1}$ 时，磁场被完全排除在第二类超导体之外。当 $H>H_{c1}$ 时，处于最外部的一部分第二类超导体丝网之间的第一类超导体不再展现迈斯纳效应，磁场将以一个个磁通量子涡旋的形式进入这部分第二类超导体内部，并随着外加磁场的增加，不断地向超导体内部扩展。在扩展过程中，磁通碰到超导体内部的钉扎中心后被束缚在这些区域。随着被钉扎的磁通涡旋的密度的增大，作用在被钉扎的磁通涡旋上的洛伦兹力也越来越大。当洛伦兹力大于钉扎力时，磁通会摆脱钉扎而跳跃到处在更加内部的下一个钉扎中心。在这种情形下，超导体内部的磁场强度会随着深度增加呈线性递减，斜率为 $4\pi J_c/c$ (高斯单位制下)或 J_c(国际单位制下)，其中，J_c 为超导体的临界电流密度。此电流代表的是为了抵抗外界磁场向内部发展而在超导体内部感应出的电流。

针对所研究的问题，比恩还做了一个假设：临界电流密度 J_c 与磁场的大小无关。这就意味着所研究的问题是在外加磁场远小于超导丝的 H_{c2} 的前提条件下求解的。在此前提条件下，当外磁场 H 由外向内渗透，达到超导体的某一位置时，该处的磁场强度 H_i 是 H 和抵抗外界磁场超导体内部感应出的电流的相互作用所决定的。也可以说，是由该处的位置参数、外磁场 H 和超导体的 J_c 决定的。

根据物质磁化强度的定义，对于可以用比恩模型描述的一块尺寸远大于伦敦穿透深度 λ 的第二类超导体内的某一个小体积元，有

$$4\pi M = \frac{\int_0^v (H_i - H)\mathrm{d}v}{\int_0^v \mathrm{d}v} \tag{4.4}$$

式中，H_i 为超导体内某一点的磁场；H 为外磁场。积分是对所针对的小体积元的体积 v 进行的。

比恩以外径为 $2R$ 的第二类超导体圆柱样品为例，阐释他的临界态模型的原理和应用方法。当对其施加一个平行于圆筒的轴向的均匀磁场 H 时，首先有

$$H_i = 0,\ 0 \leqslant r \leqslant R \ \text{且}\ 0 \leqslant H \leqslant H_{c1} \tag{4.5}$$

当 H 继续增大超过 H_{c1} 后，镶嵌在丝网中间的第一类超导体出现失超现象，不再能够产生超导屏蔽电流。这时磁场开始从圆筒的外表面逐步向圆筒的内部侵入，由第二类超导体组成的丝网将开始与外磁场产生相互作用，感应出电流密度为 J_c 的超导电流抵制外磁场向内部的深入发展。假设在某一时刻由于磁场的入侵深度为 D_p，则根据安培环路定理，有

$$D_p = 10\frac{H - H_{c1}}{4\pi J_c} \tag{4.6}$$

这个正比于磁场强度的磁场入侵深度是比恩临界模型的关键要素，接着比恩定义了一个新的磁场强度：$H^* = 4\pi J_c R/10$。这一步骤简化了下面的分析表达式，而且 H^* 具有特定的物理意义，即 H^* 为外磁场能够完全穿透整个样品的临界磁场强度，且 $H_{c1} < H^* < H_{c2}$。当外磁场达到 H^* 后，$D_p = R$，整个样品的迈斯纳效应全部消失，完全处于混合态。图 4.6 更清晰地解释了 H^* 的意义。

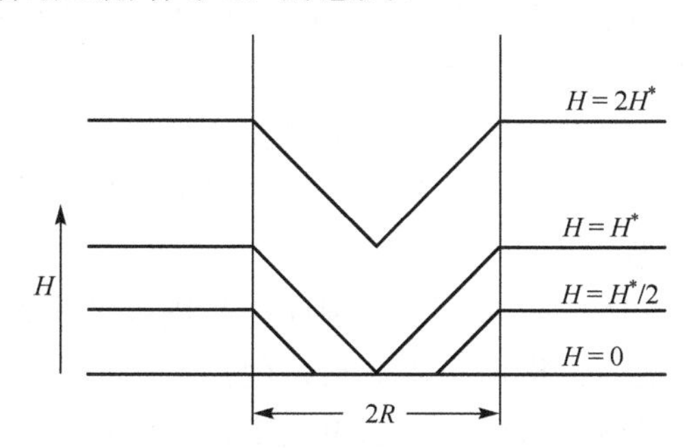

图 4.6　比恩临界模型磁场强度 H^* 物理意义的示意图

在 $D_p < R$，即磁场还没有完全侵入超导体的情况下，有

$$H_i = 0,\quad 0 \leqslant r \leqslant R\frac{1-(H - H_{c1})}{H^*} \ \text{且}\ H_{c1} \leqslant H \leqslant H^* + H_{c1} \tag{4.7}$$

$$H_i = H - H^*\frac{1-r}{R},\ R\frac{1-(H-H_{c1})}{H^*} \leqslant r \leqslant R \quad 且 \quad H_{c1} \leqslant H \leqslant H^* + H_{c1} \tag{4.8}$$

当 $D_p = R$，整个样品处于混合态时，有

$$H_i = H - H^*(1-r/R),\ 0 \leqslant r \leqslant R \quad 且 \quad H^* + H_{c1} \leqslant H \tag{4.9}$$

将式(4.5)、式(4.7)～式(4.9)分别代入式(4.4)并完成积分后得到

$$4\pi M = -H,\ 0 \leqslant H \leqslant H_{c1} \tag{4.10}$$

$$4\pi M = -H + \frac{H^2 - H_{c1}^2}{H^*} + \frac{H_{c1}^2\left(3H - 2H_{c1}\right) - H^3}{3H^{*2}},\ H_{c1} \leqslant H \leqslant H^* + H_{c1} \tag{4.11}$$

$$4\pi M = -H^*/3,\ H \geqslant H^* + H_{c1} \tag{4.12}$$

通过式(4.10)、式(4.11)和式(4.12)及 H^* 的定义，可以看出利用比恩临界模型得到的计算结果的一个显著特点是，当第二类超导体处于混合态(即 $H_{c1} < H < H_{c2}$)时，其磁化强度与样品的宏观几何尺寸相关。这是合乎逻辑的，因为整个超导体的临界电流是和超导体的形状和体积相关的。

上述推算的结果与比恩使用不同直径的 Nb_3Sn 样品所得到的实验结果是基本符合的，所以比恩临界态模型的有效性得到了证实。

可以看出，比恩模型的基本假设是：在第二类超导体(块材)内部，在磁场没有到达的区域没有电流存在，在磁场已经到达的区域将感应出垂直于磁场的区域性电流，而且电流密度为超导体的临界电流密度 J_c。也就是说，无论多么小的一个电动势都能够使区域电流的密度达到 J_c，而超导体内的区域电流的电流密度只有 $-J_c$、0 和 $+J_c$ 三个数值。区域电流的方向是由磁场变化产生的电动势的极性决定的。

4.2.2　Kim 模型

比恩模型成功地定性描述了块状第二类超导体的磁化过程，给出了磁化强度 M 与超导体临界电流密度 J_c 的关系，对于一些简单几何形状的实用超导材料，也能粗略得到 M 和 J_c 的数量关系，但是，在超导体磁化过程中产生的感应电流密度只取材料的 J_c 这一个数值而与磁场无关的假设条件和实际情况是不完全符合的。比恩发表有关比恩模型的论文半年以后，贝尔电话实验室的科学家金永培等在比恩模型的基础上给出了第二类超导体磁化过程中感应的电流密度与超导体相关区域的磁通密度 B 之间的关系，这个改进了的临界态模型称作 Kim 模型。

Kim 对不同条件制作的 Nb 和 Nb_3Zr 的圆筒样品进行了系列的磁化实验研究，测量了磁场与磁化电流的变化规律。根据实验结果，他提出两个重要的结论：一是洛伦兹力在决定第二类超导体的临界电流密度方面起着决定性的作用；二是第二类超导体内感应出来的临界持续电流随时间衰减。

Kim 在比恩临界态模型的基础上利用经典电动力学中磁场和磁化电流关系的相关理论，通过解析分析的方法，得到了表达薄壁圆筒的样品磁场和磁化电流的关系的解析表达式。把实验样品的相关参数代入解析表达式得到的计算结果与实验结果基本符合。

假设一个第二类超导体薄壁圆筒样品的壁厚为 w，外半径为 a，其长度大于直径，如图 4.7 所示，一个与圆筒轴向平行的均匀外磁场 H 施加在样品上，在圆筒的轴线中部设置传感器测量样品磁化后的轴线中点的场强 H'。

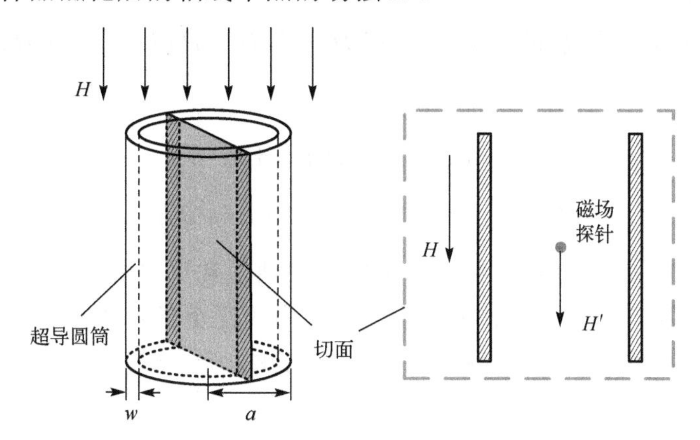

图 4.7　Kim 研究样品的几何结构及其磁化测量实验的示意图

磁场 H 在空间上是均匀的(受样品磁化影响的空间除外)，但在时间上是可以缓慢变化的。假设 H' 由零逐渐增大，在超导圆筒上会感应出电流对抗其变化。根据比恩的临界态模型，随着 H 的增大，磁场会不断地由外向内逐渐渗透。在圆筒壁被穿透之前，圆筒内部的磁场 H' 为零。当磁场穿透圆筒壁后，H' 不再为零，而且会随着 H 的增大而增大。Kim 认为，如果 H 的变化充分得慢，则 H' 和 H 处在一种相互平衡的临界状态，这时样品上每一个宏观的局部区域上流动的临界电流密度或最大电流密度 $J(B)$ 是由这个局部区域内的磁通密度 B 决定的。下面是 Kim 的解析推导过程。

圆筒内部磁场 H' 应是外磁场 H 与样品磁化过程中感应电流产生的磁场的代数和，即

$$H' = H + k\int_0^w J[B(r)]\mathrm{d}r \tag{4.13}$$

式中，$k = 0.4\pi\ (\mathrm{Gs \cdot cm})/\mathrm{A}$；$r$ 是径向变量，起点是圆筒的外表面。根据已知的几何参数和相关物理量的定义对 r 进行积分，得到

$$kw = \int_H^{H'} \frac{\mathrm{d}B}{J(B)} = \int_{H^*-\frac{1}{2}M}^{H^*+\frac{1}{2}M} \frac{\mathrm{d}B}{J(B)} \tag{4.14}$$

式中，$H^* = 1/2(H' + H)$，为样品壁中的平均场强。要说明的是，这里的 H^* 与比恩模型中定义的临界场 H^* 的物理意义是不同的，而 $M = H' - H$ 是样品磁化过程中感应的超导电流产生的磁场，所以，筒壁上的平均电流密度 $J^* = M/(kw)$。

另外，根据 $J(B)$ 的基本性质，可以采用下面的幂级数展开：

$$\frac{\alpha}{J} = B_0 + B + a_2B^2 + a_3B^3 + \cdots \tag{4.15}$$

式中，α 是对温度敏感并且由温度 T 决定的常数；B_0 是常数，如果 a_2、a_3、…充分小，式(4.15)可以近似地写成：

$$\frac{\alpha}{J} = B_0 + B \tag{4.16}$$

式(4.16)给出了第二类超导体磁化过程中电流密度与磁感应强度之间的依赖关系，与比恩模型中把超导体内的磁化电流只取$-J_c$、0、$+J_c$三个常数相比，Kim 模型给出了更接近实际情况的对实用超导体块材临界态的表述。

接着，为了和实验数据进行对照，把$H^*=\frac{1}{2}(H'+H)$和$J^*=M/(kw)$代入式(4.16)得到

$$(H'+B_0)^2-(H+B_0)^2=\pm 2\alpha kw \tag{4.17}$$

$$(H'+B_0)^2+(H+B_0)^2=2(\alpha kw+B_0^2) \tag{4.18}$$

显然，式(4.17)和式(4.18)分别是在第一象限的双曲线和第二象限的一个圆。

Kim 还根据所做实验结果推导出了上述公式中的几个常数的经验表达式，具体如下。

Kim 认为在其所做实验的温度范围内(3.3～4.2K)，α可表示为

$$\alpha=\frac{1+d}{a-bT} \tag{4.19}$$

式中，常数a和b须满足$a/b\leqslant T_c$，d与材料的微观结构紧密相关。把式(4.19)代入式(4.16)，得到第二类超导体在一局部区域磁化电流密度与磁通密度关系更详细的表达式：

$$\frac{\alpha-J(B_0+B)d}{T}=b \tag{4.20}$$

对于一个特定的样品，a、b和d可以根据实验数据确定。Kim 研究组通过对一个由铌粉末压制并做了回火处理的实验样品进行拟合实验确定了这些常数，即确定了 4.2K 和 3.3K 温度下的α值。把确定的α值代入式(4.17)和式(4.18)后，所作出的曲线与实验结果高度吻合，如图 4.8 所示。这就证明了 Kim 模型用于研究类似问题的有效性。

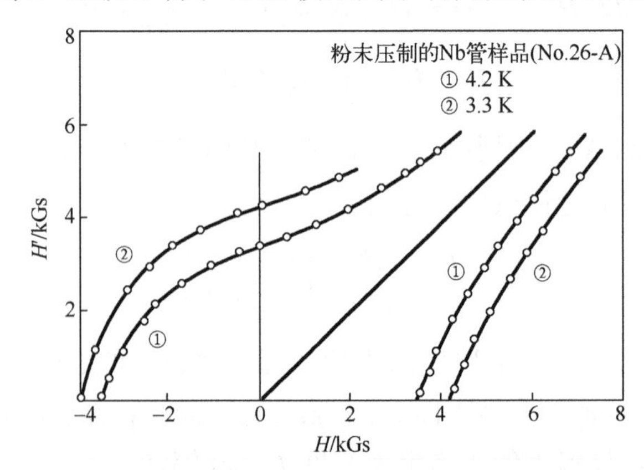

图 4.8　Kim 研究组给出的在 4.2K①和 3.3K②温度下使用铌粉末压制并经过回火的薄壁圆筒样品所做的磁化实验结果(空心圆点)(KIM et al., 1962)

比恩模型和 Kim 模型虽然不能完全解决实用超导材料(第二类超导体)的磁化问题，但所提供的物理模型和解决问题的思路对于这个领域的研究是有重要意义的。对于一些具有简单几何形状的第二类超导体，从这两个模型出发，可以得到其磁化特性的定量或半定量的结果。

课 外 读 物

扩展知识

高斯单位制

高斯单位制(Gaussian units)是一种计量单位的制度，属于公制，是从厘米-克-秒单位制衍生而来的电磁单位系统中最常见的一种单位制。除了高斯单位制以外，目前在大多数领域，国际单位制(international system of units，SI)是最主要使用的单位制。高斯单位制与国际单位制之间的单位转换并不像平常单位转换那样简易。例如，在高斯单位制内，电场强度 E 和磁感应强度 B 具有相同的量纲，这相当于磁感应强度 B 在这两种单位制中的定义方式相差一个光速因子 c(c 的数值在不同单位制中是不同的，在国际单位制中 c=299792458m/s)。同样的情况也适用于其他的磁物理量，如磁场强度 H 和磁化强度 M。在高斯单位制中，与电磁相关的公式通常都比较简单，在理论物理中使用和运算比较方便。

人物小传

查尔斯·帕尔默·比恩(Charles Palmer Bean，1923—1996 年)，物理学家，他在磁学、超导性和生物物理学等多个领域进行了杰出而有影响力的研究。1947 年，他从纽约州立大学布法罗分校(简称布法罗大学)毕业，获得物理学学士学位。随后，比恩在伊利诺伊大学厄巴纳-香槟分校开始物理学研究生学习，导师是罗伯特·莫勒(Robert J. Maurer)。他的博士论文研究的是氯化钠晶体的导电性，他于 1952 年获得博士学位。博士论文的研究将他引入了一个迅速发展的固态物理学领域，他带着这种兴趣来到了纽约斯克内克塔迪通用电气(GE)研究和发展中心，在此一直工作到 1985 年。1962 年，比恩在《物理评论快报》(*Physical Review Letters*)上发表论文，在门德尔森海绵模型的基础上提出了第二类超导体磁化临界模型，即比恩模型。1964 年，比恩在论文《高场超导体的磁化》(*Magnetization of High-Field Superconductors*)中对他的模型进行了更详细的阐述。

金永培(Young Bae Kim，1922—2016 年)，物理学家。1954 年他在普林斯顿大学获得博士学位，之后在印第安纳大学完成了博士后研究，并于 1955 年到华盛顿大学任教。

1960 年，他离开华盛顿大学到贝尔实验室工作，主要从事第二类超导体磁化实验。他与安德森关于超导体中磁通和电流流动问题的讨论促进了 Kim 模型的诞生，1962 年，他在《物理评论快报》发表了相关的论文。Kim 模型发展了比恩临界态模型，后来称作 Kim-Anderson 模型。1966～1967 年，他获得古根海姆奖学金的赞助，短暂离开贝尔实验室，担任东京大学的客座教授。他被邀请到南加利福尼亚大学组建低温和固态物理研究中心。南加利福尼亚大学随后成为他研究工作的“家”，直到 1990 年他退休。

在迄今为止的中文文献中，一直习惯用“Kim 模型”或“Kim-Anderson 模型”来称呼这个模型，而没有使用他的姓氏对应的中文“金”来称呼。

4.3　超导体与磁体的相互作用

因为缺少系统的低温超导体的实验数据，所以本节主要以铜氧化物高温超导体在液氮温度下的实验数据为依据，阐述超导体和永磁体相互作用的一些重要特性。其中的一些规律性的结论应该不局限于高温超导体，对大部分实用超导材料都是适用的。

4.3.1　高温超导块与磁体的相互作用

在第 2 章已经谈及超导体和磁体间的相互排斥作用，这里对这一现象做详细的分析。如果将一块高温超导块冷却到超导临界转变温度以下，它就可以稳定地悬浮在一块磁铁之上。在大多数演示场合，是把高温超导块浸泡在液氮中，这样能保证超导块长时间地处于超导状态，而将磁铁悬浮在超导块的上方，如图 4.9 所示。这样的悬浮是很稳定的，磁铁和超导块之间的距离可以长时间保持不变。如果这时轻轻旋转一下磁铁，磁铁会在超导体之上保持稳定(不会向侧面移动)旋转很长一段时间。这种现象是不能完全用迈斯纳效应来解释的。实际上，高温超导体在 77K 温度的下临界场的磁感应强度一般都在 100Gs 以下，所以在和磁铁形成悬浮状态时，超导体已经进入混合态，即磁通线已经进入超导体内部，分布在钉扎中心处。磁通线的钉扎作用是实现上述稳定悬浮和稳定旋转的重要原因。

彩图 4.9

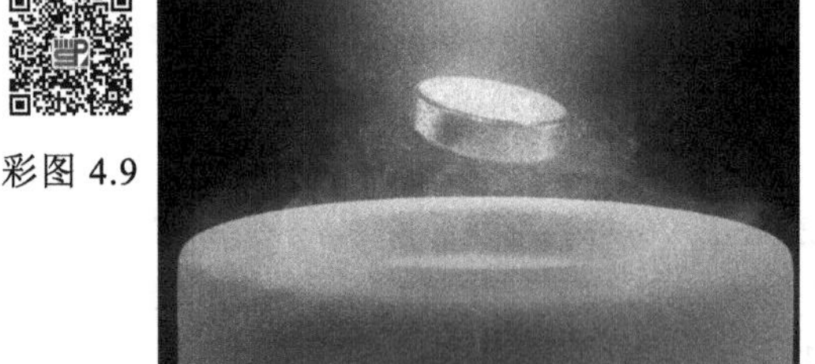

图 4.9　一块磁铁悬浮在一块用液氮冷却的高温超导体之上

彩图 4.10

图 4.10　高温超导体可以悬浮在磁铁之上或悬挂在磁铁之下

展示磁通钉扎在高温超导块材与磁铁相互作用中所起的作用的示例。图 4.10 是一块磁铁与两个高温超导块相互作用，一个超导块悬浮在磁铁的上方，而另一个超导块悬挂在磁铁的下方。显然，用迈斯纳效应是无法解释这种悬挂现象的，产生这种现象的原因是超导块和磁铁相互作用的磁通钉扎力大于超导块的重力。

这里需要指出的是：磁通钉扎是迈斯纳效应与带有钉扎中心(缺陷)的第二类超导体相互作用的结果，也就是说迈斯纳效应是第二类超导体块材产生磁通钉扎不可或缺的根本物理起因。

根据超导体的冷却和磁化的先后顺序不同，可以把超导块和磁铁相互作用过程分成零场冷(zero-field cooled，ZFC)和场冷(field cooled，FC)两种冷却方式。

图 4.11 展示了这两种冷却方式的差异。零场冷是指在无磁场的条件下将超导体冷却到超导状态，场冷是指将超导体先置于磁场下，再将超导体冷却到超导状态。零场冷方式下，在与磁体相互作用之前，超导体内是没有磁场的，在与磁体开始发生作用时会首先产生迈斯纳效应，然后磁通逐渐进入超导体内，钉扎在各个钉扎中心，超导体进入混合态。场冷方式下，在超导体进入超导态之前，其体内已经有磁通线穿过。当超导体被冷却到超导态时，体内的磁通线将经过调整钉扎在钉扎中心，如果磁场强度大于超导体的 H_{c1}，超导体宏观上一般不经历迈斯纳效应过程而直接进入混合态。

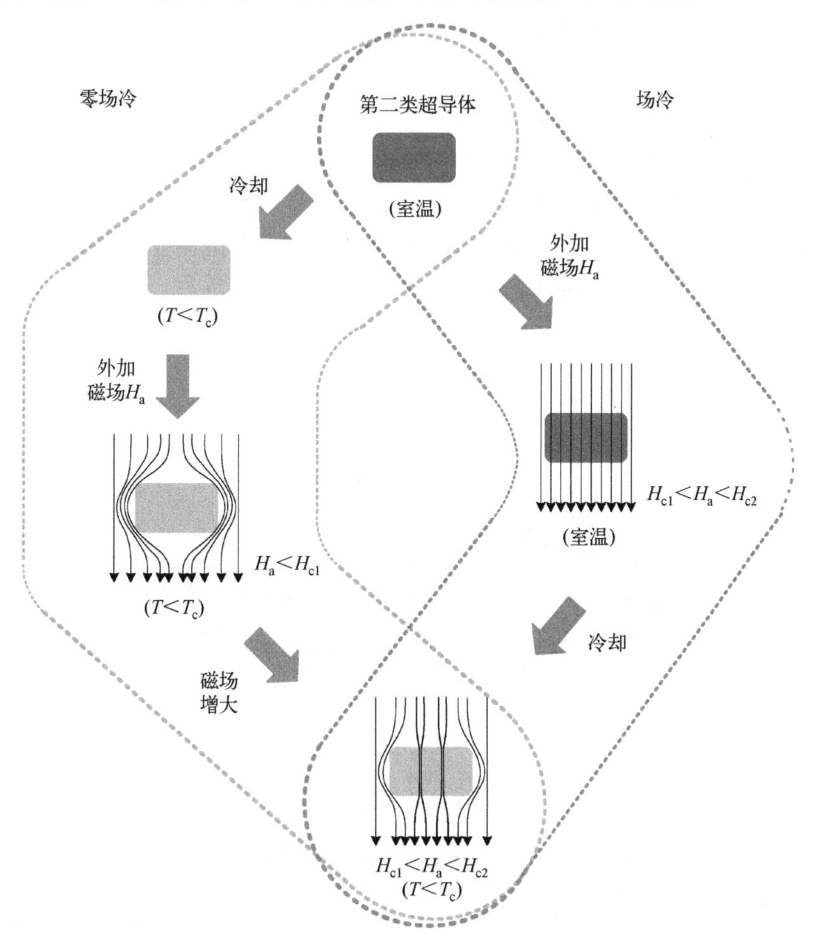

彩图 4.11

图 4.11　实用超导体零场冷和场冷过程示意图

需要说明的是，图 4.11 中所示最终的磁通钉扎状态只表示无论是零场冷或场冷，当 $H_{c1}<H_a<H_{c2}$ 时，超导体都会进入混合态，并不表示两个途径所导致的磁通在超导体内的分布完全相同。

目前，高温超导块与磁铁相互作用的特性已经应用到磁悬浮轨道交通和磁悬浮轴承的研究和技术开发中。

4.3.2　高温超导线圈与磁体的相互作用

超导材料的性质是独特的，其与磁体或磁场的相互作用规律也与普通导体有明显的差异。

当一块永磁体由上而下通过一个内径比永磁体略大的导体环时，导体环壁的部分横截面就会由于与磁力线的切割作用产生环形的感应电流。若采用的导体环由普通导体材料制成，根据楞次定律，其感应电流产生的磁场总是阻碍所在空间附近磁场的变化。具体表现为：在靠近导体环时，受到一个抗拒其前进的力，而离开导体环时，受到一个将其拉回的力。人们把这个现象称作“来拒去留”，其常常被用来作为磁体和闭合导体之间相互作用时遵循楞次定律的诠释。

若采用超导环替代非超导导体环重复上述过程，则会表现出完全不同的相互作用规律。以图 4.12 所示的永磁体与导体环的相互作用机制为例，将一个圆柱形永磁体与一个导体圆环同轴放置，有控制地推动永磁体沿其与导体环的公共轴由上向下穿过导体环。以导体环的几何中心为位移轴原点，位移轴与公共轴重合，沿轴线向下为正方向。位移 (x) 的定义是永磁体几何中心与坐标原点的相对位置，图中给出了研究这个问题所定义的坐标系。在这个坐标系中，永磁体受力向上为正，向下为负。

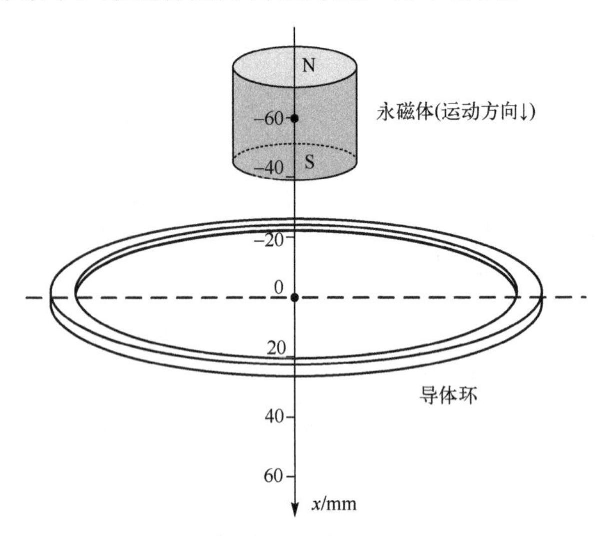

图 4.12　一种展示永磁体与导体环相互作用规律的实验原理示意图及坐标定义

当所采用的导体环为普通导体环时，在永磁体由上而下垂直接近并穿过导体环的过程中，进入导体环内的磁通量先逐渐增加后又逐渐减少，在导体环中会产生感应电流。根据楞次定律，导体环中的感应电流激发的磁通将趋向抵消永磁体进入导体环内的磁通，所以导体环中感应电流产生的磁场的方向与永磁体的磁场方向始终是相对的。在这个过程中，永磁体和导体环间会产生相互作用力，即安培力。

一个周长为 l 的导体环，它所受的安培力可以分解为径向力 $\boldsymbol{F}_1$ 和轴向力 $\boldsymbol{F}_2$。对于导体环上长度为 $\mathrm{d}\boldsymbol{l}$ 的一段，它受到径向上的作用力为

$$\mathrm{d}\boldsymbol{F}_1 = I\mathrm{d}\boldsymbol{l} \times \boldsymbol{B}_1 \tag{4.21}$$

式中，I 为导体环中的感应电流；$\boldsymbol{B}_1$ 为导体环处磁场的轴向分量。由于永磁体和导体圆环同轴并都具有轴对称性，在永磁体靠近并穿过导体环的过程中，由 $\boldsymbol{B}_1$ 引起的径向作用力将相互抵消，即导体环在径向上所受合力为零。因此，本节对永磁体与导体环间相互作用力的研究以轴向作用力为研究对象，不考虑径向作用力的影响。

在这个过程中，导体环在轴向上所受到的作用力 $\boldsymbol{F}_2$ 为

$$\boldsymbol{F}_2 = \int I\mathrm{d}\boldsymbol{l} \times \boldsymbol{B}_2 \tag{4.22}$$

显然，这个力和导体环中的感应电流 I 以及导体环处磁场的径向分量 $\boldsymbol{B}_2$ 有关，而 I 和 $\boldsymbol{B}_2$ 在永磁体运动的过程中是不断发生变化的，因此 $\boldsymbol{F}_2$ 也是不断变化的。

在永磁体的几何中心到达导体环的几何中心之前，导体环内产生如图 4.13(a)所示方向的感应电流，$\boldsymbol{B}_2$ 的方向是指向中心的。根据 I 和 $\boldsymbol{B}_2$ 的方向，可以判断导体圆环轴向上受到的力 $\boldsymbol{F}_2$ 的方向竖直向下，而永磁体则受到一个反作用力，即垂直向上的力。

当永磁体运动到其几何中心与导体环的几何中心重合时，如图 4.13(b)所示，$\boldsymbol{B}_2$ 减小至零，所以导体环与永磁体的轴向相互作用力降至零。应该指出的是，由于普通导体环中电阻的存在，且磁通变化率逐渐减小，导体环内的感应电流在永磁体达到导体环的几何中心附近时逐渐减小，当磁体的几何中心与导体环的几何中心重合时，感应电流衰变为零。

当永磁体离开这个中心点并继续向下运动时，导体环内会产生一个与上述过程中方向相反的感应电流，如图 4.13(c)所示。另外，$\boldsymbol{B}_2$ 的方向也变为由中心向外。根据式(4.22)，由于导体环内的电流 I 和 $\boldsymbol{B}_2$ 同时改变了方向，故在永磁体继续向下运动时，其所受到的力的方向与前半程相同，即一个向上的阻力。

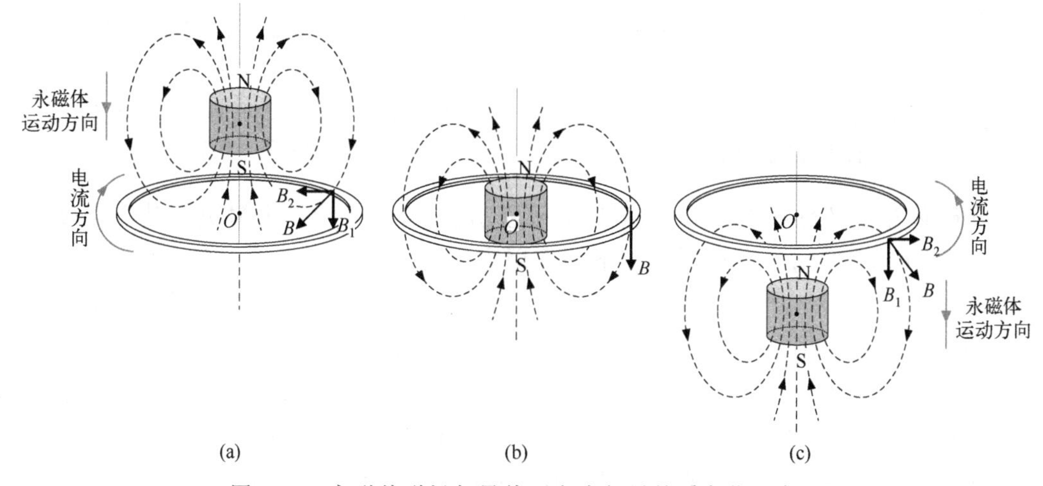

图 4.13 永磁体磁场与导体环电流矢量关系变化示意图

图 4.14 是采用几何尺寸相同的铜环和铝环与永磁体进行上述实验所得到的永磁体受力曲线。

可以看出，铝环和铜环与永磁体相互作用的规律基本一致，均符合一种长期用来诠释楞次定律的“来拒去留”现象。二者不同之处在于，铜环在实验过程中所受作用力明显大于铝环在实验过程中所受作用力。这是由于铜的电阻率(室温时约为 $1.75\times10^{-8}\Omega\cdot\text{m}$)

明显小于铝的电阻率(室温时约为 $2.83\times10^{-8}\Omega\cdot m$)，而永磁体行进过程中铝环和铜环在任何所对应的时刻其上产生的感应电动势是相同的(两者的几何尺寸相同，两者内部空间的 $d\Phi/dt$ 相同)，所以在实验过程中铜环中产生的感应电流与铝环中产生的感应电流之比应该为二者电阻率的反比(约为 1.62)。同时，根据式(4.22)，由于两个金属环感应出最大阻力时的位置是相同的(即 $\boldsymbol{B}_2$ 相同)，二者所受最大作用力之比理论上也就等于二者电阻率的反比。图 4.14 显示，铜环所受最大作用力约为铝环所受最大作用力的 1.84 倍，这一数值近似于这两种材料电阻率的反比值。

而当采用超导环(闭合线圈)进行上述实验时，所得到的永磁体受力情况与图 4.14 有着本质的区别。图 4.15 为使用闭合高温超导线圈(浸泡在液氮中)与永磁体进行上述实验所得到的永磁体受力曲线。当永磁体运动至超导线圈中心之前，永磁体受力方向及趋势与铜/铝环实验中永磁体受力一致，即受到一个沿轴线向上的、先增大后减小至零的作用力。不同的是，其所受力的大小要远大于铜/铝环实验中永磁体的受力。这是由于超导材料的零电阻特性，因此超导线圈中产生的感应电流要远大于铜/铝环中产生的感应电流。

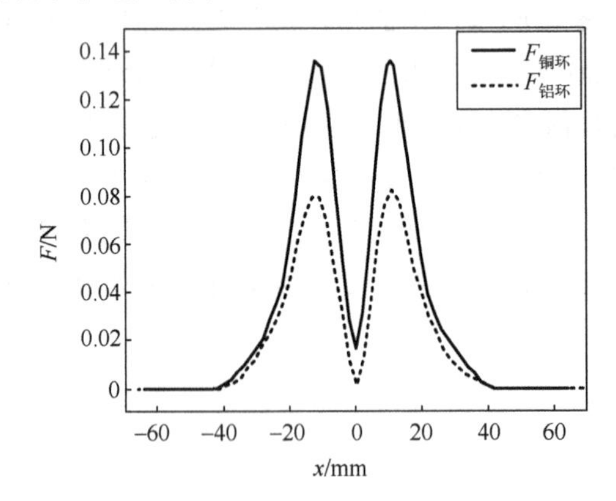

图 4.14　永磁体与铜环、铝环相互作用过程中的受力曲线(LI et al., 2021)

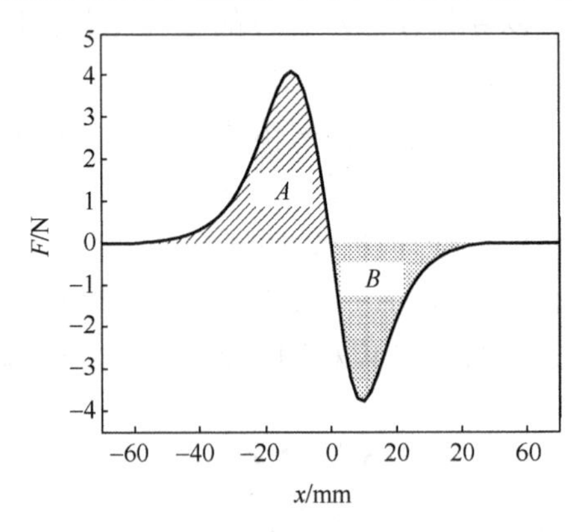

图 4.15　永磁体与超导线圈相互作用过程中受力曲线

当永磁体穿过超导线圈中心并继续向下运动时，永磁体的受力情况与其在铜/铝环实验中完全不同，其受到一个沿轴线向下的作用力，这一作用力不再阻碍永磁体运动，而是帮助其运动。这一结果是违背“来拒去留”这一楞次定律的表述的，实际上，超导线圈与永磁体的相互作用规律可以用“来拒去推”来形容。

超导线圈和非超导导体环与永磁体间相互作用规律不同的根本原因是两者电流的变化规律不同。图 4.16 给出了图 4.15 描述的实验过程中超导线圈中的感应电流变化曲线。可以看到，当永磁体和超导线圈的几何中心重合时(这时永磁体被看作位于平衡点，即在轴向上不再受到任何力的作用)，超导线圈中的感应电流不像铜/铝环实验中那样衰减到零，而是达到最大值，且电流方向在永磁体通过平衡点前后并不发生变化，因此，磁场方向发生的逆转导致安培力的方向也随之逆转，即表现出“来拒去推”。

由于超导材料的零电阻特性，超导线圈内的电流基本没有损耗，图 4.17 给出了当永磁体运动至平衡点后，并停留在此保持不动 300s 内超导线圈中电流的衰减曲线。在 300s 内超导线圈中的电流衰减小于 5%，这表明超导线圈中的电流可以看成准永恒电流。超导线圈中电流的少量衰减是由于用来做实验的超导线圈是通过焊接实现闭合的，而焊接点是非超导的，其电阻值在 $10^{-8}\Omega$ 量级。若超导线圈能实现全超导闭合，其中的电流就基本是恒定的。超导线圈由于零电阻而其中的电流能保持基本不变是本实验中超导线圈与永磁体的相互作用表现出“来拒去推”规律的根本原因。

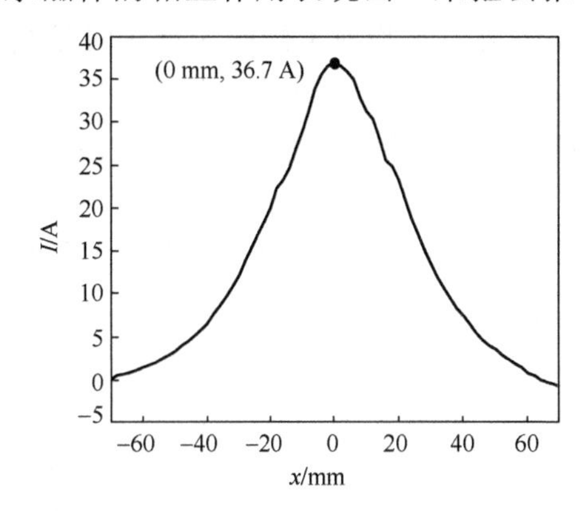

图 4.16　超导线圈与永磁体相互作用过程中的电流变化曲线

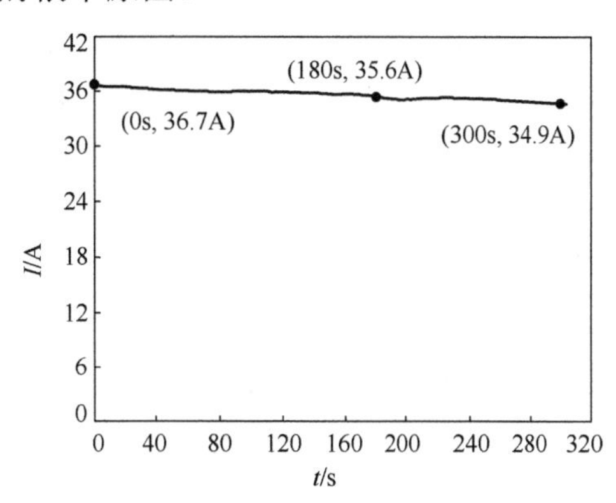

图 4.17　永磁体停留在平衡点，超导线圈中 300s 内的电流衰减曲线

如果超导线圈的电感为 L，在某一时刻线圈内的电流为 I，则这时其储存的电磁能为

$$E=\frac{1}{2}LI^2 \tag{4.23}$$

从能量角度分析，永磁体靠近超导线圈的过程为克服安培力做功的过程。这个过程没有任何机械摩擦，超导线圈也没有电阻，所以可以认为在这一过程中所做的功全部转换为电磁能量储存在超导线圈中，并在永磁体运动至平衡点时达到最大值。永磁体离开平衡点的过程是安培力对外做功的过程，在这一过程中，超导线圈中的电磁能量又重新转换为机械能。在图 4.17 所对应的实验过程中，输入超导线圈的能量在数值上等于永磁体运动到平衡位置前所受作用力在其位移上的积分的绝对值，其几何意义为 F-x 曲线中 $x<0$ 部分受力曲线与 x 轴所围区域 A 的面积 S_A，而超导线圈释放的能量在数值上等于永磁体向下穿过超导线圈后所受作用力在其位移上的积分的绝对值，即 F-x 曲线中 $x>0$ 部分受力曲线与 x 轴所围区域 B 的面积 S_B。显而易见，F-x 曲线关于原点具有较好的中心对称性，能量转换效率 $\eta=S_B/S_A$ 至少在 90%以上。损耗的能量主要是消耗在焊接点电阻上的焦耳热。如果是一个全超导线圈，就会避免这部分焦耳损耗，能量转换效率可以接近 100%。

永磁体与超导线圈间的相互作用规律还具有以下三个特点。

(1) 永磁体与超导线圈间相互作用时“来拒去推”的规律不受永磁体到达平衡点后继续运动方向的影响。

永磁体运动路径对其与超导线圈间相互作用规律的影响可以通过一组附加的实验进行探究。实验的基本条件与前述实验相同，只改变了永磁体的行进路径。实验的前半段与图 4.15 所代表的实验是相同的，但永磁体在到达平衡点后不再继续向下运动，而是向上返回到大约实验开始时的位置。图 4.18 是这个实验的结果，为了与前面的实验结果进行比较，将图 4.15 所示实验的永磁体受力结果也纳入这个图中。图中，“前半段”指永磁体从上向下接近超导线圈的路段；“后半段”指永磁体经过平衡点后继续向下移动的路段；“返回段”指永磁体到达平衡点后向上返回起点的路段。从图中可以看出，在永磁体到达平衡点后由下向上返回的过程中，其始终受到一个向上的推动力，而且这个力相对位移的变化趋势与实验前半段向下行进时是基本相同的。这说明永磁体在离开平衡点后，无论其沿轴向向上还是向下移动，都会受到一个可以对外做功的驱动力。从图中向下和向上受力曲线很好的中心对称性可以判断出，无论永磁体是前进还是后退，能量转换的效率几乎是相同的。

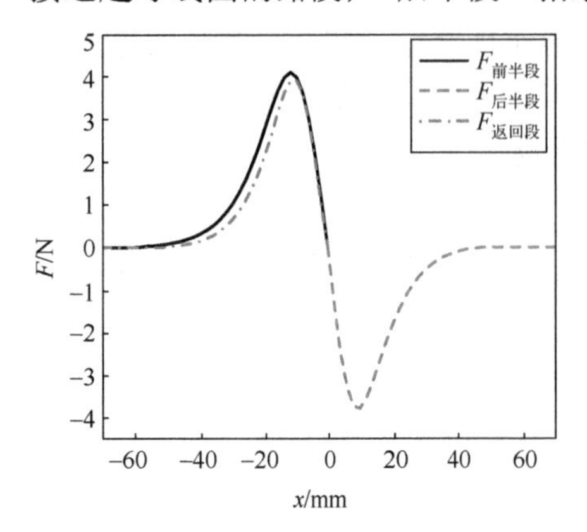

图 4.18　不同路径的永磁体与超导线圈相互作用力曲线

(2) 超导线圈与永磁体间的相互作用力和感应的总电流与线圈的匝数无关。

图 4.19 是分别采用 15 匝、30 匝、60 匝的超导线圈与同一块永磁体进行相互作用的实验结果，所得到的是永磁体受力曲线和超导线圈内总电流的变化曲线。需要注意的是，这里超导线圈内流过的总电流 (I_{total}) 指的是线圈单匝电流与匝数的乘积。可以看出，这三组实验所得结果基本相同。

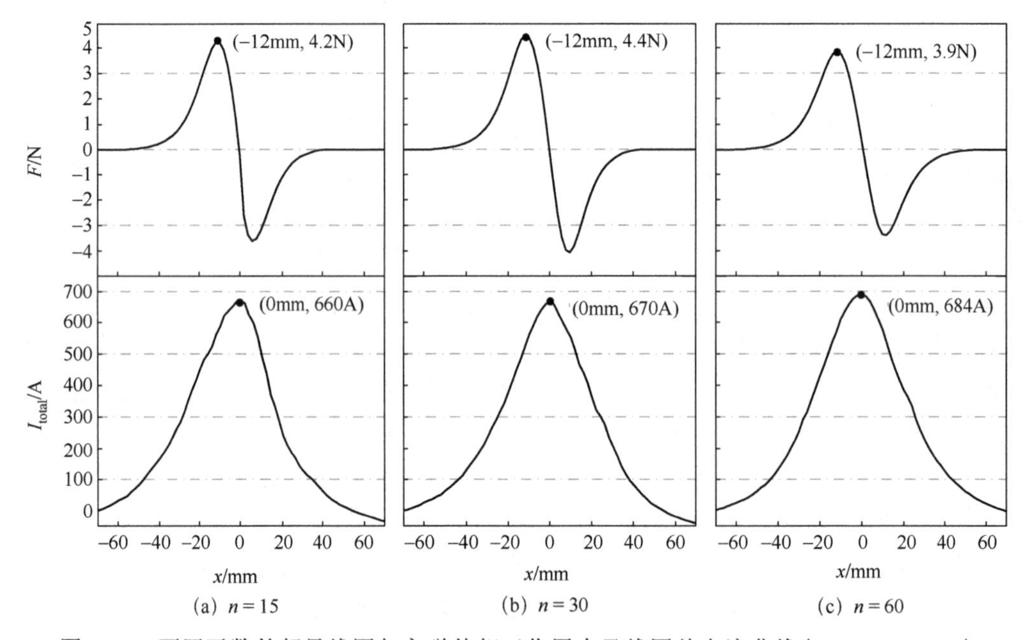

图 4.19　不同匝数的超导线圈与永磁体相互作用力及线圈总电流曲线 (LI et al.，2021)

首先还是从能量守恒的角度来分析这个结果。若采用匝数分别为 N_1 和 N_2、电感分别为 L_1 和 L_2 的两个超导线圈与同一块永磁体进行相互作用实验，而且整个实验过程中线圈里的感应电流都小于超导线圈的临界电流 I_c，即超导线圈不发生失超。在磁铁靠近超导线圈的过程中，受力曲线相同的情况下，推动磁体到达任何相同位置时所做的功都是相等的，而且功全部转化为电磁能储存在超导线圈中，即有 E_1=E_2。而根据式 (4.23)，

则 $E_1=\frac{1}{2}L_1I_1^2$， $E_2=\frac{1}{2}L_2I_2^2$，故

$$L_1I_1^2=L_2I_2^2 \tag{4.24}$$

又根据螺线管线圈电感与匝数的关系，有 $L_1/L_2=(N_1/N_2)^2$，进而有

$$L_1=L_2\left(\frac{N_1}{N_2}\right)^2 \tag{4.25}$$

结合式(4.24)和式(4.25)则可以得到

$$N_1I_1=N_2I_2 \tag{4.26}$$

于是，最后有

$$I_{1\text{total}}=I_{2\text{total}} \tag{4.27}$$

这证明了永磁体与超导线圈在上述条件下相互作用时，超导线圈产生的总电流不受线圈匝数的影响。实际上，在这类相互作用中，从某种意义上讲，在超导线圈的几何尺寸确定时，磁铁的性质是决定性因素，即超导线圈 I_{total} 的大小是由磁铁的性质决定的。

也可以从另一个角度来分析这个规律。虽然对于超导线圈来说，"来拒去留"不能有效地描述磁体与其相互作用的规律，但楞次定律关于磁通变化的论述(1834 年，楞次提出的判断电磁感应方向论述的核心内容)是普适的、有效的。根据楞次定律，当磁体的磁通侵入超导线圈包围的区域时，超导线圈产生感应电流以阻碍其内部磁场的变化。在感应电流不超过超导线圈临界电流的前提下，这种阻碍作用可以完全抵消入侵的磁通。而入侵磁通的数量及其分布是由永磁体的几何和物理性质及所行进到的位置决定的。这意味着，当同一个永磁体与不同匝数的超导线圈相互作用时，原则上，超导线圈内的总电流应该是相同的。而根据前面介绍的安培力计算公式，超导线圈与永磁体的相互作用力为 $F=I_{\text{total}}\boldsymbol{B}_2l$。三个超导线圈的宽度是相同的，虽然匝数不同，但因为每一匝的厚度非常小，所以这些线圈的几何尺寸差别是很小的。故在任一等同的位置上，三个线圈承受的 B_2 分量可以看作相同的，因此在这一相互作用的过程中永磁体的受力情况也基本不受超导线圈匝数的影响。

(3) 超导线圈与永磁体间的相互作用力和感应的总电流与永磁体的运动速度无关。

图 4.20 是永磁体运动速度分别为 10mm/s、5mm/s、2.5mm/s 时，永磁体与超导线圈相互作用所得到的作用力曲线和超导线圈内总电流曲线。可以看出，这三组曲线基本相互重合，即峰值对应的位置基本相同，幅值差别小于 1%。也就是说，永磁体的运动速度的不同并没有造成相互作用力和超导线圈的总电流的不同。

这个实验结果与使用普通导体线圈做类似实验的结果是大相径庭的。众所周知，若使用普通导体线圈做这类实验，所产生的感应电动势(电流)的大小是与永磁体运动速度成正比的。超导线圈在保持超导状态下，其零电阻效应使得在这类实验中某一时刻超导线圈中的感应电流的大小正比于侵入线圈内部的磁通量，而不是像普通导体线圈那样正比于磁通量的变化率。当超导线圈与永磁体结构和性能参数确定后，侵入线圈内部的磁

通量只与永磁体和超导线圈的相对位置有关，而与永磁体的运动速度无关。这和本节前面谈到的作用力计算公式 $F = I_{\text{total}}\boldsymbol{B}_2 l$，$I_{\text{total}}$ 和 $\boldsymbol{B}_2$ 都只和永磁体与超导线圈的相对位置有关相类似。因此，改变永磁体的运动速度并不会使在这一过程中电流变化情况和相互作用力情况发生改变，即磁体与超导线圈相互作用时的作用力和感应电流不受永磁体运动速度的影响。

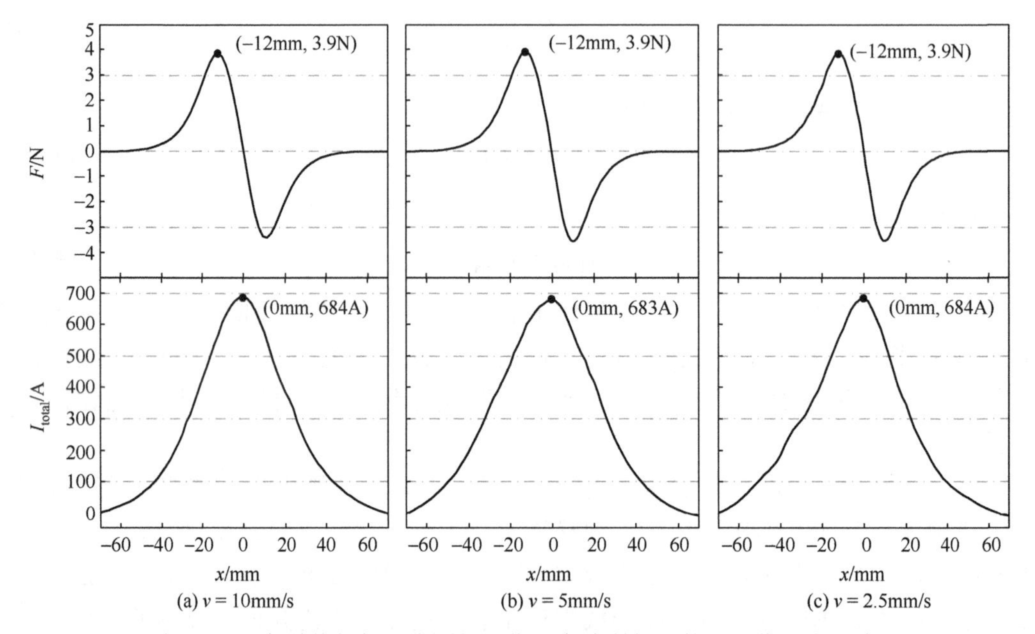

图 4.20　永磁体与超导线圈相互作用实验所得到的相互作用力曲线和超导线圈内总电流变化曲线(LI et al.，2021)

本节所介绍的超导体与磁体或磁场间的相互作用性质是独特的，这种独特的性质可能孕育一些新的超导技术，应用于工业生产、交通运输和国防领域。

4.4　实用超导材料的交流损耗

超导体没有电阻，在直流输电时不产生能量损耗，但是在交流输电或置于交变磁场中时会产生能量损耗。

由交变电场、磁场引起的能量损耗称作交流损耗。实际上，无论是普通导体还是超导体都会产生交流损耗。对于普通导体，交流损耗的主要来源是涡流损耗和耦合损耗。对于超导体，除了涡流损耗和耦合损耗，还存在磁滞损耗。由于实用超导材料的磁通钉扎特性，磁滞损耗在有些超导导线或超导设备的交流损耗中占比很大，有时是交流损耗的主要来源。

当导体在非均匀磁场中移动或置于随时间变化的磁场中时，会在其内部出现感生电流，这种电流在导体中形成一圈圈闭合的电流线，称为涡流。涡流又称为傅科电流，最早由法国物理学家莱昂·傅科(Léon Foucault)在 1851 年所发现。导体中的涡流会导致能量损耗，称为涡流损耗。涡流损耗的大小与磁场的变化方式、导体的运动、导体的几何形状、导体的磁导率和电阻率等因素有关。涡流损耗的结果是使导体发热，消耗电能。

耦合损耗是指由电路的各个部件之间在交变磁通的耦合下产生的能量损耗，其具体表现形式为导体部件上的闭环耦合感应电流的焦耳损耗。这里所说的闭环电流和上面所说的涡流是有区别的。耦合产生的闭合环流是指通过一个或数个金属部件形成的闭合回路中的电流，而涡流是指一个导体部件内部形成的闭合环流。

磁滞损耗是指磁性材料在磁化过程中由磁滞现象引起的能量损耗。磁滞损耗的大小取决于所用材料的磁滞回线特性和磁场变化的频率。磁滞损耗同样也要消耗电能，产生热量。图 4.21 是一个典型的第二类超导体一个周期的磁化曲线，可以看出实用超导材料具有远超过一般导体材料的磁滞特性，所以在交流输电或在交变磁场中存在着不可忽略的磁滞损耗。

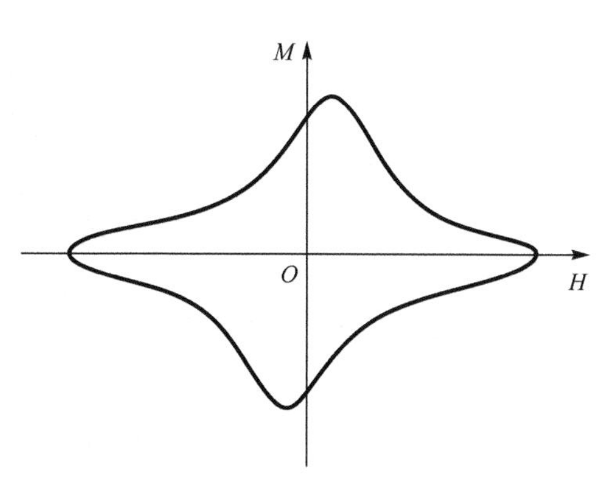

图 4.21　实用超导体的磁滞回线

除了磁滞现象引起的损耗外，实用超导材料还存在着一种特有的与磁场相关的损耗，就是磁通跳跃引起的能量损耗。在 4.2 节中对磁通跳跃已经做过介绍，引起磁通跳跃的内因是第二类超导体内部的磁扩散率比热扩散率大得多，以及磁通钉扎力与洛伦兹力随温度变化的差异。外因是外界环境的干扰，如电、磁、热和力学的干扰。在交变电场、磁场的作用下，磁通跳跃会加剧。由于在第二类超导体内部磁通运动总是引起能量的损耗，因此发生磁通跳跃时也将导致超导体的温度升高。要说明的是交变磁场的存在不是非理想第二类超导体发生磁通跳跃的必要条件，必要条件是其所受的磁场大于下临界磁场。也就是说，即使是均匀不变的磁场，只要其强度超过 H_{c1}，非理想第二类超导体就会发生磁通跳跃现象。

第二类超导体的磁滞损耗是其内在的物质特性决定的，是无法避免的。实用超导材料的交流损耗与材料的具体结构有关，所以在实用材料结构设计时应考虑尽量降低材料的交流损耗。实际应用中应根据所用材料的特性和应用的具体场景优化装置结构和运行模式，尽量降低超导装置运行的交流损耗。

下面以超导电缆为例，对交流损耗做一些分析和讨论，主要目的是使读者更好地了解超导材料和装置交流损耗的本质及影响交流损耗的主要因素。

1. 超导电缆的磁滞损耗

假设一个多层超导电缆的各层导体的电流都没有达到临界状态，则第 k 层的电流可以简单地用正弦电流 $I_k = I_{k0}\sin(\omega t)$ 描述，其中，I_{k0} 是第 k 层传输电流的幅值，ω 是电流的角频率，t 为时间。第 k 导体层所感受的是一个与其通过的电流相位一致且处处与这一导体层表面平行的磁场 $B_k = B_{k0}\sin(\omega t)$，这里，$B_{k0}$ 是由电缆其他导体层的电流产生的磁场在与该层传输电流垂直方向的分量，其大小为

$$B_{k0} = \mu_0(H_{\varphi k}\cos\alpha_k + H_{\alpha k}\sin\alpha_k)$$

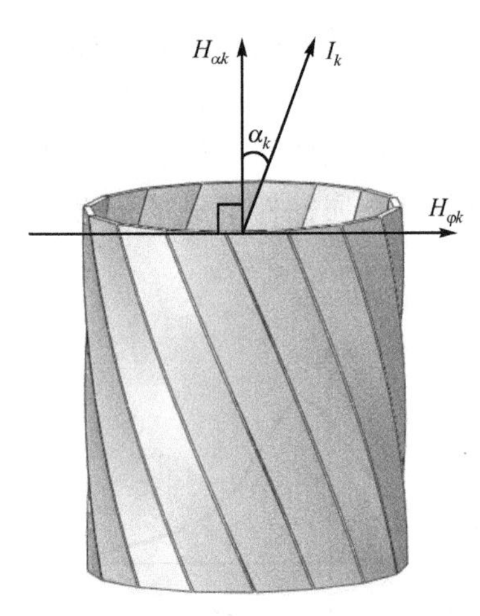

图 4.22　$H_{\varphi k}$、$H_{\alpha k}$与传输电流 I_k 之间的几何关系

式中，α_k为第 k 层的超导带材绕制角度；$H_{\varphi k}$为所有在第 k 层内部的导体层电流产生的，在第 k 导体层处，与第 k 导体层横截面外径正切方向的磁场，可以表示为 $H_{\varphi k}=\sum_{m=1}^{k-1} I_m/(\pi d_m)$；$H_{\alpha k}$为所有在第 k 层外部的导体层电流产生的，在第 k 导体层处平行于电缆轴向的磁场，$H_{\alpha k}=\sum_{m=k+1}^{N} I_m/l_{\text{pm}}$（假设电缆导体有 N 层）其中，d_m、l_{pm}分别为第 m 层导体的绕制直径和截距。图 4.22 给出了这些量的关系。

根据上述近似条件，使用比恩临界态模型，电缆第 k 层单位体积在一个周期里的磁滞损耗可以表述为

$$Q_{\text{mtot}}=\frac{2B_{\text{p}}^2}{3\mu_0}(i^3+3\beta^2 i),\quad \beta<i \tag{4.28}$$

$$Q_{\text{mtot}}=\frac{2B_{\text{p}}^2}{3\mu_0}(\beta^3+3\beta i^2),\quad i<\beta<1 \tag{4.29}$$

$$Q_{\text{mtot}}=\frac{2B_{\text{p}}^2}{3\mu_0}\left[\beta(3+i^2)-2(1-i^3)+6i^2\frac{(1-i)^2}{\beta-i}-4i^2\frac{(1-i)^3}{(\beta-i)^2}\right],\quad \beta>1 \tag{4.30}$$

式中，$i=I_{k0}/I_{\text{c}k}$，其中，$I_{\text{c}k}$是第 k 层超导临界电流；$\beta=B_{k0}/B_{\text{p}}$，其中，$B_{\text{p}}=I_{\text{c}k}/(2\pi d_k)$，$d_k$为第 k 导体层的直径。

根据式(4.28)～式(4.30)，可以得到如下一些定性的结论：当 β 很小时(这种情况对应电缆的层数很少或电缆传输电流较小)，该导体层的磁滞损耗主要是由该导体层的传输电流产生的并与其传输电流的三次方成正比。随着电缆传输电流的增大或层数增多，其他导体层对第 k 层电流的损耗的贡献将增加。在 $i<\beta<1$ 的情况下，第 k 层自身传输的电流对其损耗的影响程度大大地降低了。继续增加电缆的传输电流，会使 $\beta>1$，这时层电流的大小对损耗趋势的影响程度更低，磁滞损耗将随着电缆总的传输电流的增加几乎线性地增加。图 4.23 给出了超导电缆在不同情况下各导体层磁滞损耗的示意图。超导电缆总的磁滞损耗是各层导体磁滞损耗的和，所以其变化也应具有相同的趋势。

对于超导电缆某一导体层或某些导体层出现电流饱和的情况，分析其磁滞损耗变得更加复杂，总体损耗也要急剧增大。在实际超导电缆应用中是要避免出现这种情况的，在设计超导电缆时都要留有一定的裕度来保证各个导体层都工作在临界电流之下。

上面磁滞损耗的解析结果是针对一个电流循环周期的，要得到超导电缆磁滞产生的功率损耗就要将一个周期的损耗乘以传输电流的频率。也就是说，超导电缆的磁滞功率损耗是与传输电流的频率成正比的。

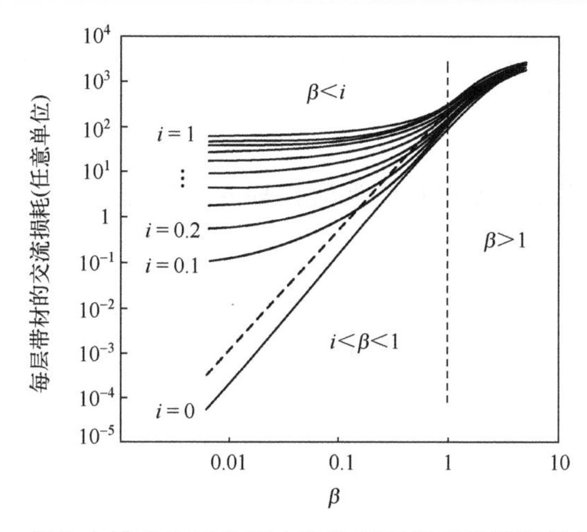

图 4.23　超导电缆在不同输运电流情况下每层磁滞损耗的示意图

2. 超导电缆的涡流损耗

超导电缆的涡流损耗主要来自三个源头：用于缠绕超导带材的金属支撑管，用于保证电缆导体工作温度环境的绝热器和超导带材的金属基体。

金属支撑管一般使用金属波纹管，材料以不锈钢为主，也有使用铝和铜的。除波纹管之外，也有使用整束铜绞线或铝绞线作为支撑管的。

以波纹管为例，对支撑管的涡流损耗进行分析。支撑管及其内的涡流的几何关系可以用图 4.24 来描述。

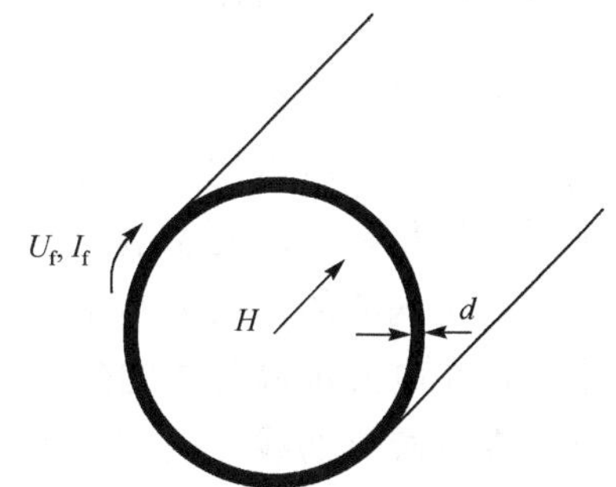

图 4.24　超导电缆支撑管及其内的涡流几何关系

设波纹管壁的平均厚度为 d，且 d 大大地小于支撑管的半径 R。因为支撑管在电缆导体层的里面，所以第 k 层导体在支撑管处产生的磁场是一个均匀的轴向场，可以表示为

$$H_k = \frac{I_k}{l_{pk}} \tag{4.31}$$

式中，$I_k = I_{k0}\sin(\omega t)$。因而，$H_k$ 可以写成 $H_k = I_{k0}\sin(\omega t)/l_{pk} = H_{k0}\sin(\omega t)$，它有正负两个可能的方向，取决于该层超导带材绕制的方向(顺时针或逆时针)及电流的相位。假设这是一条有 N 个导体层的电缆，则整条电缆在支撑管处的磁场强度为

$$H = \sum_{k=1}^{N} H_k = \sum_{k=1}^{N} H_{k0}\sin(\omega t) = H_0\sin(\omega t) \tag{4.32}$$

虽然不同导体层产生的磁场可能会相互抵消，但一般地讲，H_0 是不为零的，即 H 是不为零的。在交变磁场 H 的作用下，支撑管会产生交流损耗。

绕支撑管一周的感生电动势为

$$U_{\mathrm{f}}=\oint \mathrm{d}E=\frac{\partial \phi}{\partial t}=\mu_0 \pi R^2 \omega H_0 \cos(\omega t)=U_{0\cdot\mathrm{f}}\cos(\omega t) \tag{4.33}$$

这里，令 $U_{0\cdot\mathrm{f}}=\mu_0\pi R^2\omega H_0$。

由此，电动势产生的环绕支撑管的涡流损耗的功率为

$$P_{\mathrm{eddy\cdot f}}=\frac{1}{2}\frac{U_{0\cdot\mathrm{f}}^2}{R_{\mathrm{f}}} \tag{4.34}$$

式中，R_{f}是支撑管对于环绕电流的等效电阻。

如果电缆支撑管的长度是 l，材料电阻率是 ρ，则 $R_{\mathrm{f}}=2\pi R\rho/(ld)$。式(4.34)可写成：

$$P_{\mathrm{eddy\cdot f}}=\frac{\pi l\mu_0^2\omega^2H_0^2}{4}\cdot\frac{dR^3}{\rho} \tag{4.35}$$

则支撑管单位长度上的功率损耗为

$$P_{\mathrm{eddy\cdot f}}=\frac{\pi\mu_0^2\omega^2H_0^2}{4}\cdot\frac{dR^3}{\rho} \tag{4.36}$$

从式(4.36)可以得出如下结论：超导电缆支撑管的涡流损耗与其半径的三次方成正比，与其厚度成正比，与其电阻率成反比。

3. 绝热恒温器上的涡流损耗

前面已经介绍过，绝热恒温器一般是由两层同心的金属管中间抽真空而制成的。为了使电缆具有柔性，所用的金属管也是波纹管。由于内层金属管的屏蔽作用，外层金属管几乎不受电缆传输电流的影响而产生涡流，所以只需研究内层金属管的情况。图 4.25 是内金属管产生涡流的几何分布示意图。

因绝热管在电流传输导体的外部，所以所受的磁场的情况与支撑管完全不同，它所受的是一个管壁圆周切线方向的磁场：

$$H_{\mathrm{t}}=\frac{I}{2\pi r} \tag{4.37}$$

式中，$I=\sum I_k=I_0\sin(\omega t)$，是电缆传输的总电流。如图 4.25 所示，这时由交变磁场所感生的闭合电流在绝热器内层金属管接近内外表面处有着相反的方向。这个闭合电流所围绕的面积是 $l\times d$。如果整个电缆绝热器的内层金属管是一个连续的整体，l 等于电缆的长度。如果绝热器是分段组合而成的，l 则首先取一个分段的长度，再将分段的面积相加。显而易见，无论是连续还是分段，所得到的总面积是相同的。在这个面积上正弦变化的磁通感生的电流导致涡流损耗。在这个面积上(电流闭合环路)所能产生的最大感生电动势为

$$U_{\mathrm{t}}=\oint \mathrm{d}E=\frac{\partial \phi}{\partial t}=\frac{\mu_0 ld\omega I_0\cos(\omega t)}{2\pi r}=U_{0\cdot\mathrm{t}}\cos(\omega t) \tag{4.38}$$

这里，令 $U_{0\cdot\mathrm{t}}=\mu_0 ld\omega I_0/(2\pi r)$。

为了估算这个闭合环路的电阻，做这样的近似：这个环路的长度为 $2l$，宽为 $2\pi r$，高为 $d/2$。这个回路的电阻近似为 $R_{\mathrm{t}}=2\rho l/(\pi rd)$，$\rho$ 为内层金属管材料的电阻率。

单位长度绝热器内层金属管涡流损耗的功率为

$$P_{\text{eddy}\cdot\text{t}} = \frac{1}{2}\frac{U_{0\cdot\text{t}}^2}{R_\text{t}} = \frac{\mu_0^2\omega^2 d^3 I_0^2}{8\pi\rho r} \tag{4.39}$$

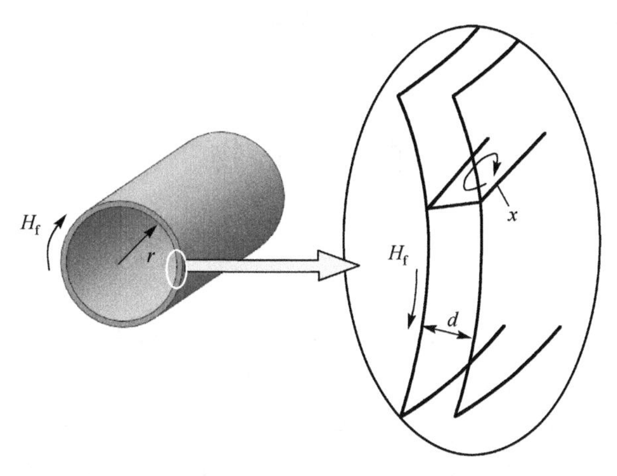

图 4.25　超导电缆恒温器内金属管产生涡流的几何分布示意图

依据式(4.38)和式(4.39)，可以对超导电缆支撑管和绝热器的涡流损耗进行粗略的估算。

对式(4.36)中的参数，假设 d=0.5mm，R=15mm，ρ=70μΩ·cm(不锈钢温度为 78K 时的电阻率)，$\mu_0 H_0$=0.02T，交流电的频率是 50Hz，则计算出来的支撑管的涡流损耗为 7.6×10^{-2}W/m。

对式(4.39)中的参数，假设 d=0.8mm，r=40mm，I_0=2000A，其他相关参数与上面相同，则计算出来的绝热器涡流损耗为 4.56×10^{-4}W/m。

由此可知，支撑管的涡流损耗大大地高于绝热器的涡流损耗。

从式(4.36)和式(4.39)还可看出，无论是支撑管的涡流损耗，还是绝热器的涡流损耗，都和材料的电阻率成反比。在 77K 左右，铜和铝的电阻率分别为 0.21μΩ·cm 和 0.25μΩ·cm，所以如果使用同样几何尺寸的铜或铝制作这些部件，涡流损耗会增大两个数量级。

超导带材金属基体的涡流损耗主要取决于带材自身的结构和带材的绕制方式。

铋系超导带材是由几十根超导细丝嵌置在银基中所形成的复合材料，横截面尺寸一般为 0.2mm×4mm，理论分析和试验数据都表明其自身的涡流损耗是很小的。对一个额定电流为 2000A 的单相超导电缆来说，铋系超导带材的涡流损耗可以做到在 10^{-4}～10^{-3}W/m。

稀土系超导带材是通过将超导材料镀膜到镍合金基带，再镀上金属保护膜的方式制成的。基带的厚度一般为 0.1～0.2mm，超导薄膜的厚度一般为 1～5μm，金属保护膜的厚度一般为几十微米，目前还缺乏稀土系超导带材涡流损耗的系统数据。

由前面超导电缆交流损耗的分析、计算过程可以看出，超导装置交流损耗的解析计算是非常烦琐和复杂的，其计算结果难以做到比较精确。对于一个具体的应用，目前通常采用模拟仿真和实验验证相结合的方法来估算所设计超导装置的交流损耗。

在本质上，实用超导体的磁滞损耗是与超导材料的质量(体积)成正比的，是不可避免的。另外，从一定意义上讲，临界电流密度越高的超导材料，其可能的磁滞损耗值越高(这里指损耗绝对值，不是指损耗率)。所以，要降低实用超导材料的或超导装置的交流损耗，主要是从材料或装置的结构和配套材料的选择出发，尽量降低涡流损耗和耦合损耗。

课 外 读 物

人物小传

莱昂·傅科(Léon Foucault，1819—1868 年)，法国物理学家。傅科早年学习外科和显微医学，后来转向照相术和物理学方面的实验研究。1853 年，傅科由于对光速的测定获得物理学博士学位，并被拿破仑三世委任为巴黎天文台物理学教授。因为他博学多才，有多项发明创造，因此受各国科学界垂青。他 1864 年当选为英国皇家学会会员，以及柏林科学院、圣彼得堡科学院院士，1868 年当选为巴黎科学院院士。

1851 年，傅科在 67m 长钢丝下面挂一个重 28kg 的铁球，组成一个单摆，他利用摆平面的转动证实了地球有自转。演示地球有自转的这种单摆后称为傅科摆。另外，他还用陀螺仪证实了地球的自转。1855 年，他因上述两项实验获英国皇家学会科普利奖章，并被任命为巴黎皇家天文台物理助理。

1855 年，傅科发现在磁场中运动的圆盘因电磁感应而产生涡电流，即“傅科电流”。1857 年，他创制了“傅科棱镜”，用于偏振光的研究并提出用镀银玻璃反射镜代替金属反射镜。1858 年，他又设计了反射式望远镜的椭球面镜。

在物理学其他领域中，他还发明了定日镜的跟踪系统，证实了光在水中的传播速度比在空气中慢，并测得误差在 1%以内的光速值。

参 考 文 献

信赢, 任安林, 洪辉, 等, 2013. 超导电缆[M]. 北京: 中国电力出版社.

杨天慧, 李文鑫, 信赢, 2022. 新型超导能量转换/存储装置原理及应用展望[J]. 西南交通大学学报.

ABRIKOSOV A A, 1957. On the magnetic properties of superconductors of the second group[J]. Soviet physics JETP, 5(6): 1174-1182.

ANDERSON P W, 1962. Theory of flux creep in hard superconductors[J]. Physical review letters, 9(7): 309-311.

ANDERSON P W, KIM Y B, 1964. Hard superconductivity: theory of the motion of abrikosov flux lines[J].Reviews of modern physics, 36(1): 39-43.

BEAN C P, 1962. Magnetization of hard superconductors[J]. Physical review letters, 8(6): 250-253.

KIM Y B, HEMPSTEAD C F, STRNAD A R, 1962. Critical persistent currents in hard superconductors[J]. Physical review letters, 9(7): 306-309.

KIM Y B, HEMPSTEAD C F, STRNAD A R, 1963. Flux creep in hard superconductors[J]. Physical review,

131 (6): 2486-2495.

LI C, LI G Y, XIN Y, et al., 2022. Mechanism of a novel mechanically operated contactless HTS energy converter[J]. Energy, 241(15): 122832.

LI W X, YANG T H, LI G Y, et al., 2021. Experimental study of a novel superconducting energy conversion/storage device[J]. Energy conversion and management, 243 (1): 114350.

LI W X, YANG T H, LI G Y, et al., 2022. Experimental study of electromagnetic interaction between a application potential of a new kind of superconducting energy storage/convertor[J]. Journal of energy storage, 50 (1): 104590.

LI W X, YANG T H, XIN Y, 2021. Experimental study of electromagnetic interaction between a permanent magnet and an hts coil[J]. Journal of superconductivity and novel magnetism, 34 (8): 2047-2057.

LI W X, YANG T H, XIN Y, et al., 2021. Novel methods for measuring the inductance of superconducting coils and material resistivity[J]. IEEE Transactions on instrumentation and measurement, 70: 1-8.

MENDELSSOHN K A, 1935. discussion on superconductivity and other low temperature phenomena[J]. Proceedings of the royal society A: mathematical, physical and engineering science, 152 (875): 34-41.

SHARMA R G, 2021. Basics and applications to magnets[C]//Superconductivity. Berlin: Springer Nature.

XIN Y, LI W X, DONG Q A, et al., 2020. Superconductors and lenz’s law[J]. Superconductor science and technology, 33 (5): 55004.

ZHANG H Y, YANG T H, LI L X, et al., 2022. Origin of the anomalous electromechanical interaction between a moving magnetic dipole and a closed superconducting loop[J]. Superconductor science and technology, 35(4): 45009.

第 5 章　实用超导材料

本章主要阐述超导体成为超导材料的条件，介绍目前实现商业化生产的主要超导材料的品种和性能，展望未来可能商业化生产的新的实用超导材料。

5.1　超导材料概述

前面几章内容涉及的主体是超导体，这一章讲述实用超导材料。实用超导材料是指已经有了较广泛应用并实现了批量化和商业化生产的超导材料。超导材料的核心成分当然是超导体，但并不是所有的超导体都适合制作实用超导材料。

我国著名材料学家冯端和师昌绪在他们合著的《材料科学导论》中对“材料”这个术语的定义为：材料是人类用于制造物品、器件、构件、机器或其他产品的那些物质。根据这个定义，可以理解为：材料是物质，但不是所有物质都可以称为材料。另外，还要澄清的是，原料是指天然生成且尚未加工的物质，而材料是指原料经加工处理后所产生的物质。

根据这个原则，可以引申出超导材料的定义：可以用于制造有应用价值的器件、装置等的超导体或超导体与其他材料的复合体称为超导材料。

发展一种实用材料(包括实用超导材料)需要考虑的因素是多方面的，主要有：

(1)功能需求；

(2)技术可行性(是否存在制作满足功能需求材料的技术)；

(3)对人和环境的安全性；

(4)生产和使用成本；

(5)原料来源的保证条件；

(6)国家安全利益；

(7)法律和道德规范。

到目前为止，已经发现超过 5000 多种超导体，但实现了商业化生产的实用超导材料只有几十种。

目前的实用超导材料可分为低温超导材料或高温超导材料。顾名思义，由低温超导体制作的称作低温超导材料，而由高温超导体制作的称作高温超导材料。低温超导材料一般应用于液氦温区，高温超导材料则可应用于液氮温区。

根据材料的物理形态，还可以把实用超导材料分为导线、块材和薄膜。

超导导线多用于传输电流，其载流能力一般是铜导线的几十倍。工作温度越低，超导导线的载流能力越优异，而焦耳损耗几乎是零。成品低温超导导线在外表上看上去与铜导线或铝导线类似，则可以多股细线扭绕或编织形成导线束。目前，实现商业化应用的铜氧化物高温超导导线基本都是带材，即宽度大于厚度十几倍至几十倍的扁带状导线。无论是低温超导导线，还是高温超导导线，几乎都是超导体和其他材料(多为金属材料)

按照一定的比例和结构制作的复合材料。

很难找到关于“超导块材”的精确定义，其可以粗略地定义为：长、宽、高三个维度都大于若干毫米的刚性超导材料。与超导导线是复合材料不同，超导块材基本都是由某种纯超导体制作而成的。目前，低温超导块材主要用于超导谐振腔，高温超导块材多用于磁悬浮轴承、磁悬浮轨道交通、磁屏蔽器件和电流引线。

超导薄膜材料是指采用物理或化学的方法将亚微米至微米量级厚度的超导体生长在基片上而得到的材料。基片多选用厚度为几十微米至几百微米的晶体陶瓷材料，通过晶体外延生长技术制作的超导薄膜具有较好的织构和所需要的晶体取向。超导薄膜材料一般用于制作超导电子器件。

课 外 读 物

扩展知识

1. 复合材料

一般定义的复合材料(composite material)需满足以下条件。

(1)复合材料必须是人造的，是人们根据需要设计制造的材料。

(2)复合材料必须由两种或两种以上化学、物理性质不同的材料组分，以所设计的形式、比例、分布组合而成，各组分之间有明显的界面存在。

(3)它具有结构可设计性，可进行复合结构设计。

(4)复合材料不仅保持各组分材料性能的优点，而且通过各组分性能的互补和关联可以获得单一组成材料所不能达到的综合性能。

复合材料主要可分为结构复合材料和功能复合材料两大类。

结构复合材料是作为承力结构使用的材料，基本上由能承受载荷的增强体组元与能连接增强体成为整体材料同时又起传递力作用的基体组元构成。增强体包括各种玻璃、陶瓷、碳素、高聚物、金属，以及天然纤维、织物、晶须、片材和颗粒等，基体则有高聚物(树脂)、金属、陶瓷、玻璃、碳和水泥等。由不同的增强体和不同基体即可组成名目繁多的结构复合材料，并以所用的基体来命名，如高聚物(树脂)基复合材料等。结构复合材料的特点是可根据材料在使用中受力的要求进行组元选材设计，更重要的是还可进行复合结构设计，即增强体排布设计能合理地满足需要并节约用材。

功能复合材料一般由功能体组元和基体组元组成，功能体可由一种或多种功能材料组成，基体不仅起到构成整体的作用，而且能产生协同或加强功能的作用。功能复合材料是指除机械性能以外而提供其他物理性能的复合材料，如导电、超导、半导、磁性、压电、阻尼、吸波、透波、摩擦、屏蔽、阻燃、防热、吸声、隔热等。

2. 外延生长

外延生长(epitaxial growth)指在单晶衬底(基片)上生长一层有一定要求的、与衬底晶向相同的单晶层，犹如原来的晶体向外延伸了一段。外延生长技术发展于 20 世纪 50 年代末 60 年代初。当时，为了制造高频大功率器件，需要减小集电极串联电阻，又要求材料能耐高压和大电流，因此需要在低阻值衬底上生长一层薄的高阻外延层。外延生长的新单晶层在导电类型、电阻率等方面与衬底不同，还可以生长不同厚度和不同要求的多层单晶，从而大大提高器件设计的灵活性和器件的性能。外延工艺还广泛用于集成电路中的 PN 结隔离技术和大规模集成电路中改善材料质量方面。近几十年来，外延生长技术被应用到超导薄膜和第二代高温超导导线的生产过程中。

5.2　低温超导材料

低温超导材料临界转变温度在 25K 以下，包括导线、薄膜和块材，工作时一般以液氦为冷却媒质。金属铌及其合金和化合物构成了实用低温超导材料的主体。

5.2.1　金属铌

铌(Nb)原子序数为 41，原子量为 92.90638，属于元素周期表的ⅤB 族，其熔点是 2468℃，沸点是 4742℃，密度是 8.57g/cm^3。铌是一种带光泽的灰色金属，高纯度铌金属的延展性较高，随杂质含量的增加，其会变硬，在常温下具有顺磁性。铌在地壳中的含量为 0.002%，自然储量为 520 万吨，可开采储量为 440 万吨。铌矿资源主要在巴西(超过 50%)，其次在俄罗斯、中国、加拿大等国。

图 5.1　Nb 超导谐振腔照片

铌有熔点高、耐腐蚀、耐磨等特点，被广泛应用到钢铁、航空航天和核工业等领域。铌是仅有的三个第二类元素超导体之一，超导临界转变温度为 9.2K，是 T_c 最高的元素超导体。铌是应用最广的元素超导材料，多用于制作超导块材、超导薄膜和超导细丝。图 5.1 是由金属铌制作的超导谐振腔的照片。

5.2.2　铌钛合金

铌钛(NbTi)合金是一种典型的过渡族元素组成的二元合金，1957 年被发现是一种超导体。虽然它的发现晚于 1954 年发现的铌锡合金超导体，但由于其合成、加工工艺简单，材料特性优良和性价比高，它成为最先大规模商业化的超导材料。铌钛合金的超导临界转变温度可达 11K，临界电流密度约可达 10^{5}A/cm^2(4.2K，5T)，上临界磁场在 4.2K 时约为 11T，在 2K 时可达 14T。铌钛超导合金中 Ti 的含量一般为 46%～50%(质量比例)，在制作实用超导材料时，需要和铜(也有尝试用铝的，但没有普遍使用)一起形成复合材料。铌钛合金适宜与铜一起拉制，具有良好的加工塑性、很高的机械强度，多用于制作超导导线。

早期的铌钛合金超导导线工业化生产流程一般是以高导无氧铜圆柱锭为母体，在高导无氧铜圆锭上按一定的分布要求钻通若干轴向与圆柱锭轴向平行的圆孔，将铌钛合金棒严实地嵌入圆孔中，制成拉制圆线的原料棒。接下来就进入了拉制工序，拉制到一定程度后，把拉制的铜与铌钛合金复合材料棒截成尺寸相等的圆棒。再把这些圆棒根据需要紧密地插入一个同等长度直径更大的高导无氧铜的圆筒中，进入新的拉制工序。拉制过程中要进行多次 380～400℃温度的热处理，类似的过程要反复多次，直到导线的尺寸达到设计要求为止。随着金属加工设备和技术的发展，采用圆锭钻孔制作原料棒这种成本很高的工艺已逐渐废弃。目前多采用卷包工艺将高导无氧铜母体和铌钛棒加工成供拉伸的原料棒，大大提高了生产效率并降低了生产成本。图 5.2 是西部超导材料科技股份有限公司最近采用的铌钛合金复合超导导线单芯线和多芯线生产流程图。

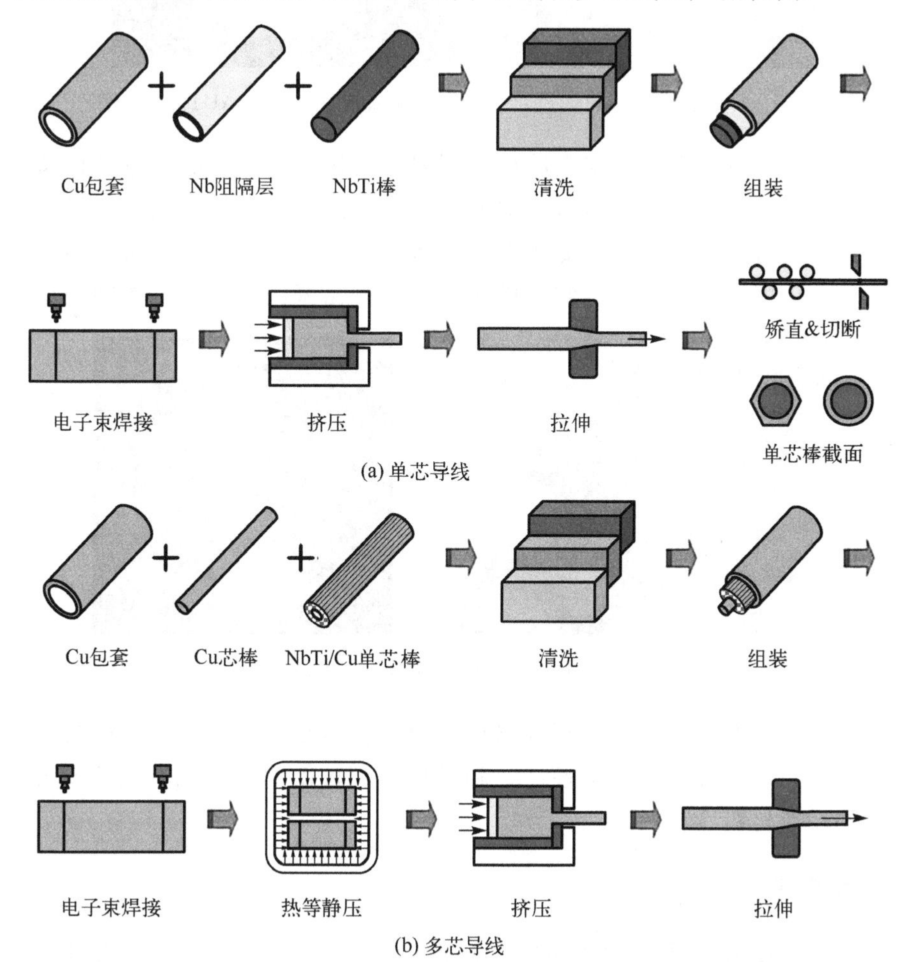

图 5.2　西部超导材料科技股份有限公司的 NbTi 超导导线生产流程图(ZHANG et al.，2019)

在铌钛合金复合超导导线中，铜的含量远大于铌钛合金的含量，一般超过 60%。在复合超导材料中，铜和超导体的体积之比称作铜-超比。高导无氧铜的功能一方面是强化导线的机械性能，并通过其优异的导热能力提高导线的热稳定性，另一方面是在应用过程中通过其较强的导电性能在超导导线失超时分流保护超导导线。图 5.3 是不同芯丝数目的铌钛合金超导导线的半成品横截面的照片。当拉制的导线的尺寸达到要求后，还需要对其进行回火热处理才能使铌钛合金导线具有较好的金相结构和超导性能。热处理的温度一般为 350～450℃，热处理时间一般都在 100h 以上，而且整个热处理过程常常分成若干个不同的温度和时间区段交替进行。

彩图 5.3

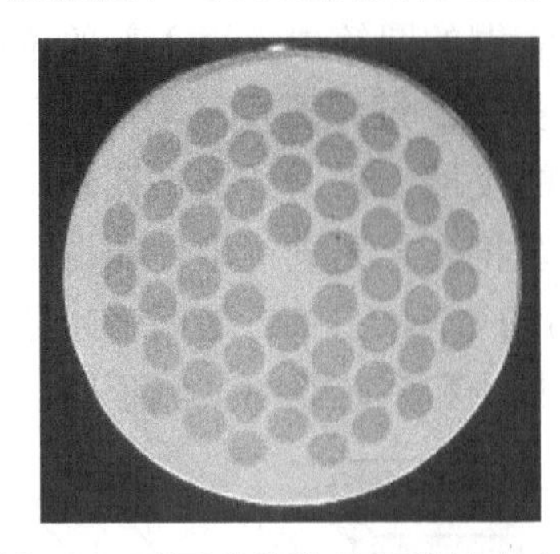

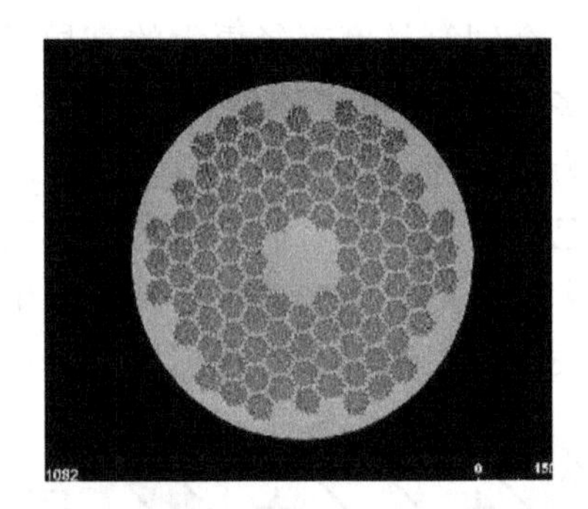

图 5.3　不同芯丝数目的铌钛合金导线半成品横截面(KRAUTH，2002)

完成回火处理之后，就可以根据应用的需要经过进一步加工制成各种铌钛合金超导导线的成品。图 5.4 是一些铌钛合金超导导线成品的照片。铌钛合金超导导线成品导体因应用场合的不同有很多种形式，如单芯线、多芯扭绞线、多芯编织带和防护管铠装的电缆线等。有的单根铌钛合金超导细丝的直径可达到微米级，与最细的精细铜丝类似。

彩图 5.4

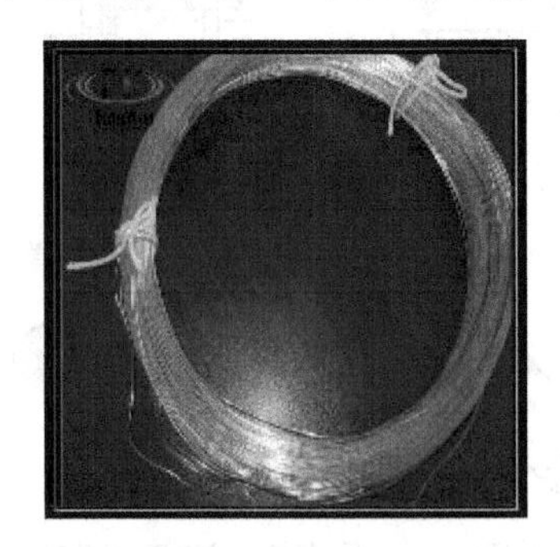

图 5.4　不同形式的铌钛合金超导导线成品照片

铌钛合金生产成本远低于其他超导材料，而且在扭绞、绕制和其他组装工序之前就可以完成热处理工序。优异的机械性能、超导性能和较低的生产成本使其成为迄今为止应用最广泛的超导材料。

5.2.3　铌锡合金

铌锡超导合金是指 A15 型金属间化合物 Nb_3Sn，是另一种已经实现商业化生产的低温超导材料。Nb_3Sn 的超导临界转变温度为 18.1K，上临界磁场约为 22.5T(4.2K)，临界电流密度约可达 $10^5A/cm^2$(4.2K，12T)。铌锡超导合金也多用于制作导线，也有少量的薄膜材料。

Nb_3Sn 的超导临界转变温度、临界电流密度和上临界磁场均优于铌钛合金，但化合物自身质脆、塑性差，其材料合成和制作超导导线材料的生产工艺要比铌钛超导导线材料复杂得多。而在铌锡超导复合导线材料中，高导无氧铜除了要起到在铌钛超导复合导线材料中的类似功能之外，还有一个重要作用就是提高铌锡超导复合材料的加工塑性。

铌锡超导复合导线材料的生产方法与铌钛超导复合导线材料的生产方法有很大不同。在生产铌锡超导复合导线材料时，不是在导线结构成型之前合成 Nb_3Sn 超导体，而是在导线结构成型之后再通过高温固体化学反应，在导线结构内部得到 Nb_3Sn 超导体。

最常用的生产 Nb_3Sn 导线的两种方法是内锡法(internal-Sn process)和青铜法(bronze process)。采用内锡法时，按一定比例将连续的铌丝与锡或锡合金颗粒或细丝一起嵌包在高导无氧铜棒材基体中，然后进入类似铌钛导线的拉丝工序。线材加工至所需要的尺寸和形式后，在 650～700℃加热 50～200h 完成固体化学反应，最后在铌丝界面上生成 Nb_3Sn。采用青铜法时，将铌棒嵌包在青铜(锡铜合金，含锡 13%～15%)棒中，然后进入与内锡法类似的加工程序。线材加工至所需要的尺寸和形式后，在 550～750℃加热 100h 以上完成固体化学反应，最后在青铜和铌棒界面上生成 Nb_3Sn。图 5.5 是用这两种方法制作的铌锡超导复合导线中间过程中导线横截面的照片。在这两种方法基础上，通过改变原料基材形态或装料方式，衍生出了一些生产铌锡超导复合导线的新方法，如铌管法、包卷法、扩散法和粉末法等。所有各种方法的共同特点是先将导线(部件)加工成型，然后通过固体化学反应形成 Nb_3Sn 超导体。单从超导性能角度来讲，铌锡导线明显优于铌钛导线，但由于其制作工艺复杂，生产成本高昂，加上在其导线(部件)加工成型后的热处理要求，其应用具有局限性。一般只有在铌钛导线无法满足应用所需要的超导性能的情况下，人们才选择使用铌锡导线。图 5.6 是铌锡超导导线产品的照片。

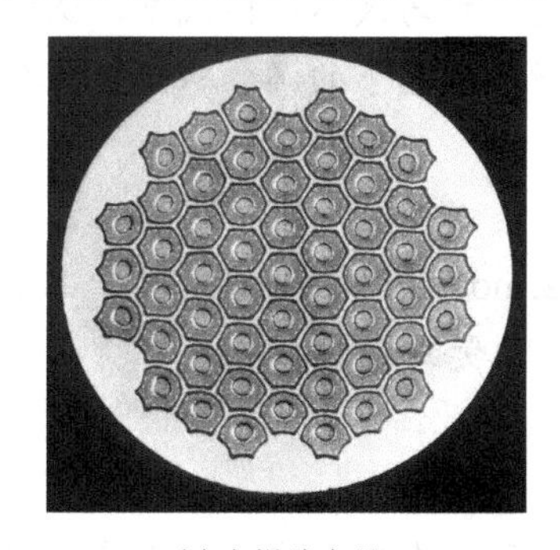

(a) 内锡法产品

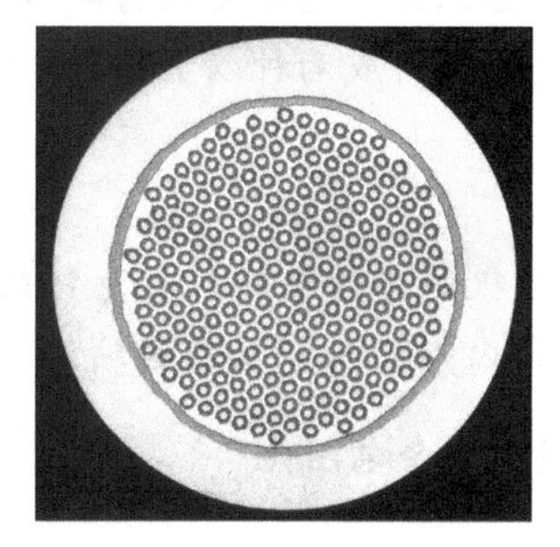

(b) 青铜法产品

图 5.5　处于加工过程中的铌锡合金超导导线截面照片(KRAUTH，2002)

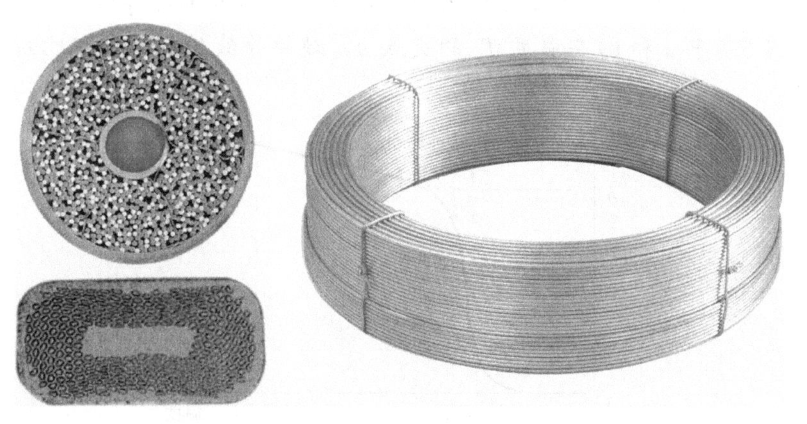

彩图 5.6

图 5.6　不同形式的铌锡合金超导导线成品照片(CIAZYNSKI，2007；ROSSI et al.，2019)

在生产铌钛和铌锡导线时，有时为了提高材料某一方面的性能，会在 NbTi 或 Nb_3Sn 材料中掺杂少量其他过渡金属元素。

在使用低温超导导线制作强磁体时，对导线的剩余电阻比(residual resistance ratio，RRR)有很高的要求，生产厂家要通过对导线高导无氧铜基体材料性能的选择和铜-超比的设计来满足用户的要求。

课外读物

扩展知识

1. 超导导线的铜-超(体积)比

铜-超比(cupper to superconductor ratio)指铜基复合超导导线中，铜和超导体的体积之比。在复合超导导线中，铜-超(体积)比是根据具体应用的性能需求而确定的。

2. 金相

金相(metallographical)指金属或合金的化学成分以及各种成分在合金内部的物理状态和化学状态。金相组织反映金属金相的具体形态，如马氏体、奥氏体、铁素体、珠光体等。广义的金相组织是指两种或两种以上的物质在微观状态下的混合状态以及相互作用状况。

3. 铠装

需要承受较大机械力的电缆应具有铠装(armouring)层，就是在产品的最外面加装一层金属保护，以免内部的功能层在运输和安装时受到损坏。

4. 超导导线的剩余电阻比

超导导线的剩余电阻是指其刚超过临界温度时的电阻值。超导导线的剩余电阻比是指其室温电阻和剩余电阻之比。通常情况下，室温从 273K、293K、295K 或 300K 中选取。图 5.7 为超导导线电阻随温度变化的曲线示意图，R_2 为超导导线的剩余电阻，其取决于两直线(图 5.7 中 a 和 b)在温度 T_c^* 的交点 A，超导导线的剩余电阻比(R_1/R_2)。

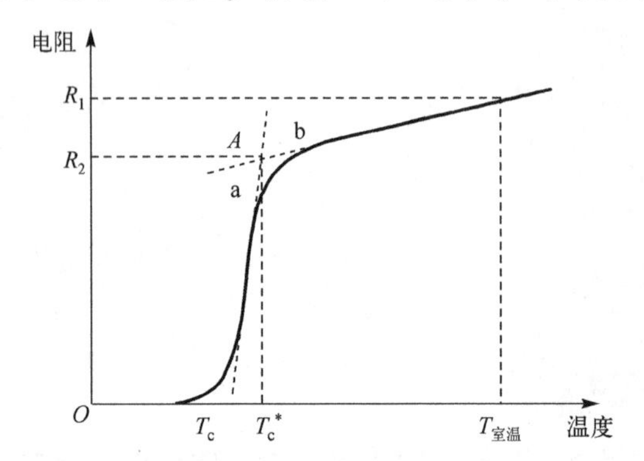

图 5.7　超导导线电阻随温度变化的曲线示意图

在复合超导导线中，铜(Cu)、铜/铜-镍(Cu/Cu-Ni)等材料既作为基体材料，同时又作为一种稳定化材料。当超导导线局部失超时，它可以起到分流作用，并把产生的热量传导至周围的冷却介质中，从而使超导体尽快恢复其超导性能。因此，低温下基体材料的电阻率是复合超导导线的一个重要特性指标，它关系到超导导线的稳定性和交流损耗。

5. 超导谐振腔

谐振腔，也叫共振腔，是使高频电磁场在其内持续振荡的金属空腔。由于电磁场完全集中于腔内，没有辐射损耗，故具有较高的品质因数。在谐振腔内，电磁场可以在一系列频率下进行振荡，其频率大小与谐振腔的形状、几何尺寸及谐振的波形有关。

超导谐振腔(superconducting resonant cavity)的特点在于它在超导转变温度以下具有极低的表面电阻，微波损耗急剧减小。因此超导谐振腔的腔壁损耗接近零，从而超导谐振腔具有极高的品质因数，比常温下镀银谐振腔高6个数量级以上，它可用于高能物理、引力波探测、射电天文学、电子学及测量学中。

5.3 高温超导材料

到目前为止，已经实现商品化的实用高温超导材料主要包括由铜氧化物超导体和硼化镁超导体制作的超导导线、超导块材和由铜氧化物超导体制作的超导薄膜材料。

5.3.1 铋系高温超导导线

目前已经实现商业化的铋系高温超导导线有两种，即基于$(Bi,Pb)_2Sr_2Ca_2Cu_3O_{10}$超导体的Bi-2223带材和基于$Bi_2Sr_2CaCu_2O_8$超导体的Bi-2212圆线。

$(Bi,Pb)_2Sr_2Ca_2Cu_3O_{10}$是在$Bi_2Sr_2Ca_2Cu_3O_{10}$晶体结构中使用Pb部分取代Bi(一般Pb的原子取代比例范围为10%～20%)，目的是在固态化学反应过程中促进2223相的形成，从而缩短烧制周期和提高2223相的相纯度。生产Bi-2223带材的方法称作粉末装管法(powder in tube，PIT)，基本过程如图5.8所示。

第一道工序是将已经通过高温固体化学反应的$(Bi,Pb)_2Sr_2Ca_2Cu_3O_{10}$的母粉(precursor)装入高纯度银(Ag)管中。银是少数不与铋系母料发生化学反应的金属元素之一，又适合于拉伸，是最适宜用来做铋系超导导线的基材。有时为了降低材料热导率的特殊应用要求，而采用含金(几个百分点)的银金(AgAu)合金。用银金合金制作的铋系导线的超导性能会有少许的下降。目前，在实际生产中，为了提高母粉的密度和均匀性，一般先把母粉压成圆柱形的母料棒，然后将母料棒装入银管中。

第二道工序是将填装好的银管通过拉线工艺反复拉制，直到银管达到需要的直径。第三道工序是将拉制后的银管截成一定长度，再将若干个截好的银管装入一个直径大一些的银管中。第四道工序是又一轮的拉制过程，将含有多芯的银管拉制到需要的直径。第三道和第四道工序一般要反复多次，直到超导线的芯数和尺寸达到要求为止。第五道工序是使用辊压机将圆形的线材轧制成带材，辊压过程中增大了超导芯的密度，并使其具有较好的晶体取向织构和晶粒间的连接。最后，经过辊压轧制成扁带状后在特定气氛里进行几百小时的高温烧制、回火，得到 Bi-2223 带材产品。

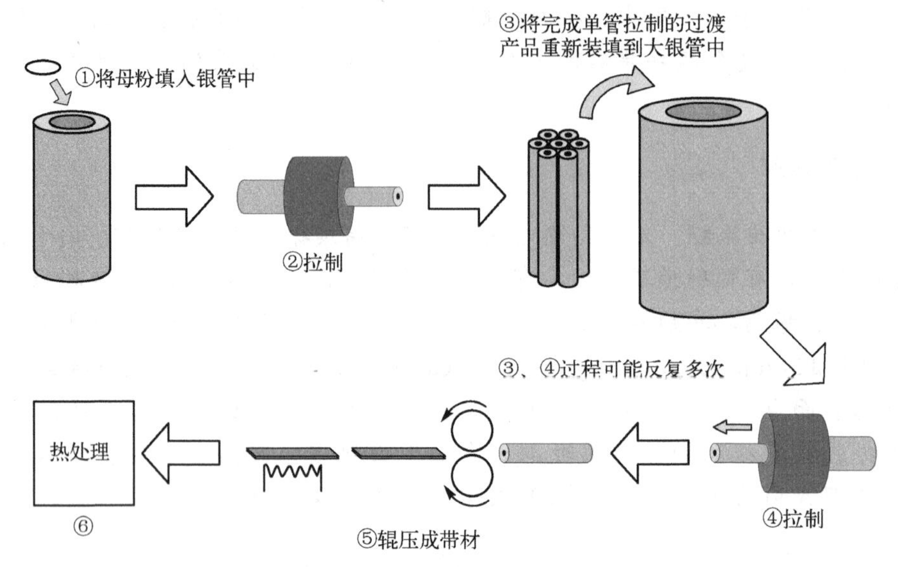

图 5.8　制作 Bi-2223 带材的流程示意图

Bi-2223 带材的标准尺寸为 4～4.5mm 宽，0.2～0.25mm 厚，目前厂家可以提供单线长度超过 500m 的产品。Bi-2223 带材的超导临界转变温度为 105～110K，目前不同厂家产品的临界工程电流密度范围为 12000～20000A/cm^2，市场上提供的 Bi-2223 带材最高的临界电流约为 200A(77K，无外磁场)。图 5.9 是在几个不同加工阶段的 Bi-2223 带材照片。其中，图 5.9(a)是拉制过程中中间产品的截面照片，可以看出其与多芯结构的低温超导导线中间产品的截面类似，不同的是低温超导导线的基体材料是无氧高导铜，而铋系导线的基体材料是银或银合金。在 Bi-2223 带材中，银占整个体积的 70%左右。图 5.9(b)和(c)分别是 Bi-2223 带材成品和成品带材横截面的照片。Bi-2223 带材于 20 世纪 90 年代初开始发展，到 20 世纪 90 年代后期实现了商品化，是最早出现在市场上的高温超导导线，所以被称作第一代高温超导导线。

基于 $Bi_2Sr_2CaCu_2O_8$ 超导体的 Bi-2212 多芯圆线的制作过程与 Bi-2223 带材的部分制作过程类似。因最后产品是圆线，所以不需要辊压工序。母粉里也不需要添加铅元素。产品选择圆线结构是为了在磁场下具有各向同性的性质。从本质上讲，在 Bi-2212 多芯圆线中 $Bi_2Sr_2CaCu_2O_8$ 并不形成有取向的晶体结构，而是以多晶体的状态存在。为了提高其超导性能，加工过程中的重点是提高芯中 $Bi_2Sr_2CaCu_2O_8$ 相纯度和材料密度。图 5.10 是 Bi-2212 多芯圆线的相关照片。$Bi_2Sr_2CaCu_2O_8$ 的超导临界转变温度为 85K，加上是多晶结构，所以在液氮温区的载流能力非常有限。但实验结果表明，在 4.2K、30T 的强磁场下其工程电流密度接近 10^5A/cm^2，体现了优异的超导性能。Bi-2212 多芯圆线的制备工艺和成相机制相对简单，加上与其他高温超导导线相比，其具有各向同性的优点，更易于电缆的绞制。这些特性为磁体的设计和制造带来了很大的便利，所以在强磁场领域，Bi-2212 多芯圆线有着巨大的应用潜力。

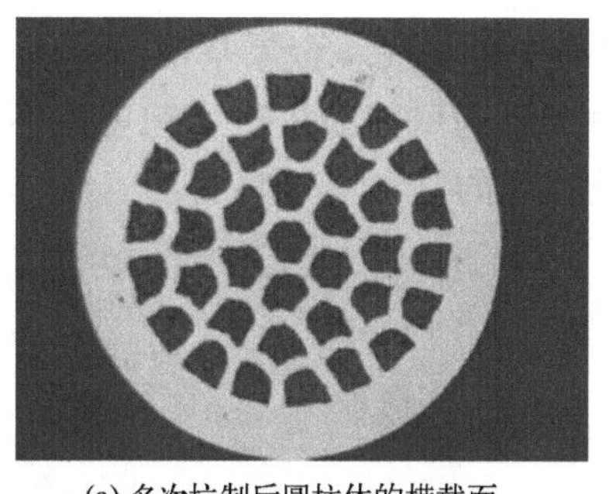

(a) 多次拉制后圆柱体的横截面

(b) 带材成品

彩图 5.9

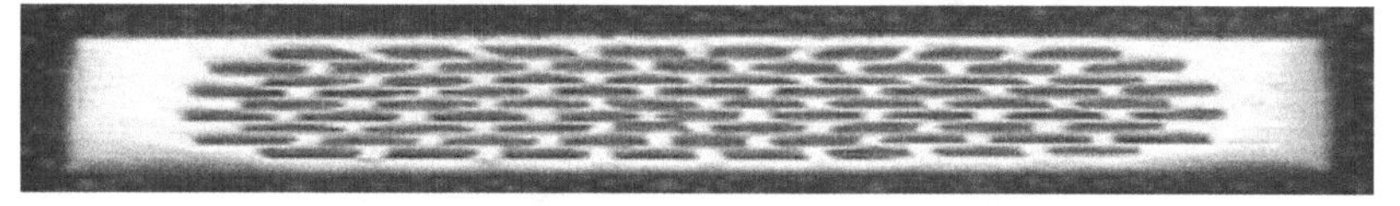

(c) 成品带材横截面结构

图 5.9　Bi-2223 高温超导带材(VASE, 2000 et al.；LARBALESTIER et al., 2001)

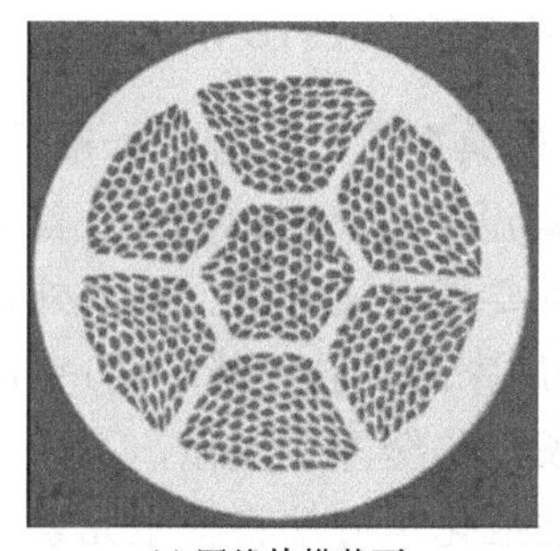

(a) 圆线的横截面

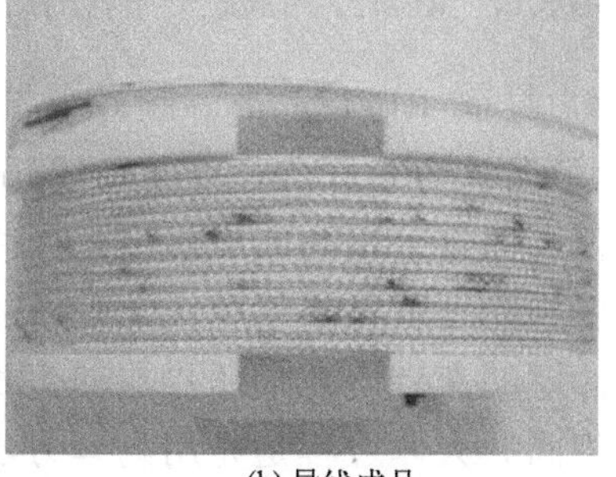

(b) 导线成品

彩图 5.10

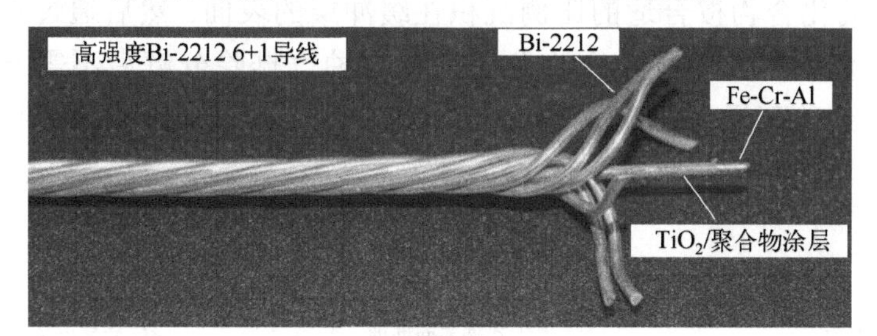

(c) Bi-2212高温超导导线绞制的电缆

图 5.10　Bi-2212 多芯圆线(SCHWARTZ et al., 2008；SHEN et al., 2015)

5.3.2　稀土 123 系高温超导导线

20 世纪 90 年代中期，人们开始研究另外一种铜氧化物超导导线，并在 21 世纪第一个十年中期实现了商业化生产。这种导线是在与铜氧化物晶体结构基本吻合的金属基带上外延织构生长的稀土 123 系薄膜导体(也常称作涂层导体)。这种材料是先在镍或镍合金的基带上镀上有利于晶构延展的缓冲层和化学稳定层(可统称缓冲层)，在高温和特定气氛条件下，晶格取向一致地镀上高温超导材料 $REBa_2Cu_3O_7$(RE 代表某一稀土元素，最常用的是 Y)，再镀上银或铜的保护和加强层，图 5.11 是 RE-123 高温超导带材的结构示意图。其中，$REBa_2Cu_3O_7$超导层的厚度一般在 1μm 左右，金属基带的厚度一般为 20～50μm，带材的总厚度一般为 0.05～0.2mm。由于不同厂家的生产工艺可能不同，所以产品的精细结构也不尽相同，但基本结构大体是相同的。

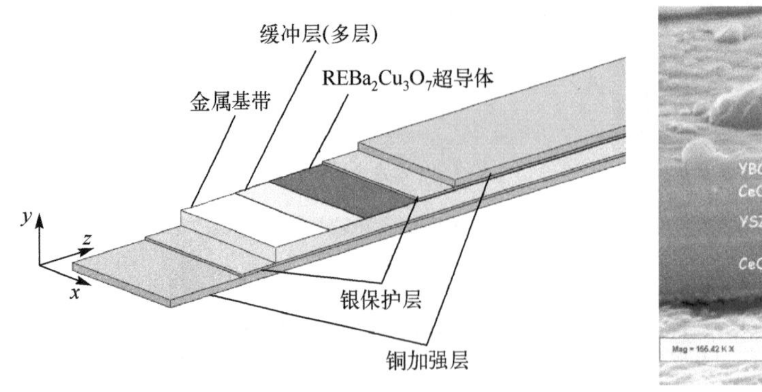

(a) 基本结构示意图

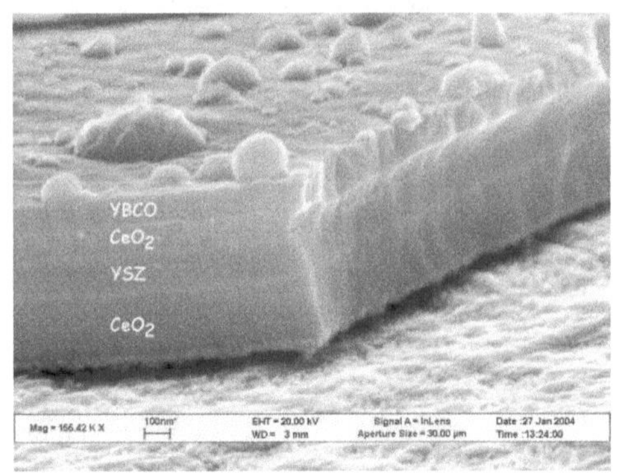

(b) 超导和缓冲层的电镜照片

图 5.11　RE-123 高温超导带材的结构示意图(ANTONIO, 2004)

图 5.12 所示为目前 RE-123 高温超导带材的典型生产流程。一般采用厚度为 20～50μm 的钨镍合金或哈氏合金作为生产 RE-123 高温超导带材的基带，首先要经过精细的表面处理，不但使表面具有很高的光洁度，而且要形成适合正交晶系外延生长的织构。其次利用一种或多种物理或化学镀膜工艺(不同厂家的工艺可能不同)完成不同缓冲层的沉积。接着在缓冲层的基础上完成超导层的生长。与缓冲层类似，不同厂家生长超导层的方法也不完全相同。大体过程是先用物理方法或化学方法将稀土元素、Ba 和 Cu 的氧化物或其他形式的化合物按合适的比例沉积在缓冲层的表面。然后通过在一定的气氛和气压环境下加热使原料的各种化合物分解，通过抽气排除分解后不需要的成分，在合适的温度和气氛条件下通过固体化学反应形成 $REBa_2Cu_3O_{7-x}$(x<1)超导体层。形成的

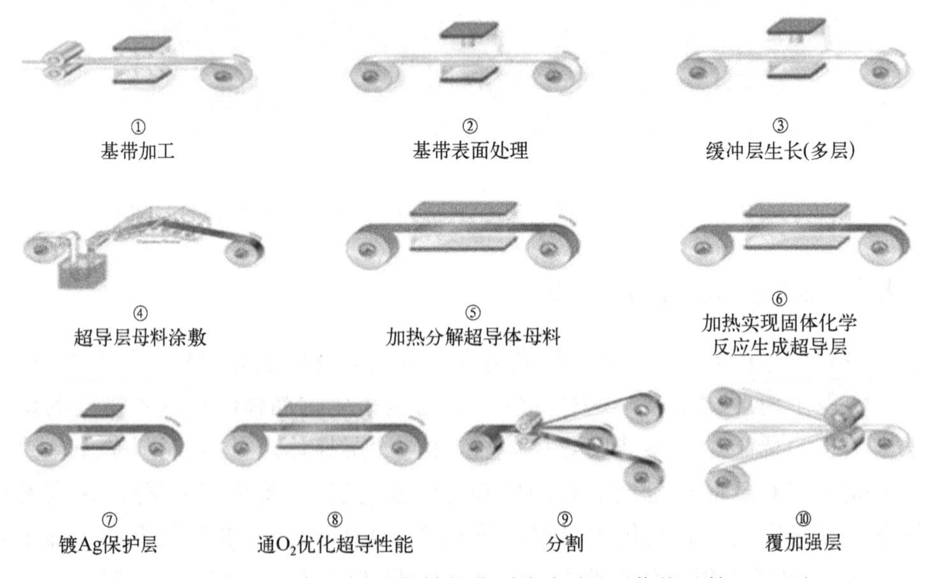

图 5.12　RE-123 高温超导带材的典型生产流程(蔡传兵等，2021)

$REBa_2Cu_3O_{7-x}$晶体延续了缓冲层的晶体织构方向，所以这个过程称为晶体外延生长。这时形成的$REBa_2Cu_3O_{7-x}$已经具有RE-123的晶体结构，但由于载流子密度低而不具备较好的超导性能。接下来的工序是为超导带材半成品的各个表面镀上一层银保护膜，保护膜的厚度从几微米到几十微米不等。再将半成品带材在一定温度和O_2分压气氛下完成吸氧过程，使其化学组成接近$REBa_2Cu_3O_7$而具有较好的超导性能。最后的几道工序就是将带材切分成客户要求的宽度和镀上铜加强层，有时还可根据客户的要求覆盖绝缘层或其他外保护层。

目前大多数生产厂家可以提供12mm宽的RE-123高温超导带材产品，多数厂家能够根据客户需要裁制成不同的宽度。这类带材的厚度一般在0.2mm以下，厂家可以提供的单线长度可达500m以上。RE-123高温超导带材的超导临界转变温度为90～93K，目前不同厂家产品的临界工程电流密度范围为10000～40000A/cm^2(77K，无外磁场)，市场上4mm宽的带材的最高临界电流可达180A(77K，无外磁场)。图5.13是不同生产厂家生产的RE-123高温超导带材产品的照片。

(a)中国上海超导科技股份有限公司的产品

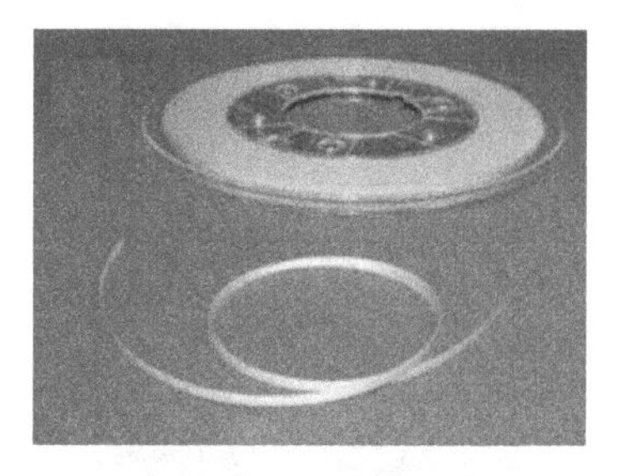

(b)日本藤仓株式会社的产品

(c)韩国SuNAM的产品

(d)美国超导公司的产品

彩图5.13

图5.13　不同厂家生产的RE-123高温超导带材的产品

RE-123高温超导带材也称作第二代高温超导导线。与第一代带材相比，第二代带材在性能上的主要优势是在一定的工作温度区间(目前有实验数据的是液氮温度及以下几十开(K)的范围内)和中等强度(几特)以下的垂直磁场中其临界电流的衰减程度要比第一代带材小得多。在液氮温区，在中等强度以下的平行磁场中，第一代带材的临界电流的衰减程度小于第二代带材。在液氦温区，两者的超导性能趋向接近。所以在20～77K温区垂直磁场的应用环境下，第二代高温超导导线具有显著的性能优势。

5.3.3　硼化镁超导导线

因为MgB_2超导体的超导临界转变温度是39K，所以根据IEC-TC90最新修订的超导术语标准，其也应划归为高温超导体。硼化镁超导线材的生产流程如图 5.14 所示，制作过程相对简单。其装料工艺一般采用与铋系超导导线类似的 PIT 工艺，外包套可以选择的材料较多，如高纯铜、不锈钢等。硼化镁超导线材的横截面形状可以根据需要制成圆形或矩形，也可以根据加强和分流的需求在线材内部增加一些其他金属材料。图 5.15 是硼化镁超导线材的截面结构和成品照片。

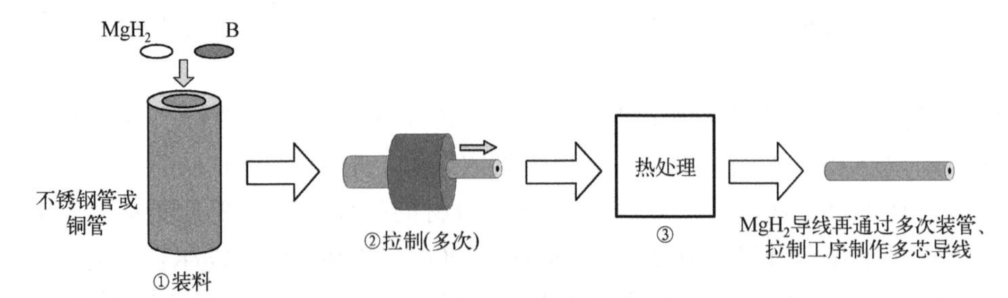

图 5.14 硼化镁超导线材的生产流程

彩图 5.15

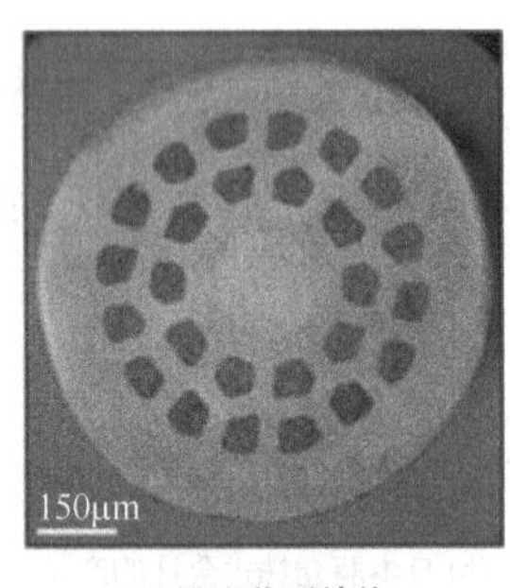

(a) 导线截面结构

(b) 成品

图 5.15 硼化镁超导线材(PUTTI, 2011；LEE et al., 2020)

硼化镁超导线材的生产成本大大低于铜氧化物超导导线，在 20K、2T 条件下的临界电流密度可达到 10^5A/cm^2，所以对于在 10～20K 温区、中弱磁场环境下的应用是有一定竞争力的。但与铜氧化物超导导线相比，其 T_c 比较低，无法应用于液氮温区。另外，与低温超导导线和铜氧化物超导导线相比，硼化镁超导线材在磁场下的性能不优越，在液氦温区的强磁场应用中也缺乏竞争力。

5.3.4 高温超导块材

目前已经实现商品化的高温超导块材有 RE-123 块材、Bi-2223 及 Bi-2212 块材和 MgB_2 块材。

RE-123 块材是指采用熔融法制作的大块单畴材料。图 5.16 是 RE-123 块材的照片，图中展示了几种不同尺寸的圆形和矩形块材。其整块材料基本是由一个单晶体或几个并列的取向一致的单晶组成的。RE-123 块材的超导临界电流密度可达到 7×10^4A/cm^2(77K，无外磁场)。直径 65mm 的 GdBCO/Ag 超导块材在 77K 下的磁通俘获场可达 3T，直径 26.5mm 的 YBCO/Ag 超导块材在 29K 下的磁通俘获场可达 17.24T，并且在更低的温度下，磁通俘获场会更高。

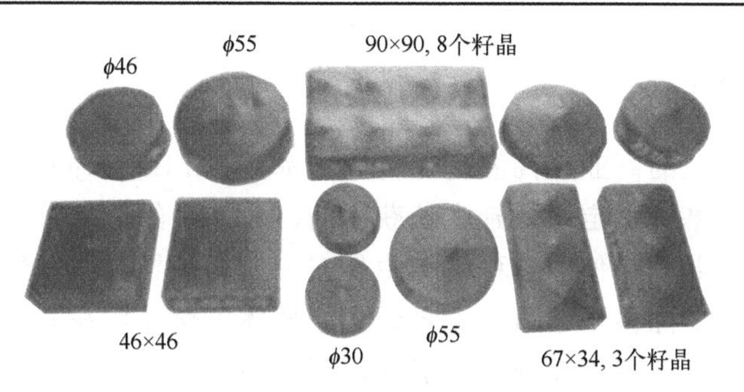

图 5.16　RE-123 超导块材(NAMBURI et al., 2021)

RE-123 块材与磁铁之间可以产生很大的悬浮力，因此 RE-123 块材最大的应用领域是超导磁悬浮，包括高温超导轨道磁悬浮和超导磁悬浮轴承。此外，也有利用磁化后的 RE-123 块材取代永磁材料制作超导电机的成功尝试。

使用固态化学反应后，Bi-2212 和 Bi-2223 母粉通过热静压和回火程序可以制作成实心或空心圆筒块材，统称为 Bi 系超导块材。Bi 系超导块材也是实现了商品化的超导材料，图 5.17 是一些 Bi 系超导块材的照片。因这种块材本质上属于多晶材料，相纯度和材料密度都不高，所以其临界电流密度较低，一般在 77K 无外磁场条件下每平方厘米也只有几百安。但因其可以通过模具将母粉压制成较大尺寸和不同形状的材料，可以满足其他高温超导块材无法满足的尺寸和形状的要求。相对 Bi-2223 块材，Bi-2212 块材更容易实现较高的相纯度并可浇铸成型，制作成本也明显地比 Bi-2223 块材低。Bi-2212 块材和 Bi-2223 块材与磁铁相互作用的悬浮力较小，主要应用领域是超导磁屏蔽和超导电流引线。

彩图 5.17

图 5.17　Bi 系超导块材

另一种实现了商品化的高温超导块材是 MgB_2 块材。MgB_2 块材也是一种多晶材料，可以利用 MgB_2 母粉经过热静压法得到，临界电流密度可达到 $10^4 A/cm^2$(10K，4T 或 5K，6T)。图 5.18 是一些 MgB_2 块材的照片。MgB_2 块材也可以实现较大的尺寸，并可以进行简单的机械加工。其主要应用领域是超导磁屏蔽和超导电流引线，工作温度一般选择在 20K 以下。

图 5.18　MgB_2 超导块材

5.3.5 高温超导薄膜

目前应用比较广泛的商业化高温超导薄膜产品是 $REBa_2Cu_3O_7$(RE-123)薄膜，它一般是在单晶陶瓷材料基片上定向外延生长获得的。对基片的选择首先要考虑材料的化学稳定性，不会在薄膜制作或使用过程中与生长在上面的超导材料发生有害的化学反应。另外一个重要因素是其晶格平面适宜铜氧化物超导体正交晶格在其上的定向外延生长。因为高温超导薄膜产品多用于超导电子器件，所以还必须考虑其电磁性能能否适合特定的应用环境。到目前为止，用于高温超导薄膜基片较多的材料有氧化镁(MgO)、铝酸镧($LaAlO_3$)和钛酸锶($SrTiO_3$)等。与其他材料的薄膜生长方法类似，RE-123 薄膜超导体的外延生长可以采用物理方法或化学方法。常见的物理方法有磁控溅射(magnetic sputtering)、脉冲激光沉积(PLD)、多元蒸发(co-evaporation)和分子束外延(MBE)等。常用的化学方法有等离子体化学气相沉积(PCVD)、有机金属化学气相沉积(MOCVD)、金属有机物沉积(MOD)和溶胶-凝胶(sol-ge1)等。

最常用于制作 RE-123 薄膜的稀土元素是钇(Y)，$YBa_2Cu_3O_7$ 薄膜的 T_c 在 91K 左右，J_c 可以超过 $10^6A/cm^2$(77K，无外磁场)。图 5.19 是 $YBa_2Cu_3O_7$ 薄膜的电镜照片。Y-123 薄膜的应用比较广泛，包括超导电子仪器和超导滤波器。

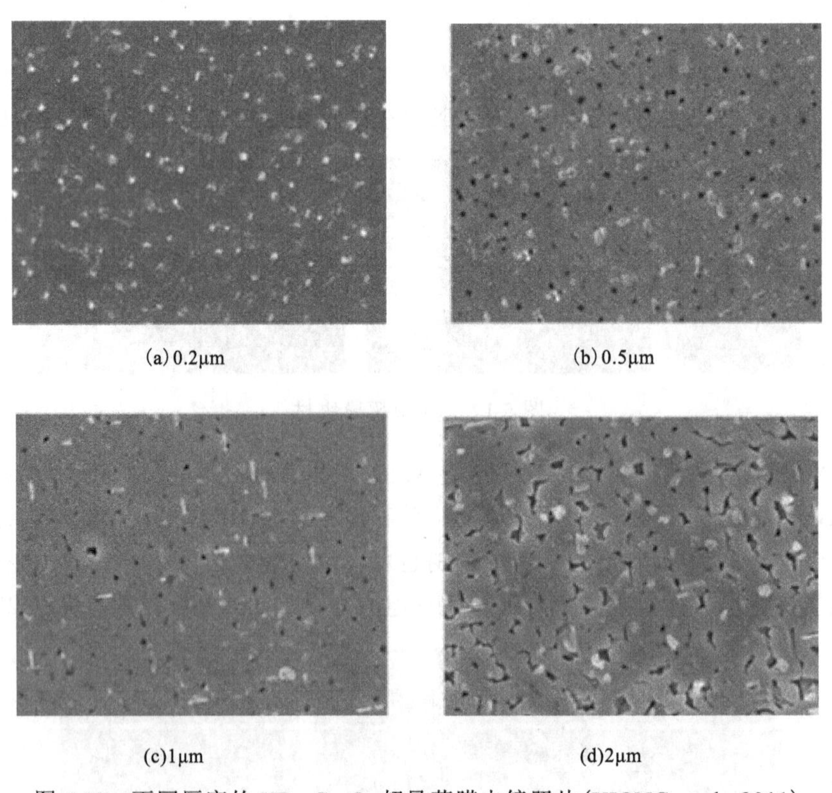

(a) 0.2μm　(b) 0.5μm　(c)1μm　(d)2μm

图 5.19　不同厚度的 $YBa_2Cu_3O_7$ 超导薄膜电镜照片(XIONG et al., 2011)

20 世纪 90 年代初期、中期，铊超导薄膜初步实现了商业化，包括 Tl-2212 和 Tl-1223 薄膜。铊超导薄膜具有很好的超导特性，但由于铊元素及其化合物是剧毒物质，后来出于安全考虑，铊超导薄膜退出了商业化交易。现在每年还会产生少量的铊超导薄膜，主要用于科学研究项目。

课 外 读 物

扩展知识

1. 电流引线

电流引线(current lead)是指将电流由室温引入低温器件的导体，这里特指超导装置的电流引线。电流非闭环运行的超导装置，需通过电流引线连接室温供电电源。目前较为常用的有全金属电流引线和超导电流引线。全金属电流引线是较为传统的电流引线，也称为一元电流引线，通常采用铜或者铜合金研制。超导电流引线一般为二元形式，采用铜和超导材料混合研制。

2. 超导导线的工程电流密度

超导导线的工程电流密度(engineering current density) J_e 指超导导线全截面上的电流密度，等于导线的临界电流/导线全截面(包括非超导部分)。超导导线的工程电流密度是超导导线在实际应用中的一个重要性能参数，它和超导临界电流密度(J_c)概念有所不同，应该注意区分。

3. 铜氧化物高温超导材料的各向异性

铜氧化物高温超导材料具有各向异性(anisotropy)，其晶体在 *a-b* 平面的导电能力远远高于沿 *c* 轴的导电能力。各向异性对高温超导导线(带材)的影响表现为外磁场与带材表面的角度对带材载流能力的影响差异很大。

5.4　新的实用超导材料展望

在不远的将来，最有希望实现商品化的实用低温超导材料是 Nb_3Al 或 $Nb_3(Al,Ge)$ 线材。Nb_3Al 的 T_c 为 18K，H_{c2} 在 4.2K 时可达到 29T，J_c 在 4.2K、15T 条件下可达 $10^5A/cm^2$。若用锗部分替代铝，在 4.2K 时 H_{c2} 可高达 42T。这些性能参数表明，Nb_3Al 制作的超导导线的上临界磁场可以优于 NbTi 和 Nb_3Sn 超导导线。目前采用类似于制作 Nb_3Sn 超导导线的叠卷法，在导体制作工艺方面也取得了一定的突破。图 5.20 展示了采用叠卷法做的 Nb_3Al 多芯超导导线。如果 Nb_3Al 超导导线能很快形成工业化的生产能力并实现商品化，超导磁体所能实现的场强就会达到更高的水平，追求高磁场的超导设备的性能会大幅度提高，大科学工程研究的广度和深度也会随之产生跃升。

除了目前已经实现商业化的第一代高温超导导线 $(Bi,Pb)_2Sr_2Ca_2Cu_3O_{10}$ 和第二代高温超导导线 $REBa_2Cu_3O_7$ 之外，铜氧化物超导体中还有一个很大的家族，就是铊超导体家族。其中，铊单层家族的 1223 相 $TlSr_2Ca_2Cu_3O_9$ 的 T_c 为 122K，其晶体结构与 $REBa_2Cu_3O_7$ 有一定的相似性，在磁场下的通流能力的各向异性程度也与 $REBa_2Cu_3O_7$ 类似。在 20 世纪 90 年代初期的研究工作中，性能很好的 Tl-1223 薄膜材料被开发出来，也揭示了其具有通过拉制做成导线材料的潜能。由于人们担心铊的毒性影响产品商业化的前景，最后 Tl-1223 实用材料的研发被搁置下来。铊双层家族的 2223 相 $Tl_2Ba_2Ca_2Cu_3O_{10}$ 的 T_c 为 125K，其晶体结构与 $Bi_2Sr_2Ca_2Cu_3O_{10}$ 相同，在磁场下的通流能力的各向异性程度也与 $Bi_2Sr_2Ca_2Cu_3O_{10}$ 类似。20 世纪 90 年代初期就制作出了性能很好的薄膜和块材，也是由于毒性引起的安全风险，该产品至今没有实现商业化。

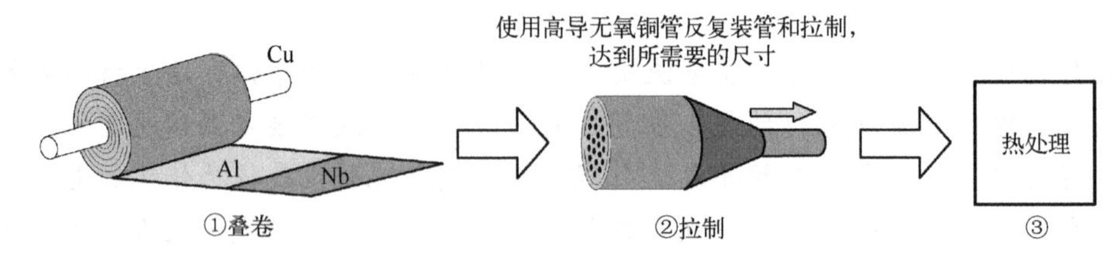

图 5.20　Nb_3Al 多芯超导导线制作过程的示意图

无论是 Tl-1223 超导体，还是 Tl-2223 超导体，其超导临界转变温度均高于 $REBa_2Cu_3O_7$ 和 $Bi_2Sr_2Ca_2Cu_3O_{10}$，而且超导性能也非常优越。除了薄膜之外，Tl-1223 超导体还可采用类似 $(Bi,Pb)_2Sr_2Ca_2Cu_3O_{10}$ 超导带材的生产方法制作出超导导线。除了薄膜和块材之外，Tl-2223 超导体还可采用类似 $REBa_2Cu_3O_7$ 超导带材的生产方法制作出超导导线。如果通过采取适当的措施和未来相关技术方面的进步，解决生产和使用过程中人身和环境的安全问题，Tl-1223 和 Tl-2223 就有可能发展成为有重大价值的实用超导材料。

2017 年，采用 PIT 拉制工艺，得到了长 115m 的银包套 7 芯铁基 122 相 $Sr_{0.6}K_{0.4}Fe_2As_2$ 超导导线，如图 5.21 所示。铁基 122 相的 T_c 在 38K 左右，制成的 7 芯 115m 导线的各向异性程度小于铜基超导体并且它具有较好的超导性能。通过热静压处理后，其性能得到了进一步的提高，在 4.2K 自场的条件下，J_c 可达 $10^6 A/cm^2$。目前，铁基超导材料发展的障碍之一是其主要成分里含有剧毒物质，因此美、欧、日等主要工业国家缺乏推动其商业化的动力。如果在不久的将来能够找到生产和应用过程中防毒的有效方法和进一步改进、完善生产工艺，实现实用铁基超导导线的商业化应用，在强磁体建造方面就会有一种新的材料可供选择。

彩图 5.21

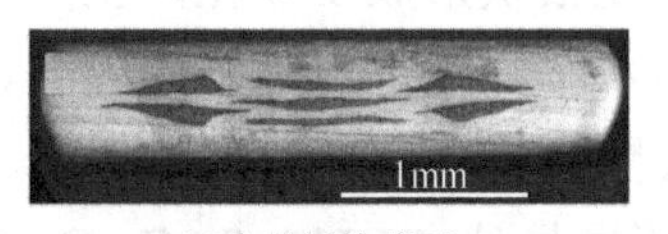

(a) 7芯带材的截面

(b) 100m导线的照片

图 5.21　$Sr_{0.6}K_{0.4}Fe_2As_2$ 铁基超导导线（ZHANG et al., 2017）

参 考 文 献

蔡传兵, 刘志勇, 2021. 第二代高温超导带材[J]. 科学画报（10）: 16-17.

崔利军, 张平祥, 潘熙锋, 等, 2015. 高场磁体用 Nb_3Al 超导线材研究进展[J].中国材料进展, 34(1): 64-72, 78.

马衍伟, 2022. 超导材料科学与技术[M]. 北京: 科学出版社.

信赢, 2017. 超导材料的发展现状与应用展望[J]. 新材料产业, 7(1): 2-8.

ANTONIO D C, 2004. The activities of ENEA on superconductors developments[R]. Archamps: Workshop on Accelerator Magnet Superconductors Accelerator Technology Department-CERN.

BUZEA C, YAMASHITA T, 2001. Review of the superconducting properties of MgB_2[J]. Superconductor science and technology, 14(11): R115-R146.

CIAZYNSKI D, 2007. Review of Nb_3Sn conductors for iter[J].Fusion engineering and design, 82(5-14): 488-497.

DONG Q, TIAN B, HONG W, et al., 2019. Critical currents of 100-m class Ag-sheathed $Sr_{0.6}K_{0.4}Fe_2As_2$ tape under various temperatures, magnetic fields, and angles[J]. IEEE transactions on applied superconductivity, 29(5): 1-5.

KRAUTH H, 2002. Fabrication and application of NbTi and Nb_3Sn superconductors[J]. International Symposium Niobium 2001, https://niobium.tech/en/pages/gateway-pages/pdf/technical-papers/ fabrication_and_application_of_nbti_and_nb3sn_superconductors.

LARBALESTIER D C, 1981. Superconducting materials: a review of recent advances and current problems in practical materials[J]. IEEE transactions on magnetics, 17(5):1668-1686.

LARBALESTIER D, GUREVICH A, FELDMANN D M, et al., 2001. High-T_c superconducting materials for electric power applications[J]. Nature, 414(6861): 368-377.

LEE D G, CHOI J H, KIM D N, et al., 2020. Commercial MgB_2 superconducting wires at Sam Dong[J]. Progress in superconductivity and cryogenics, 22(2): 26-31.

MALOZEMOFF A P, 2012. Second-generation high-temperature superconductor wires for the electric power grid[J]. Annual review of materials research, 42: 373-397.

MATTHIAS B T, GEBALLE T H, GELLER S, et al., 1954. Superconductivity of Nb_3Sn[J]. Physical review, 95(6): 1435.

NAMBURI D K, SHI Y H, CARDWELL D A, 2021. The processing and properties of bulk（RE）BCO high temperature superconductors: current status and future perspectives[J]. Superconductor science technology, 34(5): 053002.

NARIKI S, SAKAI N, MURAKAMI M, 2004. Melt-processed Gd-Ba-Cu-O superconductor with trapped field of 3 T at 77 K[J]. Superconductor Science and Technology, 18(2): S126-5130.

PUTTI M, GRASSO G, 2011. MgB_2, a two-gap superconductor for practical applications[J]. MRS bulletin, 36(8): 608-613.

ROSSI L, ZLOBIN A V, 2019. Nb_3Sn accelerator magnets: the early days (1960s-1980s) [M]//Nb_3Sn

accelerator magnets. Cham: Springer, 53-84.

SATO K, 2016. Research, fabrication and applications of bi-2223 HTS wires[M]. Singapore: World Scientific.

SCHWARTZ J, EFFIO T, LIU X T, et al., 2008. High field superconducting solenoids via high temperature superconductors[J]. IEEE transactions on applied superconductivity, 18(2): 70-81.

SHEN T M, LI P, JIANG J Y, et al., 2015. High strength kiloampere $Bi_2Sr_2CaCu_2O_x$ cables for high-field magnet applications[J]. Superconductor science and technology, 28(6): 065002.

TOMITA M, MURAKAMI M, 2003. High-temperature superconductor bulk magnets that can trap magnetic fields of over 17 tesla at 29 K[J]. Nature, 421(6922): 517-520.

VASE P, FLÜKIGER R, LEGHISSA M, et al., 2000. Current status of high-T_c wire[J]. Superconductor science and technology, 13(7): R71-R84.

WESCHE R, 2015. Cuprate superconductor films, physical properties of high-temperature superconductors [M]. New York : John Wiley &Sons.

XIONG J, TAO B, LI Y, 2011. Sputter deposition of large-area double-sided YBCO superconducting films[J]. High-Temperature Superconductors, 149-173, 174.

ZHANG P X, LI J F, GUO Q A, et al., 2019. NbTi superconducting wires and applications[J].Titanium for consumer applications (1): 279-296.

ZHANG X P, OGURO H, YAO C, et al., 2017. Superconducting properties of 100m class $Sr_{0.6}K_{0.4}Fe_2As_2$ tape and pancake coils[J]. IEEE transactions on applied superconductivity, 27(4): 1-5.

第6章 实用超导材料的重要技术参数测量方法

无论是实用超导材料的生产厂家还是应用方都可能需要对材料性能的一些基本参数进行测量。人们对实用超导材料所关心的参数与对超导基础研究所关心的参数不尽相同，本章介绍几种与超导材料实际应用比较密切的物理参数的测量方法。

6.1 超导材料临界转变温度 T_c 的测量

超导临界转变温度 T_c 是实用超导材料的一个重要参数。虽然根据超导体的种类可以估算某一超导材料 T_c 的范围，但由于材料的结构和加工工艺不同，每一批产品的超导临界转变温度还是有区别的。要想知道产品较准确的 T_c，对每一批产品进行超导临界转变温度的测量是有意义的。

6.1.1 电阻测量法

电阻测量法是根据超导临界转变温度 T_c 的定义，找到超导材料样品电阻降为0时的温度。由第2章的图2.9可知，超导体达到电阻为零的温度是与所载电流和磁场相关的。一般来讲，超导体的 T_c 定义是在 $J\to 0$，$H\to 0$ 条件下超导材料样品电阻降为0时的温度。

图6.1是最普遍采用的测量超导材料 T_c 的电路示意图，图中样品的接线方法为测量电阻时常用的四引线方法。在四引线方法中，电流引线和电压引线相距一定距离，分别连接在样品的两端(电流引线在外)，这是为了消除接头电阻对测量结果的影响。测量所用的电流源应采用高精度的直流恒流源，测试电流一般选择为1～10mA。电压表应采用高精度的电压表，一般采用直流纳伏表。测量的参数实际上是两条电压引线之间的电压。在样品温度变化的条件下，测量不同温度点两条电压引线之间的电压，然后根据欧姆定律 $R=V/I$ 就可以得到不同温度下的电阻，找到电阻为零时所对应的温度，即所测样品的 T_c。图6.2是典型的 T_c 测量时所得到的样品的电阻-温度(R-T)曲线。

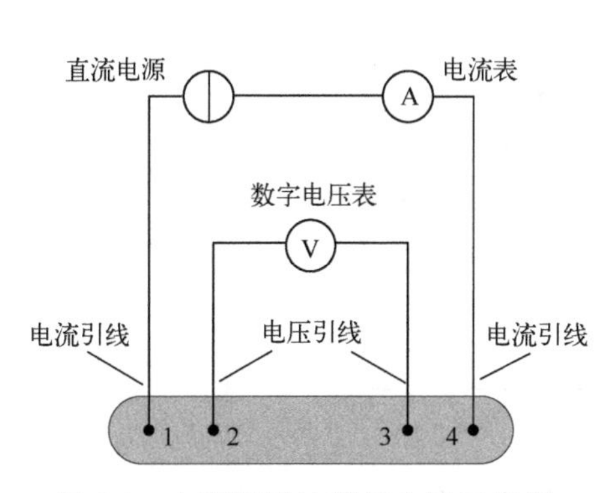

图6.1 电阻测量法测量电路示意图

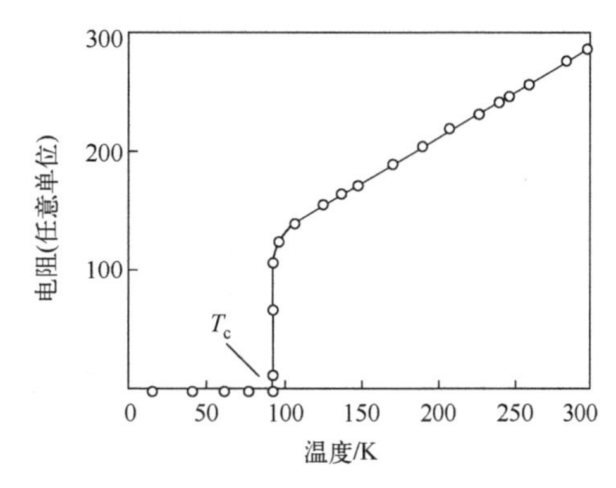

图6.2 电阻测量法确定超导材料 T_c 的典型 R-T 曲线

除了恒流源、电流表和电压表等电气仪表之外，一个能够实现样品按照要求温度变化的测量环境也是不可缺少的。一般这样的环境是由绝热恒温容器、制冷机和加热元件来实现的。绝热恒温器是一个密闭的绝热容器，其内部空间要满足置放测量样品的要求，并能在保证密封的条件下将各种与测量相关的引线连接到恒温器外部各种仪器、仪表上。通过设在恒温器内部的制冷机的冷头和加热元件来调节样品的温度，样品的温度要通过高精度温度监测仪表进行控制和测量。目前，大部分超导临界温度测量系统都能实现计算机实时数据采集和显示。

采用电阻测量法测量超导临界温度时，对样品有一定的要求。

(1)线材样品长度一般为数厘米，具体要求根据测试装置确定。

(2)块材要切割成条状，一般长度远大于横截面尺寸，具体长度要求要根据测试装置确定。

(3)薄膜样品要切割成窄条，具体长度要求要根据测试装置确定。

6.1.2　磁化测量法

另一种测量超导临界转变温度的方法是磁化测量法。在寻找新的超导材料的测试中，磁化测量法被用来检测样品的抗磁性，结合电阻测量的结果来判断样品电阻的变化是超导所致，还是由其他因素造成的。在相纯度较低的超导样品中也可能测量不到电阻为零时的温度，这时，磁化测量法可以帮助确定样品中超导相的临界转变温度。实用超导材料都是由已知的超导体制作的，一般没有必要再去验证其抗磁性，所以磁化测量法不像电阻测量法那样广泛地应用于超导临界转变温度的测量。虽然电阻测量法是最通用的实用超导材料 T_c 的测量方法，但是有的超导材料样品(如粉末或颗粒样品)是无法通过电阻测量法来确定 T_c 的，这时磁化测量法就成了唯一的选择。磁化测量法可分为直流磁化测量法和交流磁化测量法，这里对两者进行简要的介绍。

图 6.3 是直流磁化测量法测量超导临界转变温度的原理图。开展直流磁化测量法的基本原理是在能够控制和测量样品温度的前提下，在所关心的温度点测量样品的磁化率，然后根据 M-T 曲线确定样品的 T_c。为了降低其他因素对测量结果的影响(磁化强度的测量也是通过对电压信号的测量来实现的，所以化学电势和热电势等都会对测量结果产生影

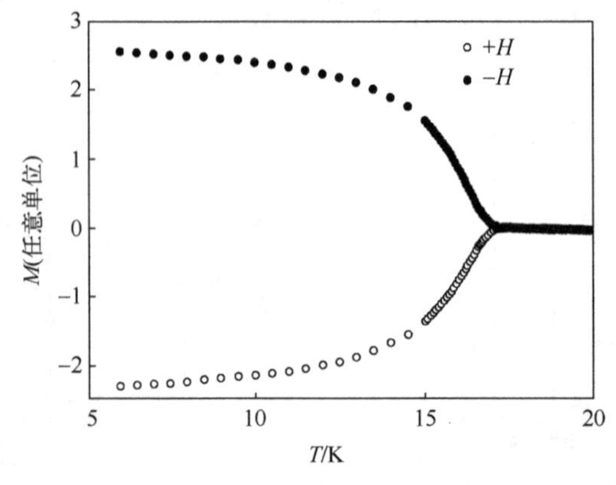

图 6.3　直流磁化测量法测量超导材料 T_c 的原理图

响)，在正、反两个磁化方向上测量样品的磁化率，将对应两条磁化曲线的分离点确定为超导临界转变温度 T_c。实际上，样品磁化率的准确测量并不容易，商品化的磁化率测量装置也比较昂贵，因此直流磁化测量法测量超导临界转变温度在实践上并不普遍。

交流磁化测量法可以自动消除化学电势和热电势等其他因素对测量的影响，测量结果更加准确，而且测量设备的成本相对比较低，所以在测量样品超导临界转变温度方面与直流磁化测量法相比更具有实用性。图 6.4 是交流磁化测量法测量超导临界转变温度的电路示意图。其主要由信号发生器、前置放大器、高精度锁相放大器和测量线圈组成。测量线圈包括一个原级线圈和两个匝数相同的次级线圈，两个次级线圈绕在一个薄壁石英管(或类似的绝缘但导热好的材料制成的圆管)上并反向串联，再一起同轴地置于原级线圈内部。如图中标示，一个次级线圈作为样品线圈，在测试时放入被测样品，另一个次级线圈作为参考线圈则一直保持空置状态。交流磁化测量法可以采用与电阻测量法同样的冷却和温度控制、测量系统。信号发生器的输出、输入端通过一个前置放大器分别连接到原级线圈的两端。同时在进入前置放大器之前分出一对引线与锁相放大器参考信号输入端相连接。两个次级线圈串联后，外部的两端与锁相放大器的测量信号输入端连接。信号发生器可以提供一个频率为几百赫兹、峰值为几毫安的正弦波电流。在无样品时，由于两个次级线圈感应的电压信号相互抵消，所以锁相放大器测量的电压信号接近于零(噪声信号通过与参考信号比对而排除)。

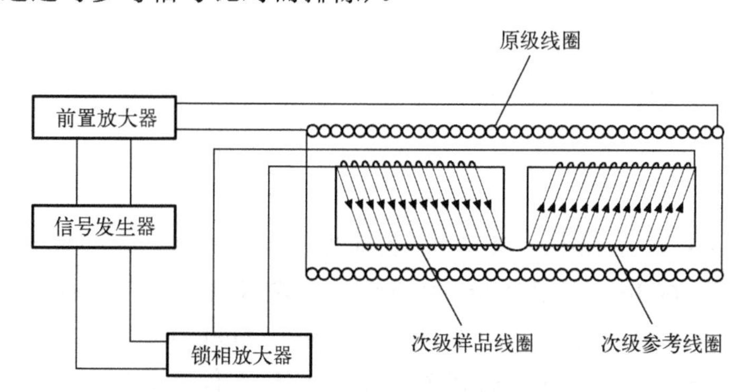

图 6.4　交流磁化测量法测量超导材料 T_c 的电路示意图

次级样品线圈置入所测样品后，由于样品的磁化作用，两个次级线圈的感应电压不再能够完全抵消。但在样品发生超导转变之前，无论样品具有顺磁性，还是抗磁性，其磁化率都很小，所以两个次级线圈上的电压信号相互抵消后，剩余的电压信号很小。随着温度的降低，当样品发生超导转变时，由于超导体的完全抗磁性，样品线圈和参考线圈上的电压会出现一个显著的差值，所以锁相放大器接收的电压信号会突然增大。随着温度的继续下降，锁相放大器接收的电压信号继续增大，直到样品完全实现超导，电压稳定在饱和数值上。测量得到电压-温度曲线可以转换为交流磁化率(其数值与测到的交流电压数值成正比，且样品的交流磁化率与直流磁化率的数值变化是一致对应的)-温度曲线，即交流测量的 χ-T 曲线，最后根据 χ-T 曲线确定样品的 T_c。实际上，在这个测量过程中，测量的电压信号的突然转变就意味着样品磁化率的突然改变，并不需要建立测量的电压信号与样品的磁化率的确定数学关系，就能准确确定样品的 T_c。

这种方法可以测量粉末样品、颗粒样品及形状和大小可以置入次级样品线圈的导线样品。

图 6.5 是采用交流磁化测量法对一个 $Tl_2Ba_2Ca_2Cu_3O_{10}$ 样品实际进行测量得到的结果。可以看出，采用交流磁化测量法可以明确地确定样品的 T_c。这个结果与电阻测量法对同一个样品的 T_c 测量结果高度吻合。

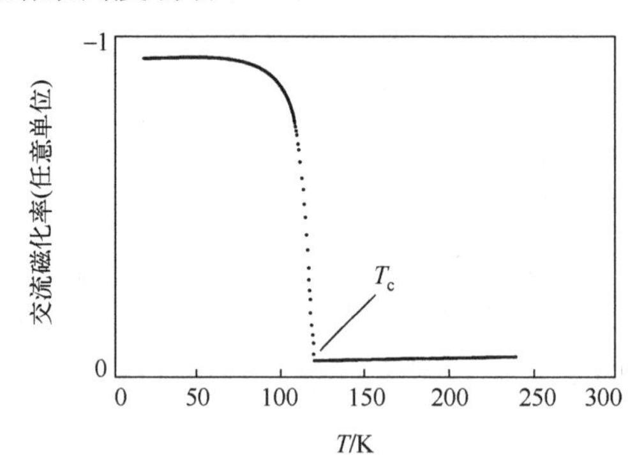

图 6.5　采用交流磁化测量法对一个 $Tl_2Ba_2Ca_2Cu_3O_{10}$ 样品 T_c 的实际测量结果

课 外 读 物

扩展知识

锁相放大器

锁相放大器(lock-in amplifier，LIA)，也称为相位检测器，是一种可以从干扰极大的环境(信噪比可低至–60dB，甚至更低)中分离出特定载波频率信号的放大器，由普林斯顿大学的物理学家罗伯特·亨利·迪克(Robert Henry Dicke)发明。

锁相放大器将和被测信号有相同频率和相位关系的参考信号作为比较基准，只对被测信号本身和与参考信号同频(或者倍频)、同相的噪声分量有响应，因此，能大幅度抑制无用噪声，改善检测信噪比。此外，锁相放大器有很高的检测灵敏度，信号处理比较简单，是弱小信号检测的一种有效方法。简单来说，锁相放大器就是一种能够大幅度抑制无用噪声，提高检测灵敏度和信噪比的信号检测仪器。

锁相放大器的工作原理如图 6.6 所示，输入信号 U_s 和参考信号 U_r 分别通过信号通道和参考通道后相乘，再经过相敏检波中的低通滤波器得到输出信号 U_o。假设 U_s、U_r 和 U_o 分别表示为

$$U_s = U_{sm}\cos[(\omega_0 + \Delta\omega)t + \theta]$$

$$U_r = U_{rm}\cos(\omega_0 t)$$

$$U_o = U_s U_r = \frac{U_{sm}U_{rm}}{2}\{\cos(\Delta\omega t + \theta) + \cos[(2\omega_0 + \Delta\omega)t + \theta]\}$$

式中，$\Delta\omega$ 是 U_s 和 U_r 的频率差；θ 是相位差。

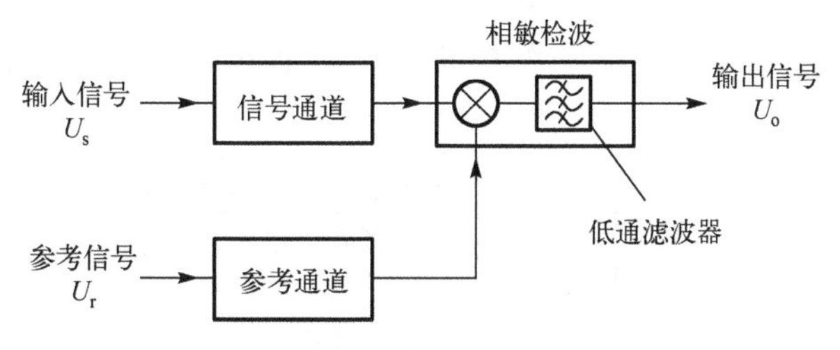

图 6.6 锁相放大器的工作原理图

由 U_o 的表达可知，输出信号的频谱由输入的 ω_0 变换到差频 $\Delta\omega$ 与和频 2ω 的频段上，再利用低通滤波器滤除和频信号后得到差频信号。其中，$\Delta\omega$ 决定了 U_o 是否为直流信号，而 θ 决定了 U_o 的幅度。也就是说，输入信号只有和参考信号同频同相才有最大的直流信号输出。

锁相放大器技术于 20 世纪 30 年代问世，并于 20 世纪中期进入商业化应用阶段，这种电子仪器能够在极强噪声环境中提取信号幅值和相位信息。锁相放大器采用零差检测方法和低通滤波技术，测量相对于周期性参考信号的信号幅值和相位。锁相测量方法可提取以参考频率为中心的指定频带内的信号，有效滤除所有其他频率分量。如今，市面上最好的锁相放大器具有高达 120dB 的动态信噪比，意味着这些放大器可以在噪声幅值超过期望信号幅值百万倍的情况下实现精准测量。

随着科技的不断发展，如今的锁相放大器主要用作精密交流电压仪、交流相位计、噪声测量单元、阻抗谱仪、网络分析仪、频谱分析仪以及锁相环中的鉴相器。与频谱分析仪和示波器一样，锁相放大器已经成为各种实验室装备中不可或缺的核心工具，如物理、工程和生命科学等。

6.2 超导材料临界电流 I_c 的测量

从某种意义上来说，临界电流是实用超导材料最重要的物理参数，掌握超导材料在不同温度、不同磁场条件下的载流能力是各种应用必须考虑的因素。因此，对临界电流 I_c 的测量是针对实用超导材料最常见的测量工作。目前，测量临界电流 I_c 最常用的方法是传输电流法(电测法)。另外，磁测法也在某些场合得到了应用。

6.2.1 传输电流法

传输电流法的基本原理是依据超导材料的零电阻特性，在不断增大通过被测样品电流的过程中测量样品上的电压，然后根据电压-电流变化曲线及一定的判据来确定样品的临界电流。传输电流法适用的样品为超导导线或可以制作成长度远大于横向尺度的块材或薄膜样品。

采用传输电流法测量超导材料临界电流时通常采用四引线接线方式，样品接线方式与图 6.1 所示的类似，所不同的是测量临界电流的电流引线要承担较大的电流，注意选择合适的导线。

传输电流法测量临界电流所需要的基本仪器包括可调直流电流源、纳伏表、温度计和低温杜瓦等。图 6.7 是传输电流法测量超导样品临界电流的装置的基本构件与接线示意图。

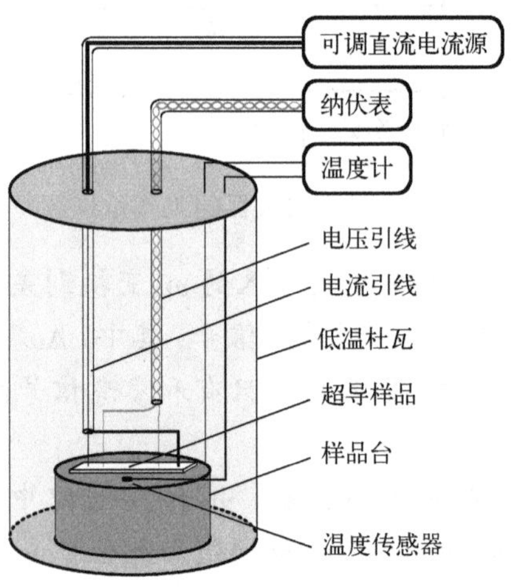

图 6.7　传输电流法测量超导样品临界电流的装置的基本部件构成与接线示意图

图 6.8 是传输电流法确定样品临界电流的示意图。目前使用的几个 IEC-TC90 有关超导材料临界电流的标准中使用 $E_0 = 1\ \mu V / cm$ 作为判断超导样品失超的电场判据。根据这个判据，确定样品失超的临界电压是 $U_0 = LE_0$，其中，L 为两条电压引线之间的距离，单位为 cm。在样品测量的 V-I 曲线上找到对应的电压 $V = U_0$ 的点，然后找到曲线上对应电压为 U_0 时电流的值，其即为样品临界电流 I_c 的值。有了 I_c 的值以后，如果需要报告样品临界电流密度 J_c 的值，则可通过 $J_c = I_c / S$ 获得，其中，S 为样品的横截面积。要说明的是，标准主要是为商业交易和工程应用制定的，上面采用的临界电流判据并无明确的物理意义。

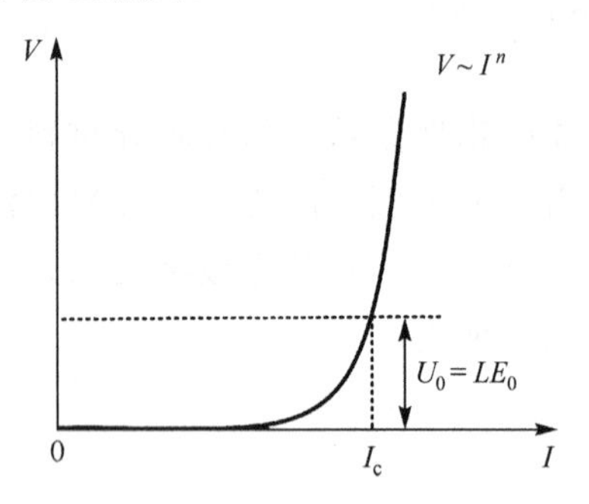

图 6.8　采用传输电流法根据 V-I 曲线确定样品临界电流示意图

上述方法测得的 V-I 曲线还可以用来估算所测样品的 n 值。超导样品失超后电压与电流的关系在一定范围内可表示为

$$V \sim I^n$$

式中，n 为这种材料的 n 值，可以通过拟合图 6.8 所示的 V-I 曲线来估算。n 值表征实用超导材料的一个重要性质，即失超后超导材料电阻增加的速度。在有些应用中，这个性质是必须考虑的。大部分实用超导材料的 n 值为 10～40，应用时一般希望使用 n 值较大的材料。

在某一特定温度，无外加磁场的条件下测量得到的 I_c 定义为在该温度样品自场的临界电流。在实际应用中，人们更加关心的是在某一温度或温区，在不同外界磁场条件下超导材料的临界电流的大小及其变化规律。所以需要在不同的温度和不同的磁场条件下测量超导样品的 I_c，磁场条件包括磁场强度和磁场与样品的相对角度。

图 6.9 是一套能够在不同温度、不同磁场强度和不同磁场角度条件下系统地测量超

导样品临界电流的测量装置的现场照片。从照片可以看出，除前面提到的基本部件之外，还增加了许多其他仪表和设备。其中，超导磁体是一个可以提供最高至 3.5T 磁场的铌钛超导磁体，样品腔可以提供 15～100K 的温度环境。样品可以在样品腔内旋转±90°，这样就可以在一个测量温度点和磁场强度下测得不同磁场角度下样品的 I_c。图 6.10 给出的是使用这套系统测量一个 Bi-2223 带材样品的结果。图 6.10(a)是在温度为 50K、磁场强度为 0.3T 时 I_c/I_{c0} 随磁场角度变化的曲线，其中，I_c 为在该测量条件下测得的临界电流值，I_{c0} 为该样品在 77K、自场条件下测得的临界电流值，磁场角度是指磁场与超导带材水平面之间的夹角。图 6.10(b)为磁场强度为 0.5T、磁场角度为 15° 时 I_c/I_{c0} 随温度变化的曲线。

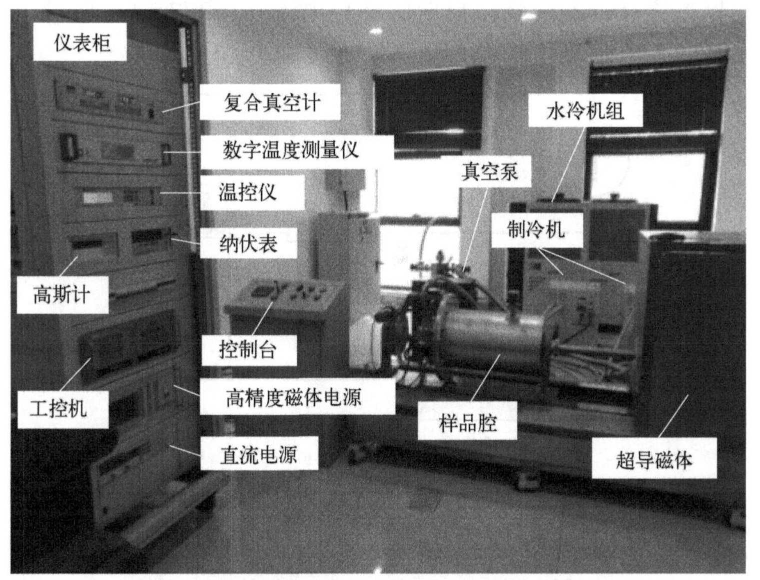

彩图 6.9

图 6.9　在不同温度和磁场条件下测量超导样品临界电流的测量装置

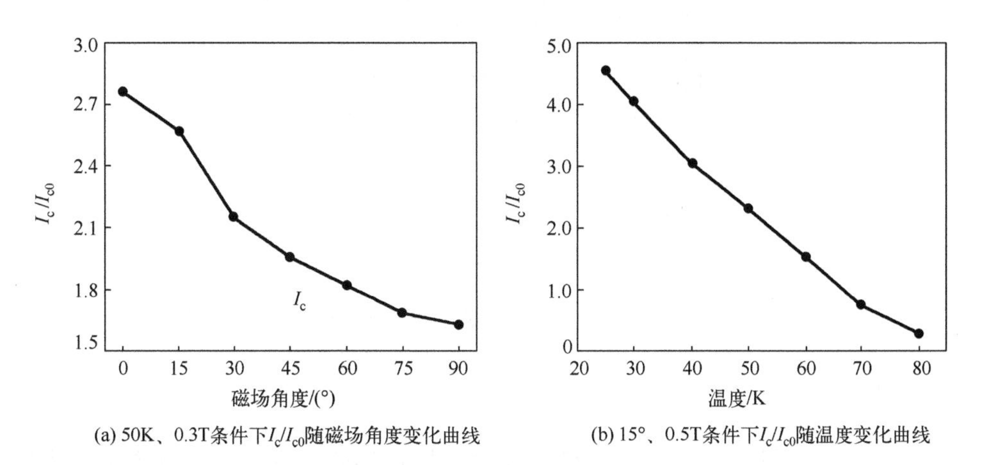

(a) 50K、0.3T条件下I_c/I_{c0}随磁场角度变化曲线　(b) 15°、0.5T条件下I_c/I_{c0}随温度变化曲线

图 6.10　不同温度和磁场条件下超导样品临界电流的测量结果

此外，还有一种简单、方便的测量超导样品的临界电流的方法，即使用 X-Y 记录仪代替纳伏表，其测量接线图如图 6.11 所示。采用这种方法所需要的直流电源是可以变换方向的连续扫描电源，X-Y 记录仪 y 轴输入端的两条信号线分别与样品的两条电压引线

连接，样品的一端电流引线直接与电源相接，另一端电流引线与一个分流器串联后接到电源的另一个输出端。分流器的信号输出端分别与 X-Y 记录仪 x 轴的两个输入端连接，这样 X-Y 记录仪的 x 轴对应的就是通过样品的电流(x 轴信号的大小与方向成一定比例地对应样品电流的变化)。被测样品的置放可与图 6.7 中描述的相同。在测试时扫描电源从零开始逐渐增大，在 y 轴所监测的电压信号出现明显的增大后，电流逐渐减小并通过零点向相反方向增大，在方向上观测到明显的电压增大后即可关掉电源，这时记录仪的绘笔会自动回到记录仪坐标纸的原点附近。图 6.12 是一张记录了某超导样品临界电流测量结果的坐标纸。同样，采用 $E_c = 1\mu V / cm$ 的失超判据，从坐标纸记录的结果可以看出这个样品正向的临界电流 I_{c+}=278.7A，反向的临界电流 I_{c-}=277.3A，所以，可以确定这个样品在这个测试条件下的临界电流 $I_c = (I_{c+} + I_{c-}) / 2 = 278.0A$。

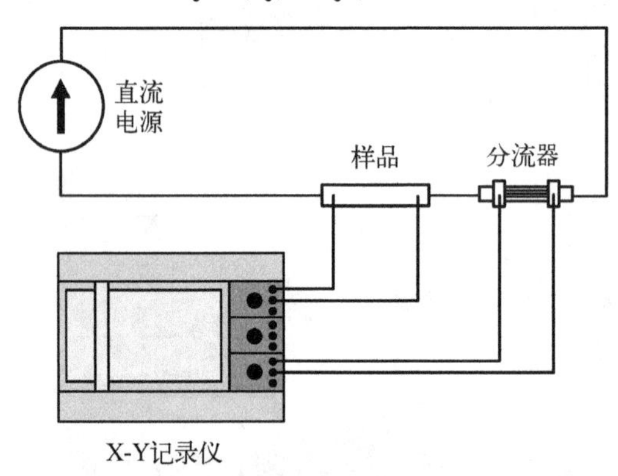

图 6.11　使用 X-Y 记录仪测试超导样品临界电流的示意图

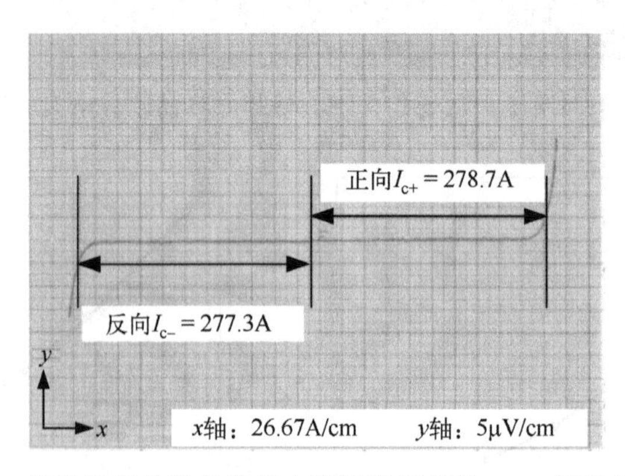

图 6.12　记录某超导样品临界电流测量结果的 X-Y 记录仪坐标纸

6.2.2　磁测法

利用磁场与超导材料的相互作用可以检测超导材料的临界电流或临界电流密度，具体的方法也有很多种。一般来讲，磁测法有两个较大的局限性：一是磁测法很难独自精确测定样品临界电流或临界电流密度的数值；二是磁测法每次测量的是样品局域性的临界电流或临界电流密度。磁测法的优点是进行测量时不需要与被测样品直接接触，所以称为无接触测量或无损害测量。另外，磁测法在测量长超导导线临界电流的均匀性方面，由于可以不接触、无损害地进行，所以无论是在实用超导导线生产过程的质量监测中还是在产品质量检测中都得到了应用。磁测法与电测法可以相互取长补短，结合起来可以更好地评估实用超导材料的临界电流。

临界电流或临界电流密度磁测法可以分为交流感应测量和直流磁化测量两类，二者相比，交流感应测量使用得更多一些。

临界电流交流感应测量原理是通过一个源磁体产生交流磁场，将被测超导样品置于这个交流磁场之下，同时使用磁感应元件探测样品与源场相互作用时的磁场分布和变化信号，最后通过物理和数学分析确定样品的临界电流密度及其空间分布情况。

因使用的原理或传感器种类的不同，临界电流交流感应测量可分为多种不同的具体方法，目前使用较多的是霍尔传感器矩阵扫描法和磁路法。

图 6.13 所示为采用霍尔传感器矩阵测量超导样品临界电流的原理图。测量的基本布局是将被测样品置于源磁场线圈的一侧，样品的另一侧置放霍尔传感器矩阵，霍尔传感器的数量和几何排放方式根据具体的测量要求确定。测试时，霍尔传感器测到的信号是源磁场信号与被测样品相互作用后的磁场信号，解析被测信号后就可以得到样品的磁场信息，通过事先设定的物理、数学模型和样品的几何参数就可以得到样品临界电流密度分布的测量结果。如果需要的是样品的临界电流，可以结合样品临界电流密度分布和样品几何参数获得。

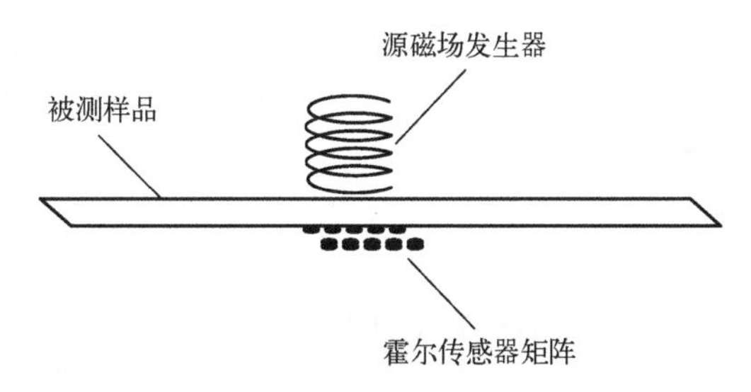

图 6.13　采用霍尔传感器矩阵测量超导样品临界电流的原理图

图 6.14 所示为采用磁路法测量超导样品临界电流的原理图。在磁路法测量中，由磁性材料构建两个如图 6.14 所示的闭合磁路，并在励磁回路设置安放样品的缝隙，在探测回路上除设置用于安放被测样品的缝隙外，有时还要为安放磁场探头设置一个缝隙。测量时，励磁回路产生背景交变磁场，然后测量在探测回路中的磁场。因为所测量的磁场

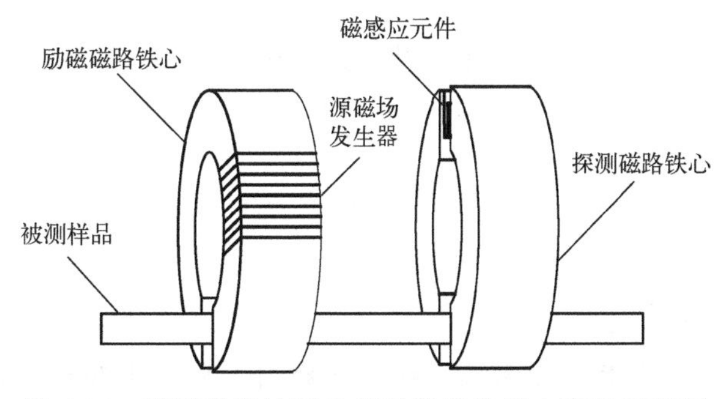

图 6.14　采用磁路法测量超导样品临界电流的原理图

包含了被测样品与励磁信号相互作用的结果，所以通过解析被测信号和事先设定的物理、数学模型就可以得到样品临界电流的数值。

显而易见，磁路法直接得到的测量量是样品的 I_c，而霍尔传感器矩阵扫描法直接得到的测量量是 J_c 的分布。在采用这两种测量方法的测量过程中，样品都可以连续移动通过测量区间，每个时刻的测量结果所对应的是处于样品测量区间的那一段样品。把所有区段的结果综合起来，就得到了整个样品各个区段 I_c 的结果。所以，临界电流交流感应测量可以检验几十米，甚至几百米长超导导线的 I_c 均匀程度。

另外，任何临界电流交流感应测量系统都需要通过与传输电流法的测量结果进行对照，校准两种方法对应的数量关系，以获得系统对临界电流的标定值。

超导体在直流磁场中被磁化而产生磁矩，该磁矩正比于超导体的临界电流密度。直流磁化法则是根据被测样品的磁化曲线来推算临界电流密度。按照一维近似和比恩临界态模型，超导体内临界电流密度和磁化强度的关系可以近似为

$$J_c = \frac{M_- - M_+}{2a} = \frac{\Delta M}{2a} \tag{6.1}$$

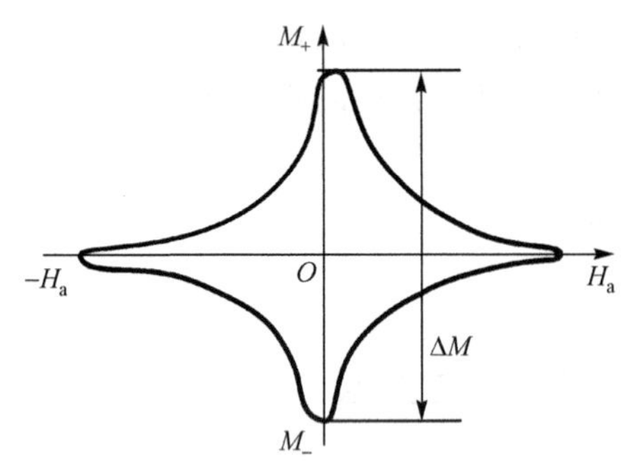

图 6.15　用于确定超导样品临界电流的直流磁化曲线

式中，M_-和 M_+由图 6.15 定义；a 为超导样品在垂直磁场方向上的平均厚度。如果磁化曲线是类似图 6.15 所示的基本对称曲线，那么 $M_- = -M_+ = M$，式(6.1)可简化为

$$J_c = \frac{M}{a} \tag{6.2}$$

利用 SQUID 或 VSM 测量获得超导样品的磁化曲线并确认 M 值，就可以根据式(6.2)计算出超导样品的临界电流密度。

要指出的是，采用直流磁化法根据式(6.2)得到的样品临界电流密度值是一个近似值，其不确定度在很大程度上取决于样品的几何参数。直流磁化法常被用于测量粉末、小尺寸块材和薄膜等无法使用传输电流法或交流磁化法测量的超导样品的临界电流密度。

课 外 读 物

扩展知识

1. 磁路

磁路(magnetic circuit)指永久磁铁、铁磁性材料，以及电磁铁中，磁通(主磁通或漏磁通)经过的闭合路径。

2. 霍尔传感器

1879 年，美国物理学家埃德温·赫伯特·霍尔(Edwin Herbert Hall)首先在金属材料中发现了霍尔效应，但是由于金属材料的霍尔效应太弱而没有得到应用。随着半导体技术的发展，半导体材料开始用于制作霍尔元件，它的霍尔效应显著而得到应用和发展。由于霍尔元件产生的电势差很小，故通常将霍尔元件与放大器电路、温度补偿电路及稳压电源电路等集成在一块芯片上，称为霍尔传感器(Hall sensor)。

霍尔传感器是一种基于霍尔效应的传感器，霍尔效应的原理如图 6.16 所示，当在半导体薄片两端通以控制电流 I，并在薄片的垂直方向施加磁感应强度为 B 的匀强磁场时，垂直于电流和磁场的方向上将产生电势差为 U_H 的霍尔电压，它们之间的关系为

$$U_H = k\frac{IB}{d}$$

式中，d 为薄片的厚度；k 为霍尔系数，它的大小与薄片的材料有关。霍尔传感器在交变磁场经过时能产生电压脉冲，脉冲的幅度由激励磁场的场强决定。因此，霍尔传感器可以检测磁场及其变化，并且不需要外界电源供电。

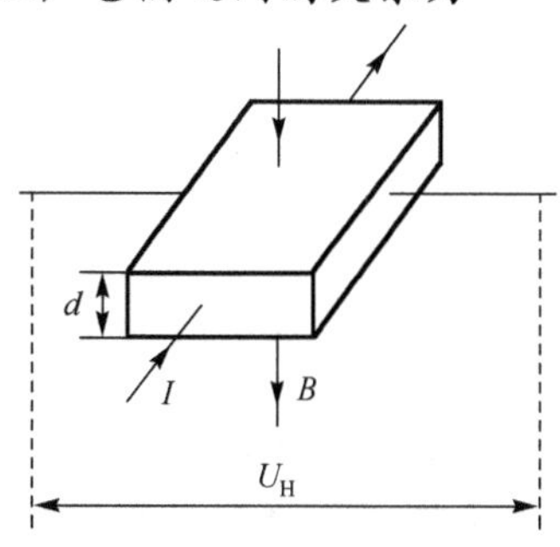

图 6.16　霍尔效应的原理图

根据实现功能的不同，霍尔传感器可分为霍尔线性器件和霍尔开关器件，其中，霍尔线性器件由霍尔元件、线性放大器和射极跟随器组成，输出的是模拟量；霍尔开关器件由稳压器、霍尔元件、差分放大器、施密特触发器和输出级组成，输出的是数字量，即脉冲信号。

按被检测对象的性质，霍尔传感器的应用可分为直接应用和间接应用。前者是直接检测受检对象本身的磁场或磁特性，后者是检测受检对象上人为设置的磁场，这个磁场是被检测信息的载体，通过它将许多非电、非磁的物理量(如速度、加速度、角度、角速度、转数、转速以及工作状态发生变化的时间等)转变成电学量来进行检测和控制。

霍尔传感器的应用非常广泛，在测量领域，可用于测量磁场、电流、位移、压力、振动、转速等；在通信领域，可用于放大器、振荡器、相敏检波、混频、分频以及微波功率测量等；在自动化技术领域，可用于无刷直流电机、速度传感、位置传感、自动计数、接近开关、霍尔自整角机构成的伺服系统和自动电力拖动系统等。霍尔传感器具有许多优点，如结构牢固，体积小，寿命长，安装方便，功耗小，频率高，耐振动，不怕灰尘、油污及盐雾等的污染或腐蚀等。

3. 振动样品磁强计

振动样品磁强计(vibrating sample magnetometer，VSM)是一种基于法拉第电磁感应定律测量材料磁性的科学仪器，由麻省理工学院林肯实验室的西蒙·方纳(Simon Foner)于 1955 年发明。VSM 适用于各种磁性材料，如磁性粉末、超导材料、磁性薄膜、各向异性材料、磁记录材料、块状材料、单晶材料和液体材料等的测量。其可以完成磁滞回

线、起始磁化曲线、退磁曲线及温度特性曲线、IRM 和 DCD 曲线的测量，能给出磁性的相关参数，如矫顽力、饱和磁化强度、剩磁等。其具有测量简单、快速和界面友好等特点。

VSM 由直流线绕磁铁、振动系统和检测系统(感应线圈)组成，结构如图 6.17 所示。装在振动杆上的样品位于磁极中央感应线圈中心连线处，位于外加均匀磁场中的小样品在外磁场中被均匀磁化，小样品可等效为一个磁偶极子。其磁化方向平行于原磁场方向，并在周围空间产生磁场。在驱动线圈的作用下，小样品围绕其平衡位置做频率为ω的简谐振动而形成一个振动偶极子。振动的偶极子产生的交变磁场导致探测线圈中产生了交变磁通量，从而产生感生电动势ε，其大小正比于样品的总磁矩μ：

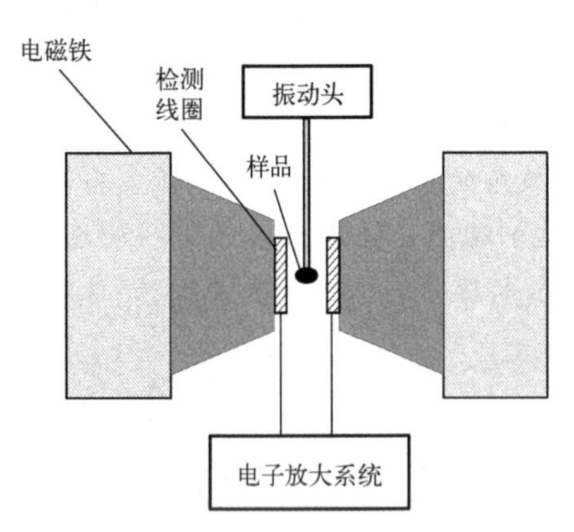

图 6.17　VSM 结构图

$$\varepsilon = K\mu$$

式中，K 为与线圈结构、振动频率、振幅和相对位置有关的比例系数。当它们固定后，K 为常数，可用标准样品标定。因此由感生电动势的大小可得出样品的总磁矩，再除以样品的体积即可得到磁化强度。记录下磁场和总磁矩的关系后，即可得到被测样品的磁化曲线和磁滞回线。

在感应线圈的范围内，小样品垂直磁场方向振动。根据法拉第电磁感应定律，通过线圈的总磁通为

$$\Phi = aH + bM\sin(\omega t)$$

式中，a 和 b 是感应线圈相关的几何因子；M 是样品的磁化强度；ω是振动频率；H 是电磁铁产生的直流磁场。线圈中产生的感应电动势为

$$E(t) = \frac{\mathrm{d}\Phi}{\mathrm{d}t} = KM\cos(\omega t)$$

式中，K 为常数，一般用已知磁化强度的标准样品(如 Ni)定出。

6.3　实用超导材料临界磁场 H_c 的测量方法

超导材料的三个基本参量临界温度 T_c、临界电流密度 J_c 和临界磁场 H_c(H_{c1}、H_{c2})不是相互独立的，所以与临界电流 I_c 类似，给出临界磁场的数值时必须说明其对应的温度。对于实用超导材料，一般关注的是其上临界磁场 H_{c2}。而实用超导材料的 H_{c2} 都较大，尤其是在温度低于 10K 后，H_{c2} 的值一般会超过 10T，对能够满足上临界磁场测量的磁场强度要求很高，所以 H_{c2} 测量工作没有像 I_c 测量那样普遍。本节只对 H_{c2} 的测量方法做简单的原理性介绍。

超导材料在某一给定温度下临界磁场的测量原理为：在该温度下逐渐增大外加在样品上磁场的磁场强度，同时检测样品的超导性。当观测到样品的超导性完全消失时，所

对应的外加磁场强度就是该样品在该温度下的上临界场 H_{c2}。

检测样品超导性的方法可以采用类似测量样品 T_c 使用的电阻测量法或磁化测量法。

下面以电阻测量法为例展示测量超导样品临界磁场的实验过程。实验目的是确定超导样品在某一温度(小于 T_c)下的上临界场 H_{c2}。样品的接线采用电阻测量法中使用的四引线方法，在该温度下将样品置于均匀但可变的外加磁场下。从零开始逐渐增大外加磁场，同时监测和记录样品电阻和磁场的数值。实验开始时，样品电阻应该为零，当外磁场增大到某一数值时，电阻突然增大，这时对应的磁场强度即样品在该温度时的 H_{c2}。

通过图 6.18 可以进一步理解这一测量过程。图中有三条趋势变化类似的 R-H 曲线，分别为在温度为 T_1、T_2 和 T_3($T_1<T_2<T_3$)时的测量结果。因为温度 T_3 最高，所以对应 T_3 的曲线位于三条曲线的最左边。也就是说，温度越高，样品出现电阻、失去超导性所需的外加磁场(H_{c2})越小。随着温度的降低，样品的上临界磁场对应增大，即 $H_{c2}(T_3)<H_{c2}(T_2)<H_{c2}(T_1)$。

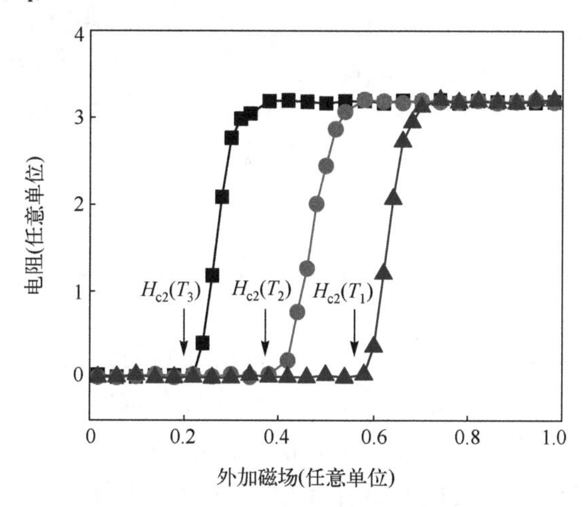

图 6.18　电阻测量法测量超导样品上临界磁场 H_{c2} 得到的 R-H 曲线举例

由于有些超导材料，尤其是高温超导材料，在磁场下呈各向异性，H_{c2} 也是各向不相同的。对于磁场下各向异性的超导材料，在测量临界磁场时要考虑到外加磁场与样品的相对角度。

另外，因为实用超导材料在较低温度时 H_{c2} 的值较大，持续的均匀磁场无法满足测量临界磁场的强度要求，所以测量常常需要在满足各项条件的脉冲磁场下进行。

课 外 读 物

扩展知识

脉冲磁场

脉冲磁场(pulsed magnetic field)指一个窄脉冲磁场，该磁场的维持时间一般很短。

持续时间中磁感应强度只有一段是尖峰状，通常为几十毫秒到几百毫秒，脉冲磁场装置是产生高强磁场的最有效手段。受到电磁应力和磁体温升的影响，目前，45T 以上的磁场，只能通过脉冲强磁场装置产生。截至 2020 年底，美国脉冲强磁场峰值磁场磁通密度的最高纪录为 100.7T，德国为 94T，我国为 90.6T，紧随美德之后，位居全球第三。纯铜导线磁体实现 75T 磁场，为同类导体材料最高。图 6.19 所示为我国国家脉冲强磁场科学中心。

彩图 6.19

图 6.19　国家脉冲强磁场科学中心

6.4　实用超导材料交流损耗的测量方法

超导材料的交流损耗计算十分复杂，很难得出准确的结果，所以有效地测量超导材料的交流损耗就显得非常重要，尤其对于工程设计具有重要意义。

测量超导材料的交流损耗主要有三类方法，即电测量法、磁测量法和热测量法。电测量法利用电子电路和锁相放大技术对样品电压、相角进行测量，换算出交流损耗。电测法测量操作简易，速度快，尤其适用于导线短样的测量，其缺点是装置对仪器精度要求高，容易受环境磁场的影响，引起测量精度下降。磁测量法是通过测量超导体磁化强度的变化来确定其交流损耗，适用于较小样品交流损耗的测量。热测量法通过对样品的能量损耗而引起的液氮(或其他冷却介质)蒸发率的测量，再按照气化热可以换算出被测样品的交流损耗。热测法测量范围宽，可用于测量复杂结构的超导部件，得出整个部件的能量损耗。然而，热测法一般不适用于质量较小样品的测量。

6.4.1　交流损耗电测量法

电测量法所使用的电流源需提供纯正的正弦电流，测量流过超导样品的电流，以及此时样品端电压中与电流同相位的阻性电压分量，再根据

$$P = U_{\mathrm{rms}} I_{\mathrm{rms}} \cos\varphi \tag{6.3}$$

求得样品的交流损耗功率 P。式(6.3)中，U_{rms} 为超导体端电压的有效值；I_{rms} 为传输电流的有效值；φ 为样品端电压与传输电流的相位差。

交流损耗的电测量法又可分为探测线圈测量和锁相放大器测量两类。

探测线圈测量法的测量系统主要由交流电源、低温容器、补偿电阻(无感电阻)、隔离放大器、数据采集和处理系统，以及处于低温容器内的超导磁体、探测线圈和补偿线圈构成，其等效电路如图 6.20 所示。

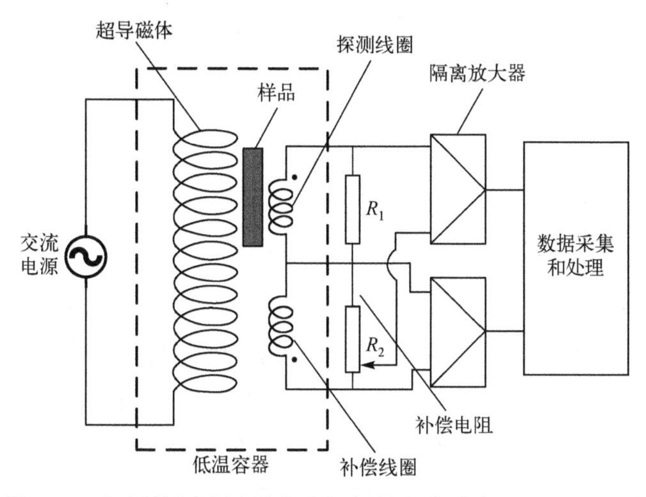

图 6.20　探测线圈法测量交流损耗等效电路(WANG，2014)

测量时，待测样品放置于探测线圈和补偿线圈之间，待测样品到两线圈的距离均为 a，如图 6.21 所示，R 为待测样品线圈的半径。补偿线圈用于补偿探测线圈的感应电压，并对背景磁体产生的交变场进行测量。当无待测样品时，应通过无感电阻进行调节，使输出电压为零。记探测线圈高度、补偿线圈高度和待测样品线圈高度分别为 h_p、h_c 和 h_s。一般地，有 $h_s = 3h_p = 3h_c$，则一定频率下，单位长度的交流损耗可由式(6.4)计算，单位为 W/m。

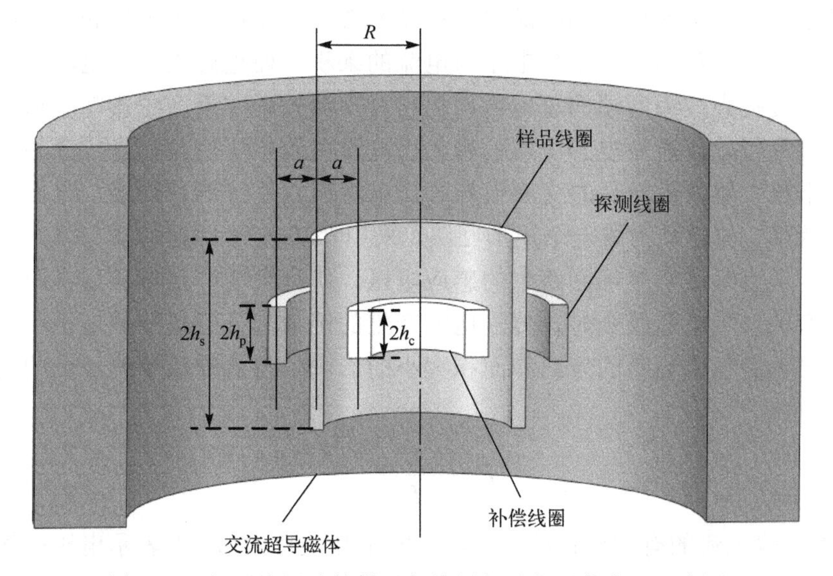

彩图 6.21

图 6.21　探测线圈法的样品与线圈相对位置的布置示意图

$$P_{\mathrm{m}}=\frac{h_{\mathrm{p}}U_{\mathrm{rms}}B_{\mathrm{rms}}}{\mu_0 NL} \tag{6.4}$$

式中，h_p 为探测线圈的高度；U_{rms} 为探测线圈与补偿线圈电压均方根值之差；B_{rms} 为磁体产生交变场的均方根值；N 为探测线圈的匝数；L 为探测线圈内待测试样的长度。

采用锁相放大器测量是电测法使用较为普遍的测量方法，其测量系统主要包括交流电源、补偿线圈(罗氏线圈)、无感电阻、锁相放大器、控制和数据采集系统，其基本组成及接线方式如图 6.22 所示。

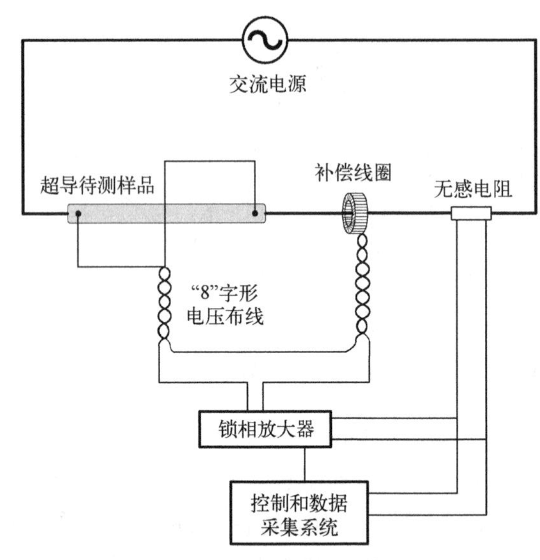

图 6.22　锁相放大器测量超导导线样品交流损耗的电路示意图

进行测量时，锁相放大器测量样品的基频电压分量，该信号与无感电阻上的电流相位相同。当正弦交流电通过被测样品时，样品两端的电压由电阻电压和电感电压两部分构成。其中，交流损耗功率为电阻电压与电流的乘积，而电感电压与电流在相位角上相差 90°，虽然会提高线圈两端的总电压，但它对交流损耗并不产生影响。通常，可利用罗氏线圈进行补偿，以避免电感电压信号太大淹没电阻电压信号，导致锁相困难。

使用锁相放大器测量样品的交流损耗时，电流引线通过铜片焊接，电压引线焊接在待测样品的两端，与样品构成一个矩形回路。采用“8”字形回路的排布方式将两根电压线紧紧缠绕，可有效减小矩形回路中的感应电压。研究表明：当电压线在距离样品三倍以上带材半宽的位置重新绞合时，传输电流产生的绝大部分磁场能被电压引线包围，此时，测量结果不受包围环路的方向和面积大小的影响。待测样品单位长度的交流损耗功率可表示为

$$P=\frac{I_{\mathrm{rms}}U_{\mathrm{rms}}}{L} \tag{6.5}$$

式中，I_{rms} 为传输电流的有效值；U_{rms} 为阻性电压基波有效值；L 表示电压引线两个接点之间的距离。

如果被测样品不是单根超导带材，而是超导线圈，则测量时超导线圈会处于周期性

的励磁状态，图 6.22 所示的测量系统不能完全适应测量超导线圈样品的需要。图 6.23 所示为改进后的超导线圈交流损耗测量系统基本组成示意图。

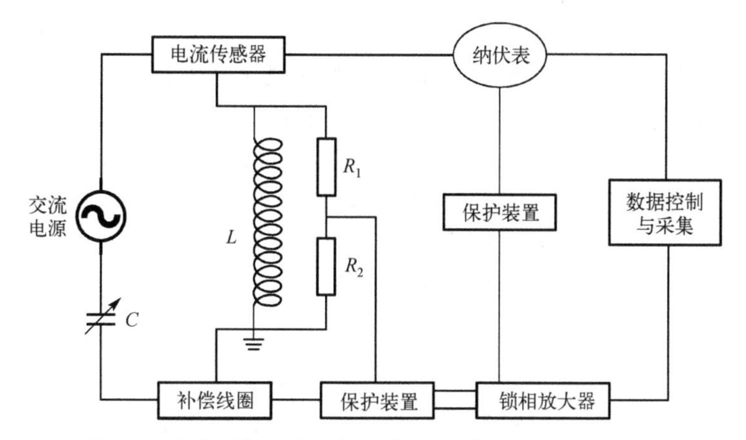

图 6.23　测量超导线圈样品交流损耗的锁相放大器测量系统组成示意图

在图 6.23 所示的测量系统中，供电回路中引入了串联谐振电容 C 以增大线路的工作电流，降低测量线路阻抗。在样品线圈电感 L 和电容 C 串联谐振的条件下，损耗电压即线圈的端电压。此时，线路中电流最大。受锁相放大器输入信号的最大量程(<1V)限制，线圈中通过的电流不宜过大，补偿线圈发挥作用，对样品的感性电压分量进行有效补偿。电阻 R_1 和电阻 R_2 起分压的作用，不仅可以保护锁相放大器，还降低了对罗氏线圈电感的要求。

采用锁相放大器等电测法测量超导样品的交流损耗时，应注意下面所述的可能影响测量结果的误差问题及应对策略。

1. 锁相误差

锁相放大器在测量相位差时会产生一定的相位浮动，其大小取决于锁相放大器自身的性能。较小的相位浮动会引起较大的测量误差，特别是电压与电流相位接近 90° 时，相位浮动引起的测量误差更大。

对于锁相误差，除了选用性能更高的锁相放大器，还可以通过补偿方法，减小待测信号与参考信号之间的相位差 θ，使其远离 90° 。一般控制 θ 不大于 80° ，就能取得很好的效果。

2. 参考信号误差

锁相放大器在测量相位差时会产生一定的相位浮动，其锁相放大器接入的外参考信号，通常由串联无感电阻或电流互感器(罗氏线圈)提供，一般认为是纯电阻或纯电感，但实际上它却不可能是理想元件，因此存在着系统测量误差，较小的参考信号偏差可能会给实际测量结果带来较大的影响。

为了尽量减小参考信号误差，对用于提取参考信号的器件选取就要特别注意。一般来说，对于电缆等电流较大的样品，采用罗氏线圈或电流探头作为电流互感器，效果要好于无感电阻。例如，福禄克(Fluke)公司的交流柔性电流探头能自动跟踪电流相位，其标准接头可以直接插入锁相放大器的参考输入端，且屏蔽效果要好于自接引线。

3. 电压测量误差

电压引线回路处在较复杂的磁场中，感生压降很难完全屏蔽。特别地，如果是超导电缆，两端电流引线处磁场环境更加复杂，且测试超导电缆的电压引线一般是焊接在电流引线上，这样测得的电压还包括电流引线与电缆各层的接触电阻的影响。

为减小电压测量误差，常规方法是引出线采用带屏蔽的双绞线，可以削弱外界电磁干扰对测量电压的影响，还应当采用如图 6.18 所示的“8”字形电压布线，减小电压引线回路上的感生电势。对于超导电缆等样品，还需要先行测量液氮温度下电缆各层的直流电阻(接触电阻)，最后对交流损耗的测量结果进行修正。

6.4.2 交流损耗磁测量法

磁测量法也可以测量超导材料的交流损耗，但一般多用于测量块材和粉末样品的交流损耗。图 6.24 是磁测量法的基本电路示意图。实验系统电路的仪器设备主要包括锁相放大器、功率放大器、环形变压器、罗氏线圈、参考线圈和样品线圈等，其中，参考线圈与样品线圈的匝数和几何尺寸相同且平行排列。测量时被测样品置于样品线圈内，锁相放大器内置的发生器根据实验需要产生相应频率的正弦信号，通过一个环形变压器给磁体供电。环形变压器用于调节测量回路的电压/电流。磁体的电流是由连接到锁相放大器通道 A 的罗氏线圈测量的。通道 B 用于采集测量线圈上的电压信号。测量原理是样品的交流损耗导致测量线圈的电压发生变化。测量和记录罗氏线圈上的电流、测量线圈上的电压以及两者的相位，通过计算该电流和与其相位相同的电压的乘积，即得到被测样品的交流损耗。

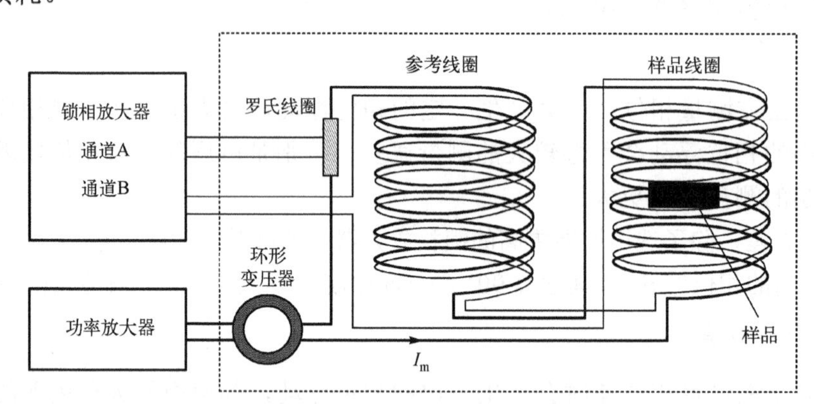

图 6.24　超导样品交流损耗磁测量法的基本电路示意图(ŠOUC et al.，2015)

6.4.3 交流损耗热测量法

超导材料的交流损耗也可以通过热测量法(卡路里法)测量得到。热测量法需要将待测样品(处于设定的交流电流或磁场条件)置放于绝热容器中，其基本原理是测量在冷却介质中由被测样品交流损耗产生的热量导致的冷却介质温度的上升或气化的量值，最后换算成被测样品的交流损耗。从本质上讲，热测量法不适于测量质量较小的样品。根据测量参数的不同，超导材料交流损耗的热测量法大致可分为温升法和气化量热法两大类。

1. 温升法

温升法是通过测量浸泡被测样品冷却介质的温升来确定样品的交流损耗。采用温升法测量超导样品的交流损耗时，可以使用专门用于测量的绝热容器，在有的情况下也可以使用超导设备自身的绝热容器。例如，在测量超导电缆的交流损耗时并不需要另外的绝热容器，只要测量超导电缆进口和出口温度及液氮的质量流速，在排除其他影响因素后，就可以计算出超导电缆的交流损耗。

对于静止的冷却介质，样品交流损耗在被测时间 t(s) 内产生的热量 Q(J) 可以通过冷却介质的质量 m(kg)、温差ΔT(K) 和冷却介质的等容比热 C_{v}[J/(kg·K)]计算，即

$$Q = m\Delta TC_{\mathrm{v}} \tag{6.6}$$

而在这段时间内，样品的交流损耗功率为

$$P = \frac{Q}{t} = \frac{m\Delta TC_{\mathrm{v}}}{t} \tag{6.7}$$

P 的单位为瓦特(W)。

通过式(6.7)计算超导样品的交流损耗的前提条件是实验过程中不发生低温介质的气化逃逸，也就是说，绝热容器内的低温介质的质量保持不变，否则，要考虑低温介质气化对测量结果的影响。

在采用温差法测量超导样品的交流损耗时，更多的情况是在测量过程中，使冷却介质在绝热容器的两端以平均质量流速 v_{m}(kg/s) 分别流入和流出，通过测量流出口和流入口冷却介质的温差值ΔT 和 v_{m} 值计算在所测时间内样品的交流损耗。这时，样品交流损耗在被测时间 t 内产生的热量为

$$Q = \Delta TC_{\mathrm{p}}v_{\mathrm{m}}t \tag{6.8}$$

与式(6.6)不同的是，这时需要使用冷却介质的等压比热 C_{p}。而样品的交流损耗功率为

$$P = \frac{Q}{t} = \Delta TC_{\mathrm{p}}v_{\mathrm{m}} \tag{6.9}$$

在测量时应通过调节冷却液体在入口的温度 T 和 v_{m}，尽量保证绝热容器内的冷却介质的平均温度处于一个恒定的值，否则就要对测量结果做相应的校正。在测量系统的各个参数已经处于一种稳定的平衡状态后，就可以使用稳定状态下的ΔT 和 v_{m} 值，代入式 (6.9)计算出样品的交流损耗功率。

应该指出的是式(6.6)和式(6.8)中的 Q 忽略了绝热容器的漏热，实际测量时，绝热容器的漏热是不可避免的，所以在确定参与计算的 Q 值时应根据绝热容器的实际漏热情况对测量到的 Q 值进行修正。

2. 气化量热法

气化量热法的基本原理是通过测量由于样品的交流损耗而引起的冷却介质的蒸发量(率)来确定样品的交流损耗。气化量热法使用最多的场合是利用液氦作为冷却介质来测

量高温超导样品在这个温区的交流损耗。

使用液氮作为冷却介质，采用气化量热法测量超导样品的交流损耗时，是根据实验过程中蒸发的液氮质量和液氮的气化潜热(198.6kJ/kg)数值来计算样品的热损耗。测量液氮的蒸发量是通过测量蒸发的氮气流量或测量液氮的质量变化实现的。所以，气化量热法又可通过测量蒸发气体的流速和绝热容器内液体的重量变化两种途径来实现。

通过冷却介质蒸发气体流速测量超导样品交流损耗的基本装置是一个如图6.25所示的在出口处设有气体流量计的绝热容器。设出口处流出的氮气的平均质量流速为 v_m，液氮的气化潜热为 Q_L，则样品交流损耗在被测时间 t 内产生的热量为

$$Q = Q_L v_m t \tag{6.10}$$

与式(6.6)和式(6.8)一样，式(6.10)没有考虑绝热容器的漏热，实际测量时应将容器漏热的影响考虑进去，对 Q 值做出相应的修正。而样品的交流损耗功率为

$$P = \frac{Q}{t} = Q_L v_m \tag{6.11}$$

在测量系统的各个参数已经处于一种稳定的平衡状态后，就可以使用稳定状态下的 v_m 值，代入式(6.11)计算出样品的交流损耗功率。

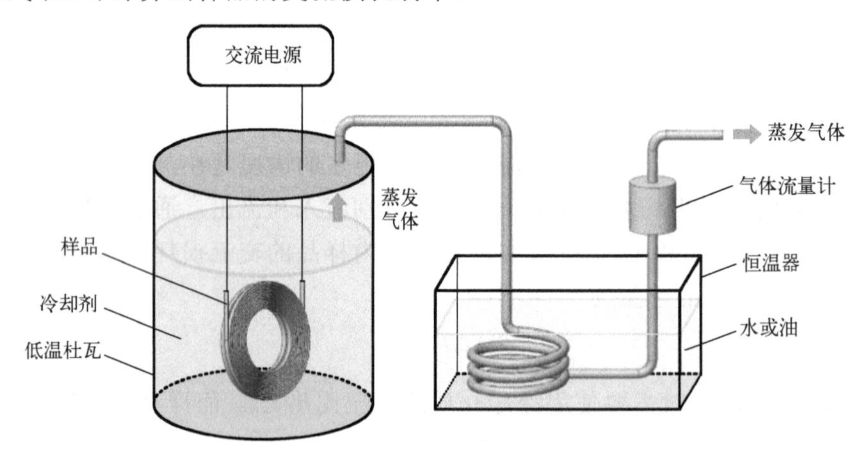

图 6.25　蒸发气体流速法测量超导样品交流损耗装置示意图

气化量热法测量超导样品交流损耗的另一个途径是量重法，即通过称重来测量浸泡被测样品的液氮质量变化，从而确定样品的交流损耗。下面拟通过一个测量超导样品交流损耗的实验系统来介绍这种测量方法，同时更详细地介绍测量超导样品交流损耗的实验过程，包括提供实验所需的交流电流条件的仪器设备的介绍，使大家对超导样品交流损耗的热测法实验过程有更细致的了解。

图6.26是量重法测量超导样品交流损耗的装置示意图。在测量实验中，如果忽略绝热容器漏热的影响，样品交流损耗在被测时间 t 内产生的热量为

$$Q = Q_L \Delta m \tag{6.12}$$

式中，Δm 为在测量时段内液氮质量的变化。样品的交流损耗功率为

$$P = \frac{Q}{t} = \frac{Q_L \Delta m}{t} \tag{6.13}$$

图 6.27 是量重法测量超导样品交流损耗的基本仪器、设备布置示意图。图中除了图 6.26 所示的绝热容器和称重天平之外，还包括另外几个部分。其中，标示为“空载实验”框内的是一组电路开关，设置这组开关的目的是在不改变其他电路连接的条件下能够断开给样品通电的电路，完成绝热容器的漏热测量实验。标示为“直流实验”框内的是一个可调节电流值的直流电源，其作用是确定绝热容器内外非超导连接线在给定电流大小条件下的焦耳热对液氮蒸发的影响。标示为“交流实验”框内的是一个可调节频率和幅值的交流电源，用于在不同的频率和幅值的条件下测量样品的交流损耗。图中所示的测量系统还包括一台录波仪，用来监测交流信号的频率、幅值和波形。

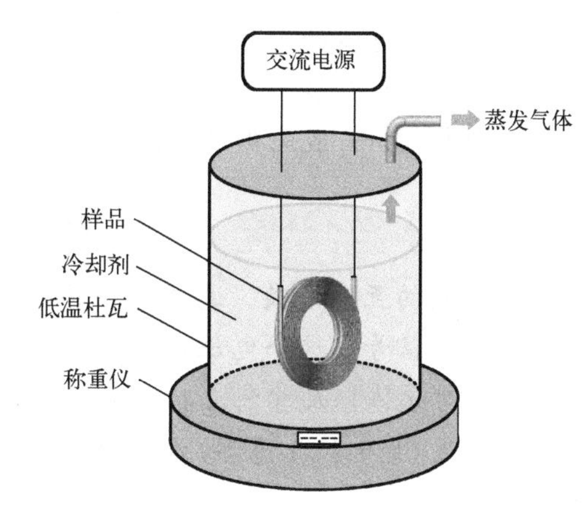

图 6.26　量重法测量超导样品交流损耗的装置示意图

在实际测量实验中，在将样品置于绝热容器后，分别测量在一个设定的时间内容器的漏热和非超导连接线产生的焦耳热所导致的液氮质量变化值，最后在同一时间长度内，在设定的频率和幅值条件下开展交流实验。在数据处理时，将交流实验得到的液氮质量损耗值减去由漏热和非超导连接线产生的焦耳热造成的液氮质量损耗值，得到与实际交流损耗对应的液氮质量损耗值 Δm 和 Q 值。

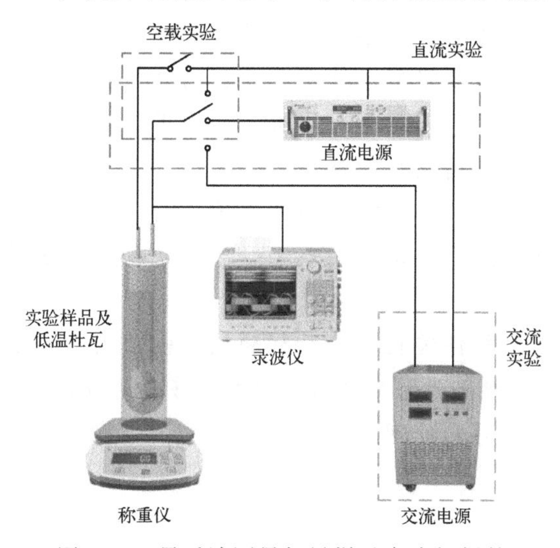

图 6.27　量重法测量超导样品交流损耗的基本仪器、设备布置示意图

实际上，在采用上述的任何一种热测法时都要把绝热容器漏热和非超导连接线产生的焦耳热的影响考虑进去，并对实验数据做相应的修正。另外，在采用热测量法测量时，测试 t 要充分长，保证在采集数据时系统处于稳定的平衡状态。

课 外 读 物

扩展知识

1. 罗氏线圈

罗氏线圈(Rogowski coil)又称罗戈夫斯基线圈，一种交流电流传感器，是一个均匀缠绕在非铁磁性材料上的环形线圈，可以直接套在被测量的导体上来测量交流电流。

罗氏线圈测量电流的理论依据是法拉第电磁感应定律和安培环路定律。导体中流过的交流电流会在导体周围产生一个交替变化的磁场，从而在罗氏线圈中感应出一个与电流对时间的微分(di/dt)成比例的交流电压信号：

$$U_{\text{out}} = M\frac{\mathrm{d}i}{\mathrm{d}t}$$

式中，M为线圈的互感系数。通过积分器将罗氏线圈输出的电压信号进行积分后可以得到一个交流电压信号，这个电压信号可以准确地再现被测量电流信号的波形。

罗氏线圈对导体、尺寸都无特殊要求，具有较快的瞬间反应能力，广泛应用在传统的电流测量装置(如电流互感器)无法使用的场合，例如，用于电流测量，尤其是高频、大电流测量。

2. 录波仪

录波仪(oscillograph)又称多通道暂态记录仪、便携式波形记录仪、数字录波仪、电力录波仪、便携式录波仪。它能把肉眼看不见的电信号变换成看得见的图像，便于人们研究各种电现象的变化过程。利用录波仪能观察各种不同信号幅度随时间变化的波形曲线，还可以用它测试各种不同的电量，如电压、电流、频率、相位差、调幅度等。

录波仪按信号处理方式不同可以分为模拟型与数字型，对于大多数的电子应用，无论模拟型录波仪还是数字型录波仪都是可以胜任的，而对于一些特定的应用，可以根据模拟型录波仪和数字型录波仪具有的不同特性，选用适当的类型。

模拟型录波仪采用的是模拟电路(示波管，其基础是电子枪)，电子枪向屏幕发射电子，发射的电子经聚焦形成电子束，并打到屏幕上。屏幕的内表面涂有荧光物质，这样电子束打中的点就会发出光。

数字型录波仪则是由数据采集、A/D 转换、软件编程等一系列的技术制造出来的高性能录波仪。数字型录波仪一般支持多级菜单，能提供给用户多种选择、多种分析功能、还有一些录波仪可以提供存储，实现对波形的保存和处理。

参 考 文 献

刘勇, 2017. 高温超导材料交流损耗测试方法及应用研究[D]. 兰州: 兰州大学.

王银顺, 管潇津, 张慧媛, 等, 2010. 高温超导带材临界电流和 n 值指数非接触测量技术[J]. 中国科学: 技术科学, 40(11): 1337-1344.

王银顺, 张欢欢, 李会东, 等, 2013. 探测线圈法超导线材交流损耗测量系统[J]. 低温物理学报, 35(4): 246-254.

西班牙标准化学会, 2006a. Critical current measurement-DC critical current of Ag-and/or Ag alloy-sheathed Bi-2212 and Bi-2223 oxide superconductor：IEC 61788-3—2006 [S]. Beijing: National technical committee 265 on superconductivity of standardization administration of China.

西班牙标准化学会, 2006b. Critical temperature measurement-Critical temperature of composite superconductors by a resistance method：IEC 61788-10—2006 [S]. Beijing: National technical committee 265 on superconductivity of standardization administration of China.

张棪, 2022. 第一代和第二代高温超导带材交流损耗研究[D]. 天津：天津大学.

赵丽娜, 2012. 高温超导电缆交流损耗热测法研究[D]. 北京：北京交通大学.

邹圣楠, 顾晨, 瞿体明, 等, 2015. 基于磁路的高温超导带材临界电流连续检测方法[J]. 稀有金属材料与工程, 44(2): 429-432.

BENTZON M D, VASE P, 1999. Critical current measurements on long BSCCO tapes using a contact-free method[J]. IEEE transactions on applied superconductivity, 9(2): 1594-1597.

FICKETT F R, 1985. Standards for measurement of the critical fields of superconductors[J]. Journal of research of the national bureau of standards, 90(2): 95-113.

FLESHLER S, CRONIS L T, CONWAY G E, et al., 1995. Measurement of the AC power loss of $(Bi,Pb)_2Sr2Ca_2Cu_3O_x$ composite tapes using the transport technique[J]. Applied physics letters, 67(21): 3189-3191.

FURTNER S, NEMETSCHEK R, SEMERAD R, et al., 2004. Reel-to-reel critical current measurement of coated conductors[J]. Superconductor science and technology, 17(5): S281-S284.

JANASK L, 1999. AC self-field loss measurement system[J]. Review of scientific instruments, 70(7): 3087-3091.

KIM H S, OH S S, LEE N J, et al., 2010. Nondestructive measurement of critical current distribution of smbco coated conductor using hall probe[J]. IEEE transactions on applied superconductivity, 20(3): 1537-1540.

Rice University. Measurement of superconductor T_c[EB/OL]. [2023-01-31]. https://www.docin.com/p-1606752001.html.

ROSTILA L, LEHTONEN J, MIKKONEN R, et al., 2007. How to determine critical current density in YBCO tapes from voltage-current measurements at low magnetic fields[J]. Superconductor science and technology, 20(12): 1097-1100.

ŠOUC J, GÖMÖRY F, VOJENČIAK M, 2005. Calibration free method for measurement of the AC magnetization loss[J]. Superconductor science and technology, 18(5): 592-595.

WANG L, DHALI S K, 1993. Measurement of the critical current of high T_c superconductors[J]. Superconductor science and technology, 6(3): 199-202.

WANG Y S, GUAN X J, SHU J, 2014. Review of ac loss measuring methods for HTS tape and unit[J]. IEEE transactions on applied superconductivity, 24(5): 1-6.

XIN Y, 1991. Synthesis, characterization and thermoelectric power study of thallium-based high T_c superconductors[D]. Fayetteville: Arkansas University.

第 7 章　超导材料的应用和超导技术的发展

本章简要地回顾超导技术应用的历史，对目前主要的几种超导技术应用领域，包括超导磁体、超导量子干涉器件、超导电力技术和超导磁悬浮，分别做较为详细的介绍，并对与超导技术应用紧密相关的绝热技术和制冷技术做概要的原理性阐释。

7.1　超导技术的发展概述

利用超导体独特的物理性质不仅能够提高现有传统设备和仪器的效率和能力，降低它们工作的能量损耗，而且还可以制造出传统材料无法实现的新设备、新仪器，开发出新技术。20 世纪 50 年代，以铌和铌合金为代表的实用超导材料的出现敲开了超导技术应用的大门；60 年代，约瑟夫森效应的发现奠定了超导电子应用的基础；80 年代，高温超导体的发现空前地激发了人们发展超导技术应用的热情。到目前为止，超导技术已在多个领域得到应用，开始造福人们的生产、生活，推动社会的进步。

采用超导磁体的磁共振成像(MRI)设备在 20 世纪 60 年代末期问世以来，通过不断的技术进步，现在已经成为最重要的医学临床诊断设备之一。近些年，MRI 已经形成了每年近百亿美元的市场规模，数以千计的磁共振成像设备在世界各地的医院中投入使用。

超导磁体可以通过很大的电流，产生强大、稳定和均匀度高的磁场，在磁选、感应加热、晶体生长和材料光谱分析等工业领域和科学研究中得到越来越广泛的应用，尤其是在大科学工程中(如粒子加速器、粒子对撞机、稳态强磁场和可控核聚变等)发挥着不可替代的作用。

利用约瑟夫森效应制作的电压基准已经在多个国家应用。以约瑟夫森结为基本元件开发出来的超导量子干涉器件(SQUID)在微弱磁场测量、生物电磁信号测量、大地磁场测量和地矿勘查等领域都得到了商业化应用。另外，超导量子器件在太赫兹探测和单光子计数仪器领域也进入了商业化应用阶段。超导量子计算机在过去几十年也一直是超导电子应用研究的一个重要领域。

在军事和国防领域，超导技术已被应用于水下通信、红外探测、电磁屏蔽、潜艇探测、遥感扫雷、微波通信、卫星信号接收、导弹和卫星姿态控制等领域。另外，超导技术在电磁武器和舰载机弹射方面也有着巨大的应用潜力。

在通信领域，超导波段滤波器和超导天线已经得到了应用，在提高信号质量、接收能力和波段使用效率方面展示了显著优势。

经过几十年的努力，超导技术研究在交通领域取得了重要成果。目前，日本正在建设运行时速超过 500km 的东京经名古屋至大阪的超导磁悬浮轨道客运新干线，超导磁悬浮轨道交通即将进入商业化时代。

随着实用化高温超导材料的出现及其性能逐渐提高，从 21 世纪初开始，超导技术的电力应用取得了长足的发展。超导电缆、超导限流器在多个国家实现了示范性应用，正在跨越商业化应用的门槛。超导储能技术也在多个国家实现了示范性应用，人们期待通过进一步发展，其能成为打破可再生能源利用效率瓶颈的主要技术手段之一。多年来，超导变压器等其他超导电力设备的研究也取得了很大的进展。超导发电机在风能发电领域的应用和超导电动机在舰船和飞机推进领域的应用研究目前也在多个国家开展，引领着这些领域的革命性技术进步。

超导技术是一种多学科融合的技术，其发展不但依赖于超导材料的发展水平，还要依赖其他相关技术领域的发展水平和社会的政治、经济发展水平。图 7.1 概要和形象地展示了超导技术发展依赖的基础和支撑条件。

社会的政治经济水平是任何技术发展的基石，对超导技术来说也绝无例外。超导技术的发展起源于理论研究的创新结果，而市场需求则是其发展不可或缺的推动力量。在技术方面，材料科学的发展、机械制造能力的提高、先进的电子技术和自动控制技术的配套都是支撑超导技术向更高水平发展的必要条件。从这些因素考虑，目前是超导技术大发展的一个重要机遇期。超导技术有望成为 21 世纪具有重大经济和战略意义的关键技术，存在广阔的应用前景和巨大的发展潜力。

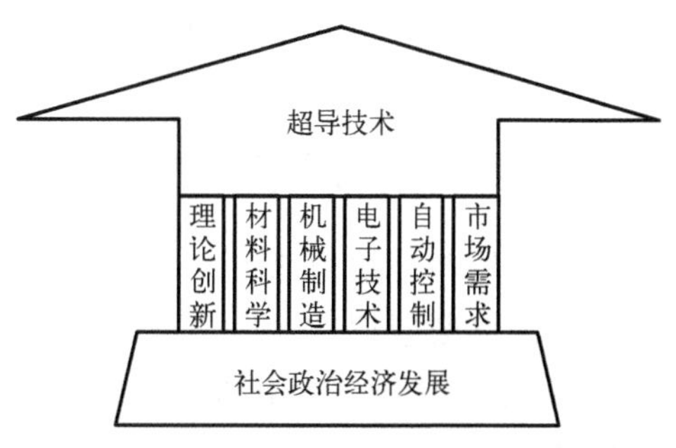

图 7.1 超导技术的发展基础和支撑要素

下面分别对目前几个重要的超导技术应用领域做详细的介绍。

7.2 超导磁体

超导磁体是基于超导导线的高载流能力，绕制线圈制作的电磁体。与永磁体及常规导线绕制的电磁体相比，超导磁体在强磁场领域具有很大的技术优势。永磁体产生的磁场在几千高斯以内，很难再产生更强的磁场。常规导线绕制的磁体通常是指把铜线或铝线绕在铁心上制成的磁体，但铜线或铝线的电阻率相对较大，这使得磁体在维持强磁场时产生巨大的热量。这不仅会造成巨大的能源浪费，同时大量的热会使得磁体温度快速升高，严重威胁磁体的安全稳定运行，所以常规强磁体需要配套复杂的水冷却系统，这就进一步增加了整个磁体的体积和重量。此外，如果通过常规导体绕制的磁体产生较强磁场，就需要采用磁导率高的磁性铁心，或是增大磁体线圈匝数及提高励磁电流。但磁性铁心在较高磁场下很快就会饱和，难以维持稳定的强磁场，而增加线圈匝数会使磁体的体积和重量增大，同时亦无法在所希望的空间范围内高效地形成较强磁场。

超导磁体稳定运行时几乎没有焦耳损耗，对于需要在较大空间中获得直流强磁场的磁体，这一点尤为突出，可以大量节约能源，且所需的励磁功率很小。另外，超导磁体还可以闭环工作在持续电流状态，这种工作状态可以保障磁场稳定。

1955 年，乔治·因特玛(George B. Yntema)使用 Nb 超导导线材料绕制了一个超导磁体，在 4.2K 温度下实现了 0.7T 的磁场。1961 年，约翰 · 昆茨勒(John E. Kunzler)等发现 Nb_3Sn 在 8.8T(4.2K)的磁场下的临界电流密度达到 $10^5 A/cm^2$。1962 年，泰德 · 吉布斯 · 柏林库特(Ted Gibbs Berlincourt)等发现比 Nb_3Sn 更容易制造并且柔性更好和生产成本更低的 NbTi 导线能够实现磁场强度近 10T 的超导磁体。这些发现奠定了发展超导磁体的基础，同时展示了超导磁体的巨大应用潜力。2007 年，内置 YBCO 高温超导线圈的混合超导磁体(外部磁体为 Nb_3Sn 绕制)实现了 26.8T 持续磁场的世界纪录。2017 年，这个纪录被另一个用 Nb_3Sn 和 YBCO 的混合磁体所打破，达到 32T。

迄今为止，超导磁体是超导技术最重要的发展领域，已被广泛地应用于医用 MRI，工农业生产和科学研究的 NMR 光谱仪、质谱仪，大科学工程的粒子加速器、对撞机和核聚变反应堆等诸多领域。

7.2.1　超导磁体的主要组成

由于绝热和冷却的要求，超导磁体装置的结构要比普通的电磁铁复杂得多，一个完整的超导磁体装置通常由以下几部分组成。

(1)超导磁体线圈：由超导导线绕制而成，根据所用导线的种类不同，可以分为低温超导磁体和高温超导磁体。

(2)超导磁体低温恒温器：超导磁体工作时对温度的稳定性要求很高，所以需要绝热性能非常好的恒温器。除对恒温器的良好绝热性能要求之外，有时内部还需要设置冷屏和防辐射屏来确保超导磁体所需的温度环境。

(3)冷却系统：每一个超导磁体都要配套一个冷却系统。一般较小的超导磁体可以采用冷却液浸泡冷却的方式，而中大型的超导磁体多采用配置制冷机的液氦流动冷却方式，如基于 CICC(cable-in-conduit conductor)的各类大型磁体。

(4)电流引线：超导磁体的电流引线需要特殊设计，既要保证可靠地输入超导磁体所需的电流，又要尽量减少通过电流引线带来的额外的漏热。目前，超导磁体的电流引线有的采用氦气冷却的铜引线，有的采用铜与高温超导的组合导线。

(5)磁体电源：要根据超导磁体的励磁需求，为其配置合适的电源。一般超导磁体电源的额定电压不高，但需要较大的额定电流。

(6)超导磁体的支撑骨架：对于大的超导磁体，在工作时会产生很大的机械力，所以需要强有力的骨架支撑来保证磁体的正常工作不受影响。一般采用金属或高分子合成材料制作超导磁体的支撑系统，在设计支撑骨架时，材料的热导和绝缘性能也是必须考虑的主要因素。

(7)超导磁体监测保护系统：超导磁体的工作温度、电流、杜瓦真空度等一系列重要参数都需要在超导磁体工作过程中得到实时监控，并配置失超保护系统，在超导磁体面临失超情况时正确应对，使损失降到最低。

(8)超导开关：对于提供持续、稳定磁场的超导磁体，需要配置超导开关。通过超导开关，可以在超导磁体结束励磁后使其脱离外部励磁电源，处于永恒超导电流的持续励磁状态。

7.2.2 超导磁体的应用

1. 核磁共振和磁共振成像

用于 NMR 和 MRI 的超导磁体是目前应用最为广泛的超导磁体。两者都是基于核磁共振原理发展起来的测量仪器，前者多用于材料分子结构分析，后者多用于医疗诊断。

用于 NMR 的磁体一般体积较小，工作腔的孔径也较小，但需要很高的场强，需要达到几特斯拉或更高。所以很多 NMR 仪器都使用超导磁体，以降低对励磁电源的要求和减少工作时的能源损耗。德国布鲁克(Bruker)公司采用全新的超高场 NMR 磁体技术，磁体内部采用高温超导体，外部采用低温超导体，其最高磁场强度可达 28.2T，对应的质子共振频率为 1.2GHz。图 7.2 是布鲁克公司生产的高磁场波谱仪。

MRI 是目前超导技术最成功的商业化应用。与 NMR 磁体相比，MRI 磁体的体积大得多，室温孔径为 600～900mm，而且要求磁场均匀的区域也大得多。目前比较普遍的主磁场为 1.5T，3T 的 MRI 仪器也开始少量地投放市场。主磁场场强越高，图像分辨率越高。除广泛地应用于提供均匀磁场的主线圈外，超导磁体也可用作 MRI 的磁场梯度线圈和磁场屏蔽线圈。目前，我国已有多家生产医用 MRI 成像仪的厂家，图 7.3 是山东华特磁电科技股份有限公司生产的 1.5T/850 型 MRI 成像仪。

图 7.2 布鲁克公司生产的高磁场波谱仪

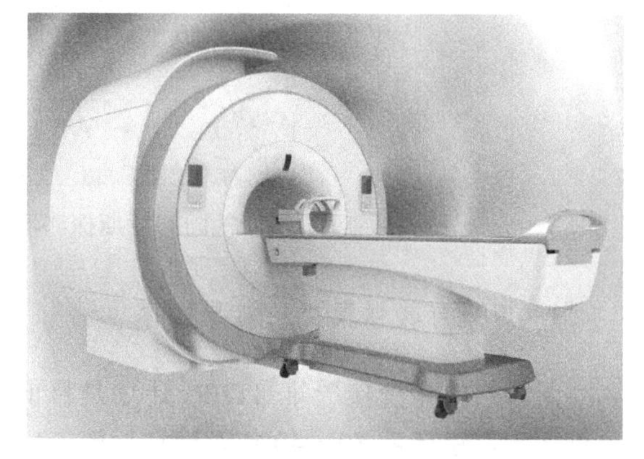

图 7.3 华特磁电科技股份有限公司生产的 1.5T/850 型 MRI 成像仪

2. 用于大科学工程的超导磁体

近半个世纪以来，在世界高能物理科学实验研究中使用了大量的超导磁体，用于建造粒子回旋加速器(cyclotron)、粒子直线加速器(linear accelerator)和正负电子对撞机(electron-positron collider)等。

这些用于大科学研究的磁体一般对性能要求很高，而且尺寸很大，有的线性磁体要在隧道里延续布置几十公里。大型强子对撞机(large hadron collider，LHC)是世界上最大、能量最高的粒子加速器，由来自大约 80 个国家的 7000 名科学家和工程师参与建造。它是一个圆形加速器，深埋于地下 100m，它的环状隧道有 27km 长，坐落于瑞士日内瓦的欧洲核子研究中心，横跨法国和瑞士的边境。这个项目于 2009 年开始调试，以后又做了多次更新和升级，图 7.4 所示为地下隧道中的 LHC 超导磁体。图 7.5 所示为其配套的阿特拉斯探测器的八个环形磁铁。

彩图 7.4

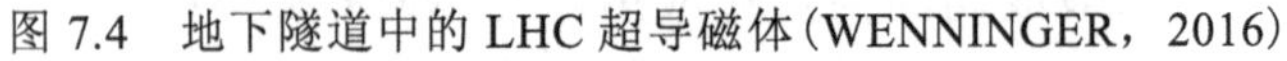

图 7.4　地下隧道中的 LHC 超导磁体(WENNINGER，2016)

彩图 7.5

图 7.5　LHC 配套的阿特拉斯探测器的八个环形磁铁(ROBERTS，2020)

3. 用于可控核聚变的超导磁体

国际热核聚变实验堆(ITER)计划是目前全球规模最大、影响最深远的国际科研合作项目之一，建造需 30～40 年，计划耗资 50 亿美元。ITER 装置是一个能产生大规模核聚变反应的超导托卡马克，由中国、欧盟、印度、日本、韩国、俄罗斯和美国合作完成。

超导磁体系统作为聚变实验堆的主体结构之一，由 18 个环向场(toroidal field，TF)线圈、18 个校正场线圈(correct coils，CC)、6 个极向场(poloidal field，PF)线圈和 1 组中心螺线管(central solenoid，CS)组成。

4. 各种其他磁体

前面介绍的是用于某个专业领域的超导磁体。实际上更多的超导磁体是无法详细归类的，这些磁体有的是为了一个实验，有的是为了建造一台设备，有的是为了探索一种绕制方法，有的是为了检验某种超导材料的使用性质，等等。图 7.6 所示为不同类型、不同用途的超导磁体。

(a)中型NbTi超导磁体

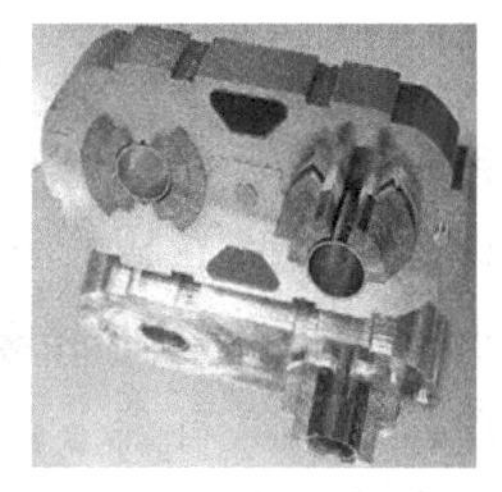

(b)NbTi超导电机线圈

(c)NbTi超导磁选器线圈

(d)MgB_2线圈

(e)Nb_3Sn超导电机线圈

(f)中型Nb_3Sn超导线圈

(g)Bi-2223限流器绕组

(h)Bi-2223超导电机线圈

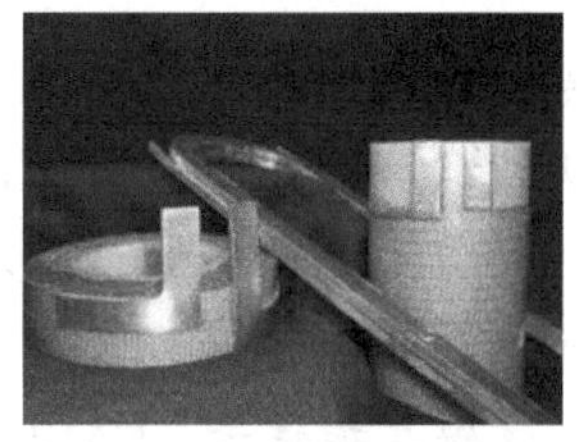

(i)RE-123超导线圈

(j)200吨NbTi超导磁体

图 7.6　各种用途的超导磁体

课 外 读 物

扩展知识

1. 核磁共振

核磁共振(nuclear magnetic resonance，NMR)是磁矩不为零的原子核，在外磁场作用下自旋能级发生塞曼分裂，共振吸收某一定频率的射频辐射的物理过程。核磁共振现象来源于原子核的自旋角动量在外加磁场作用下的进动，如图 7.7 所示。根据量子力学原理，原子核与电子一样有自旋角动量，其自旋角动量的具体数值由原子核的自旋量子数决定，实验结果显示，不同类型的原子核自旋量子数也不同。

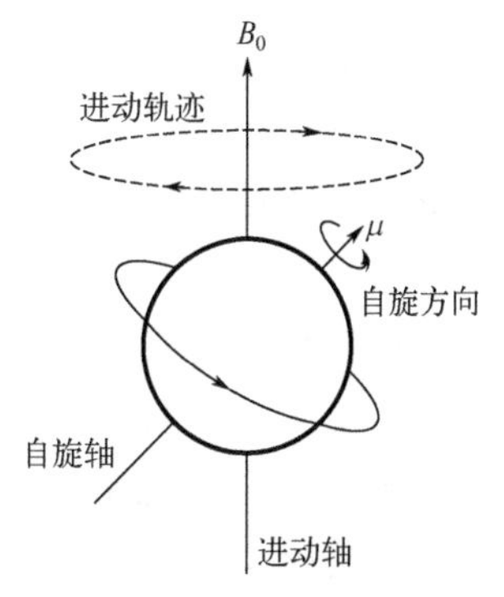

图 7.7　原子核在外磁场下的进动

(1) 质子数和中子数均为偶数的原子核，自旋量子数为 0。

(2) 中子数加质子数为奇数的原子核，自旋量子数为半整数。

(3) 中子数为奇数，质子数为奇数的原子核，自旋量子数为整数，如 1、2、3。

由于原子核携带电荷，当原子核自旋时，会由自旋产生一个磁矩，这一磁矩的方向与原子核的自旋方向相同，大小与原子核的自旋角动量成正比。将原子核置于外加磁场中，若原子核磁矩与外加磁场方向不同，则原子核磁矩会绕外磁场方向旋转，这一现象类似陀螺在旋转过程中转动轴的摆动，称为进动。进动具有能量，也具有一定的频率。原子核进动的频率由外加磁场的强度和原子核本身的性质决定，也就是说，对于某一特定原子，在一定强度的外加磁场中，其原子核自旋进动的频率是固定不变的。

原子核发生进动的能量与磁场、原子核磁矩和磁矩与磁场的夹角相关，根据量子力学原理，原子核磁矩与外加磁场之间的夹角并不是连续分布的，而是由原子核的磁量子数决定的，原子核磁矩的方向只能在这些磁量子数之间跳跃，而不能平滑地变化，这样就形成了一系列的能级。当原子核在外加磁场中接受其他来源的能量输入后，就会发生能级跃迁，也就是原子核磁矩与外加磁场的夹角会发生变化。这种能级跃迁是获取核磁共振信号的基础。

为了让原子核自旋的进动发生能级跃迁，需要为原子核提供跃迁所需要的能量，这一能量通常是通过外加射频场来提供的。根据物理学原理，当外加射频场的频率与原子核自旋进动的频率相同的时候，射频场的能量才能够有效地被原子核吸收，为能级跃迁提供助力。因此某种特定的原子核，在给定的外加磁场中，只吸收某一特定频率射频场提供的能量，这样就形成了一个核磁共振信号。NMR 观测原子的方法，是将样品置于外加强大的磁场下，现代的仪器通常采用低温超导磁体。核自旋本身的磁场，在外加磁场下重新排列，大多数核自旋会处于低能态。额外施加电磁场来干涉低能态的核自旋转向高能态，再回到平衡态便会释放出射频，这就是 NMR 信号。利用这样的过程，可以进行分子科学的研究，如分子结构、动态等。

2. NMR 技术

NMR 技术是将核磁共振现象应用于分子结构测定的一项技术。对于有机分子结构测定来说，核磁共振谱扮演了非常重要的角色，核磁共振谱与紫外线谱、红外线谱和质谱一起被有机化学家称为“四大名谱”。目前，对核磁共振谱的研究主要集中在 ^{1}H 和 ^{13}C 两类原子核的图谱上。

对于孤立原子核而言，同一种原子核在同样强度的外磁场中，只对某一特定频率的射频场敏感，但是处于分子结构中的原子核，由于分子中电子云分布等因素的影响，实际感受到的外磁场强度往往会发生一定程度的变化，而且处于分子结构中不同位置的原子核所感受到的外加磁场的强度也各不相同，这种分子中电子云对外加磁场强度的影响，会导致分子中不同位置原子核对不同频率的射频场敏感，从而导致核磁共振信号的差异，这种差异便是通过核磁共振解析分子结构的基础。原子核附近化学键和电子云的分布状况称为该原子核的化学环境，由化学环境影响导致的核磁共振信号频率位置的变化称为该原子核的化学位移。

耦合常数是化学位移之外核磁共振谱提供的另一个重要信息，耦合指的是邻近原子核自旋角动量的相互影响，这种原子核自旋角动量的相互作用会改变原子核自旋在外磁场中进动的能级分布状况，造成能级的分裂，进而造成 NMR 谱图中的信号峰形状发生变化，通过解析这些峰形的变化，可以推测出分子结构中各原子之间的连接关系。

最后，信号强度是核磁共振谱的第三个重要信息，处于相同化学环境的原子核在核磁共振谱中会显示为同一个信号峰，通过解析信号峰的强度可以获知这些原子核的数量，从而为分子结构的解析提供重要信息。表征信号峰强度的是信号峰曲线下面积的积分，这一信息对于 ^{1}H-NMR 谱尤为重要，而对于最常见的全去耦 ^{13}C-NMR 谱而言，由于峰强度和原子核数量的对应关系并不显著，因而峰强度并不非常重要。

早期的核磁共振谱主要集中于氢谱，这是由于能够产生核磁共振信号的 ^{1}H 原子在自然界丰度极高，由其产生的核磁共振信号很强，容易检测。随着傅里叶变换技术的发展，核磁共振仪可以在很短的时间内同时发出不同频率的射频场，这样就可以对样品重复扫描，从而将微弱的核磁共振信号从背景噪声中区分出来，这使得人们可以收集 ^{13}C 核磁共振信号。图 7.8 展示了核磁共振仪的工作原理图。

近年来，人们发展了二维核磁共振谱技术，这使得人们能够获得更多关于分子结构的信息，目前二维核磁共振谱已经可以解析分子量较小的蛋白质分子的空间结构。

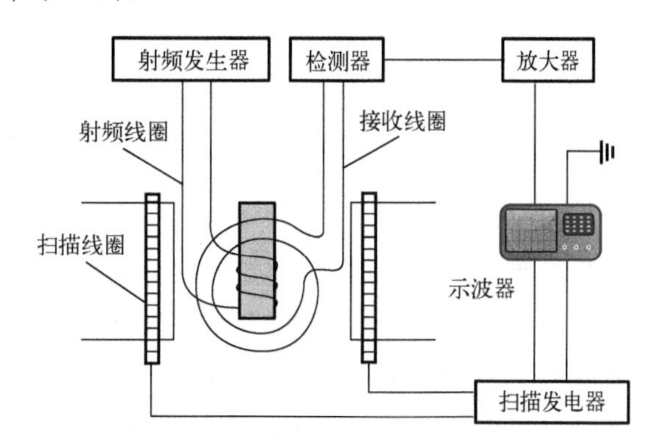

图 7.8　核磁共振仪的工作原理图

3. MRI 技术

MRI 技术是核磁共振在医学领域的应用。人体内含有非常丰富的水，不同的组织，水的含量也各不相同，如果能够探测到这些水的分布信息，就能够绘制出一幅比较完整的人体内部结构图像，磁共振成像技术就是通过识别水分子中氢原子信号的分布来推测水分子在人体内的分布，进而探测人体内部结构的技术。

与用于鉴定分子结构的核磁共振谱技术不同，磁共振成像技术改变的是外加磁场的强度，而非射频场的频率。磁共振成像仪在垂直于主磁场方向会提供两个相互垂直的梯度磁场，这样在人体内磁场的分布就会随着空间位置的变化而变化，每一个位置都会有一个强度不同、方向不同的磁场，这样，位于人体不同部位的氢原子就会对不同的射频场信号产生反应，通过记录这一反应，并加以计算处理，可以获得水分子在空间中分布的信息，从而获得人体内部结构的图像。

磁共振成像技术还可以与 X 射线断层成像技术结合为临床诊断和生理学、医学研究提供重要数据。

磁共振成像技术是一种非介入探测技术，相对于 X 射线透视技术和放射造影技术，MRI 对人体没有辐射影响，相对于超声探测技术，磁共振成像更加清晰，能够显示更多细节，此外相对于其他成像技术，磁共振成像不仅仅能够显示有形的实体病变，而且还能够对脑、心、肝等功能性反应进行精确的判定。在帕金森病、阿尔茨海默病、癌症等疾病的诊断方面，MRI 技术都发挥了非常重要的作用。

由于原理的不同，X射线断层成像技术对软组织成像的对比度不高，MRI对软组织成像的对比度大大高于X射线断层成像技术。这使得 MRI 特别适用于脑组织成像。由MRI获取的图像，通过DSI技术，可以得到大脑神经网络的结构图谱。图7.9是核磁共振成像仪的原理图。

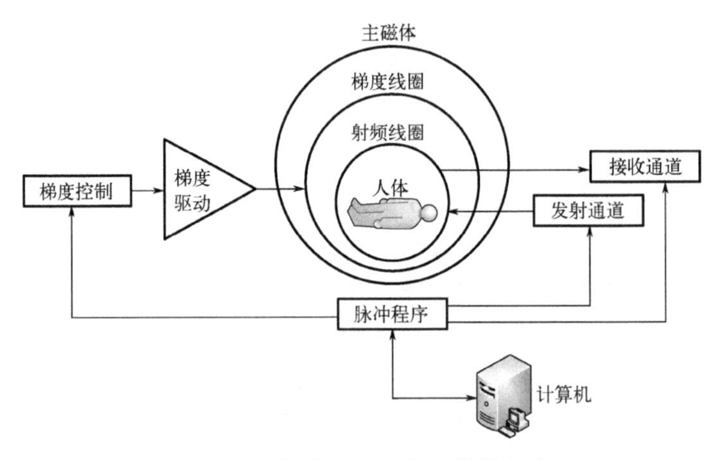

图 7.9　核磁共振成像仪的原理图

4. 超导开关

超导开关也称为持续电流开关(persistent current switch，PCS)，是利用超导体处于超导态时的零电阻、低热导性质以及迈斯纳效应和超导态与正常态转变迅速的性质，做成的各种“开关”装置。世界上第一个超导开关是美国物理学家厄内斯特·德怀特·亚当斯(Earnest Dwight Adams)于1960年在斯坦福大学做研究时发明的。超导开关可以分为两大类：机械式超导开关和加热式超导开关。

机械式超导开关主要由两个超导体、定位装置和驱动装置等构成。通过机械控制两块超导块材的接触与脱离实现开关的导通和关断。超导块材为一对附加了稳定集体的具有良好接触表面的超导触头。定位装置的主要作用是保证动触头在断开或者闭合过程中严格地实现与定触头的径向配合。

加热式超导开关主要由一个小的超导绕组、一个加热元件和两组电流引线组成。超导开关有两个工作状态：超导状态和失超状态。通过加热元件控制其工作状态。

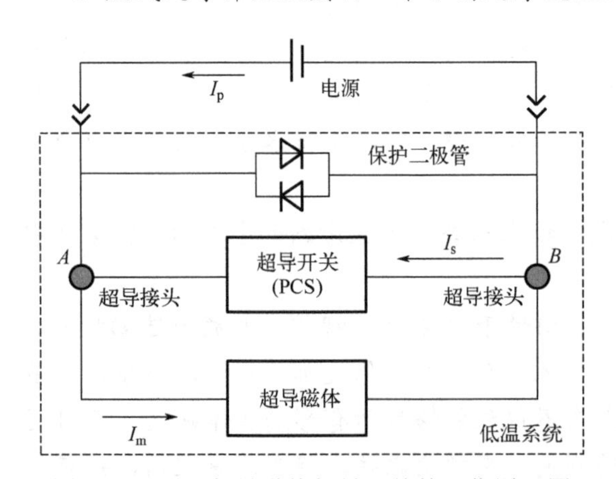

图 7.10　用于超导磁体超导开关的工作原理图

超导开关是实现超导磁体闭环运行的关键部件，图7.10是用于超导磁体超导开关的工作原理图。以超导线式超导开关应用于超导磁体为例，当超导磁体励磁时，给超导开关加热使其处于失超状态，无电流通过。在磁体达到设定的磁场时，停止给超导开关加热，使其过渡到超导状态，超导电流将通过其短路联通，切断电源后磁体处于永恒电流状态。

7.3　超导电子学应用

超导电子技术最主要的物理基础是超导体的约瑟夫森效应。利用这种效应制成的超导电子器件具有功耗低、噪声小、灵敏度高、反应速度快等特点，可进行高精度、弱信号的电磁测量，也可用作超高速电子计算机元器件等。

目前，主要的超导电子学应用可以分成如下几类。

(1)超导弱磁探测器件，如超导量子干涉器、电磁传感器和磁强计等。这类器件对磁场和电磁辐射的灵敏度比常规器件高得多，可用于测量仪器和军事侦察设备的制造。

(2)超导探测器，如超导红外探测器、超导单光子探测器、参量放大器、混频器、功率放大器等。这类器件使空间监视、通信、导航、气象和武器系统的性能远远超过利用常规器件时的性能。

(3)超导滤波器，是利用超导体零电阻特性制成的频率滤波器。这类滤波器应用于移动通信基站接收机前端，大幅改善了移动基站上行链路性能，提高了基站接收机灵敏度，降低了带内、带外的各种干扰，从而改善了信号传输质量，扩大了上行覆盖面积，提高了信号传输速率。

(4)超导计算机，采用约瑟夫森器件的超导计算机，运算速度将比普通计算机快几十倍，功耗减少到千分之一以下。

下面对超导量子干涉器、超导单光子探测器和超导滤波器做较系统的介绍。

7.3.1　超导量子干涉器

超导量子干涉器(superconducting quantum interference device，SQUID)，是一种工作在低温环境下的超导器件，凭借着独特的磁通-电压周期特性，被大量运用于精密测量领域，是如磁场、磁场梯度、电压、电流、电阻、电感及磁化率等微弱物理量测量中使用的最灵敏的元器件。超导量子干涉器分为直流超导量子干涉器(DC SQUID)和射频超导量子干涉器(RF SQUID)，分别如图 7.11(a)和(b)所示。前者包含两个约瑟夫森结，一般利用直流进行偏置；后者包含一个约瑟夫森结，一般情况下利用射频偏置。

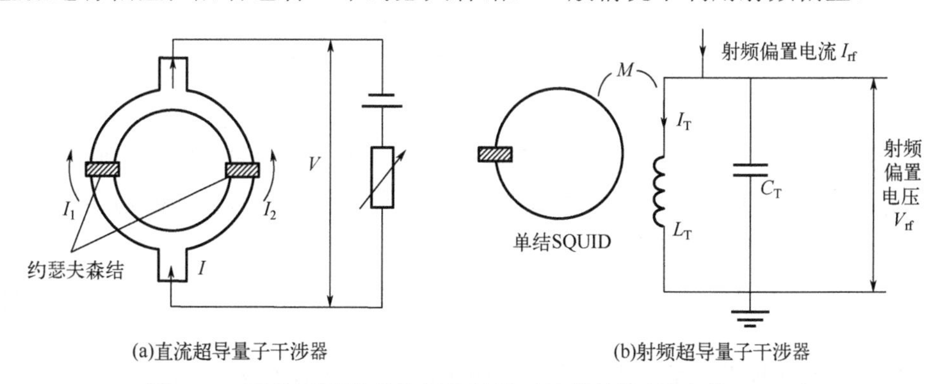

图 7.11　两种不同类型的超导量子干涉器结构(倪小静，2007)

7.3.2 直流超导量子干涉器

下面结合图 7.12 详细说明 DC SQUID 的工作原理。一个超导环在 *X* 和 *W* 处分别弱连接，弱连接处的临界电流远远小于整个环的临界电流。这一条件保证整个环的电流密度很低，进而可使超导电子对的动量很低，即电子对波的波长很长，环上各部分的相位差很小。

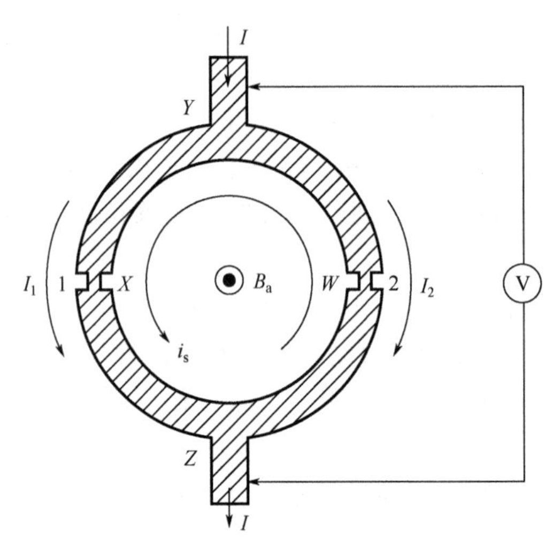

图 7.12　直流超导量子干涉器的工作原理图

这时如果在与环垂直方向施加一个磁场 B_a，则沿 *YXZ* 和 *YWZ* 的电子对波之间产生相位差。假设两个超导结具有相同的超导临界电流 I_c，那么通过结 1 和结 2 的电流 I_1 和 I_2 分别为

$$I_1 = I_c \sin\varphi_1 \tag{7.1}$$

$$I_2 = I_c \sin\varphi_2 \tag{7.2}$$

式中，φ_1 和 φ_2 分别为结 1 和结 2 的宏观量子相位差。

连接超导环的总电流为

$$\begin{aligned} I &= I_1 + I_2 = I_c(\sin\varphi_1 + \sin\varphi_2) \\ &= 2I_c \sin\left(\varphi_1 + \frac{\varphi_2 - \varphi_1}{2}\right)\cos\left(\frac{\varphi_2 - \varphi_1}{2}\right) \end{aligned} \tag{7.3}$$

当两个超导结独立时，它们的相位差 φ_1 和 φ_2 是互相独立的。但当它们并联成一个超导环路，形成双结 SQUID 时，φ_1 和 φ_2 之间就存在着相互关联。当磁场存在时，根据超导电流与超导电子波函数的关系，可得

$$\frac{\varphi_2 - \varphi_1}{2} = \frac{\pi\Phi}{\Phi_0} \tag{7.4}$$

式中，Φ 为穿过超导体的总磁通量。故超导环的总超导电流可表示为

$$I = 2I_c \sin\left(\varphi_1 + \frac{\pi\Phi}{\Phi_0}\right)\cos\left(\frac{\pi\Phi}{\Phi_0}\right) \tag{7.5}$$

选择合适的 φ_1，使 $\sin(\varphi_1+\pi\Phi/\Phi_0)=1$，此时超导环中的最大超导电流为

$$I_{\max}=2I_c\cos\left(\frac{\pi\Phi}{\Phi_0}\right) \tag{7.6}$$

考虑到穿过超导环的总磁通量 Φ 是外加磁场产生的磁通量 Φ_a 和外部磁场下超导环中感应出的超导环流电流 i_s 产生的磁通量 Φ_s 之和，即

$$\Phi=\Phi_a+\Phi_s=\Phi_a+Li_s \tag{7.7}$$

式中，L 为环路的自感，而环流电流 i_s 是 I_1 和 I_2 分别通过结 1 和结 2 时在环内产生相反方向磁通量的合成效果，即

$$i_s=\frac{I_1-I_2}{2} \tag{7.8}$$

若 $\sin\varphi_1=\sin\varphi_2=1$，则 $I_1=I_2$，这时超导环中 $i_s=0$，由式(7.7)可知：

$$\Phi=\Phi_a=n\Phi_0 \tag{7.9}$$

由超导环的总超导电流表达式可知，这时超导体中最大超导电流达到极大值：

$$I_{\max}=2I_c \tag{7.10}$$

可见，当外加磁通量 Φ_a 等于磁通量子 Φ_0 的整数倍时，最大超导电流达到极大值。

当外加磁通量 Φ_a 不满足磁通量子 Φ_0 的整数倍时，根据超导环中的磁通量子化条件，超导环中将出现环流电流 i_s 并满足 $\Phi_a+Li_s=n\Phi_0$ 的磁通量子化条件。根据超导环的电对称性，i_s 的最大补偿能力应满足：

$$(Li_s)_{\max}=\frac{\Phi_0}{2} \tag{7.11}$$

通过直流超导量子干涉器件的最大超导电流 $I_{\max}$ 随外加磁通量 Φ_a 的变化归纳为如下性质。

(1) 当 $\Phi_a=n\Phi_0$ 时，$I_{\max}=2I_c$。

(2) 当 $n\Phi_0+\Phi_0/2>\Phi_a>n\Phi_0$ 时，$2I_c>I_{\max}>2I_c-\Phi_0/L$。

(3) 当 $\Phi_a=n\Phi_0+\Phi_0/2$ 时，$I_{\max}=2I_c-\Phi_0/L$。

(4) 当 $(n+1)\Phi_0>\Phi_a>n\Phi_0+\Phi_0/2$ 时，$2I_c>I_{\max}>2I_c-\Phi_0/L$。

(5) 当 $\Phi_a=(n+1)\Phi_0$ 时，$I_{\max}=2I_c$。

图 7.13 描述了前面得到的结果，可以看出，这样的结果与光学中的干涉条纹是十分相似的。

为了测量上的方便，一般都将电流偏置在 $I>2I_c$ 处，于是在干涉器件两端出现电压 V。直流超导量子干涉器的 I-V 特性曲线和 V-Φ 特性曲线如图 7.14 所示。电压 V 随 I 的增大而增大。在一恒定电流的偏置下，电压 V 是 Φ_a 的周期函数，其周期为 Φ_0。

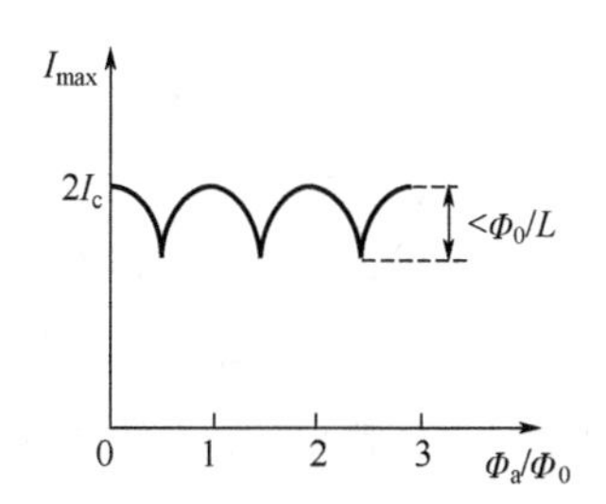

图 7.13　最大超导电流随外加磁通量的变化规律示意图

图 7.15 是直流超导量子干涉器的典型电子学线路图。磁通信号输入 SQUID 环孔，同时，为了增加仪器的灵敏

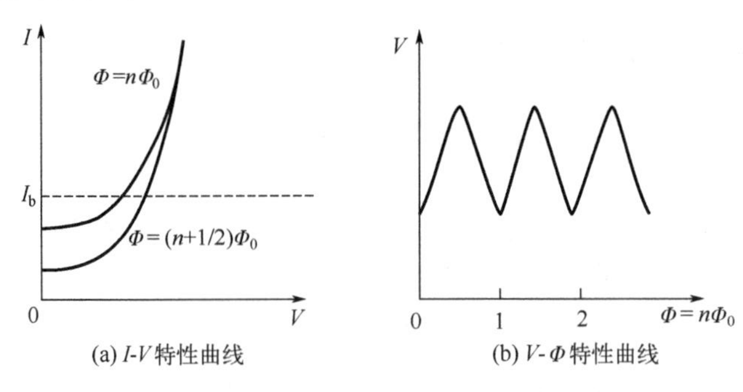

图 7.14　直流超导量子干涉器的特征曲线

度和使仪器响应线性化，用大约 100kHz 的低频信号调制环孔内的磁通。环孔磁通引起器件两端电压变化，经过阻抗变换，进入低噪声前置放大器，再经相敏检波后，反馈到 SQUID 器件，以保证精确地抵消外磁通的变化，使系统锁定在初始状态，保持磁通-电压传输函数处于最大值，并使响应线性化，反馈电阻 R_f 上的电压 V_0 正比于外磁通变化的幅度。

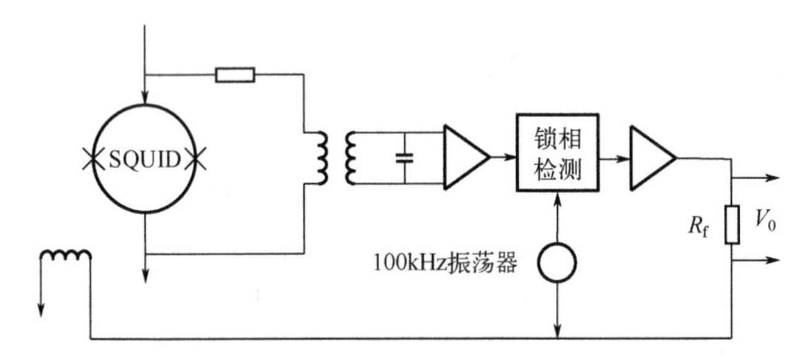

图 7.15　直流超导量子干涉器典型电子学线路图

7.3.3　射频超导量子干涉器

由于 DC SQUID 的性能与所含两个约瑟夫森结的一致性有关，而 RF SQUID 仅含有一个约瑟夫森结，工程化应用较容易，在现实中应用较多。将插入一个约瑟夫森结的超导环耦合到一个 LC 谐振回路上，谐振电路两端的电压幅度随外加磁通量呈周期性变化，以此对磁通量进行检测。

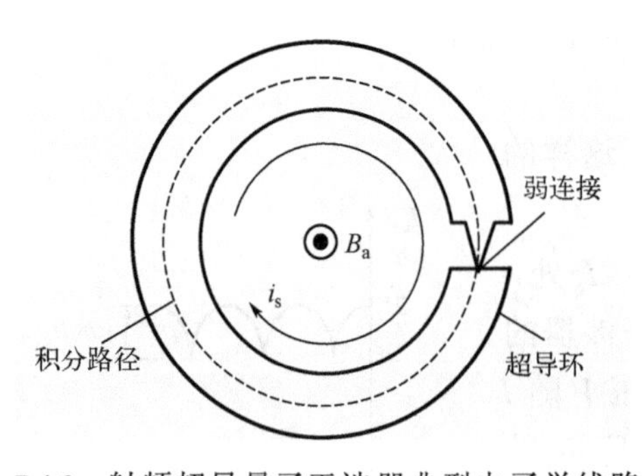

图 7.16　射频超导量子干涉器典型电子学线路图

当超导环被适当大小的射频电流偏置后，会呈现一种宏观量子干涉效应，即约瑟夫森结两端的电压是通过超导环外磁通量变化的周期函数，周期为一个磁通量子 Φ_0。

图 7.16 所示为含有一个弱连接的超导环。由于流经约瑟夫森结的超导电流要抵消超导环外部磁场，而超导电流 I 的值不能太大，所以超导环外部磁场 B_a 也不能太大。

如果流经约瑟夫森结的超导电流过小以至于和超导环中的外部磁场无法全部互相消除，则超导环中磁通总量由以下两方面组成。

$$\Phi = \Phi_a + Li_s \tag{7.12}$$

式中，Φ_a为外部磁场垂直在超导环的磁通量；i_s为外部磁场下超导环中感应出的超导电流；Li_s为超导电流在超导环中产生的磁通量，其作用是消除外部磁场在超导环上附加的磁通量Φ_a。

假设在 RF SQUID 的超导环中任意选一条首尾相连的闭合曲线当作环路积分的路径，此时再结合电子对波相位条件，通过数学推算，垂直于超导环的外部磁场沿超导环上的闭合曲线环路积分所得的相位差$\Delta\theta_B$的结果是

$$\Delta\theta_B = \frac{4\pi e}{h}\oint_L \boldsymbol{A}dl = 2\pi\frac{\Phi}{\Phi_0} \tag{7.13}$$

式中，$\boldsymbol{A}$为磁矢势。结合直流约瑟夫森效应，可以推算出，当超导电流i_s经过约瑟夫森结时，约瑟夫森结两端的电子对波相位差为

$$\Delta\theta_{wl} = \arcsin\frac{i_s}{i_c} \tag{7.14}$$

如前所述，超导环中流经的超导电流i_s需要小于约瑟夫森结处的临界电流i_c，而超导环的临界电流I_c需要保证远大于约瑟夫森结处的临界电流i_c，所以超导环中的超导电流i_s需要保证不能高于超导环的临界电流I_c。流经超导环的超导电流是一种密度非常小的电流，电流中同一分子轨道的一对电子的线性动量非常小，因而相应电子对波的波长也非常小。综上可以得出结论：由外部磁场产生的超导电流顺着超导环路径上产生的相位差可以不予考虑，由外部磁场产生的超导电流流经非常短的约瑟夫森结才有可能引发非常大的相位差，此时由外部磁场产生的超导电流引发的相位差的结果是

$$\Delta\theta_i = \Delta\theta_{wl} = \arcsin\frac{i_s}{i_c} \tag{7.15}$$

因此，超导电流在超导体中产生的相位差与超导环外部磁场产生的相位差的和与 2π 有整数倍的关系，即

$$\Delta\theta_i + \Delta\theta_B = 2\pi n \tag{7.16}$$

将式(7.13)和式(7.15)代入式(7.16)中，经过数学计算可得

$$\arcsin\frac{i_s}{i_c} + 2\pi\frac{\Phi}{\Phi_0} = 2\pi n \tag{7.17}$$

可将式(7.17)改写为

$$\frac{\Phi_0}{2\pi}\arcsin\frac{i_s}{i_c} + \Phi = n\Phi_0 \tag{7.18}$$

从式(7.18)可以看出，式子等号左边第一项不等于零，所以$\Phi \neq n\Phi_0$。式(7.18)说明因为约瑟夫森结的存在，射频超导量子干涉器的超导环中的总磁通量Φ不再是量子化的了。

由式(7.18)解得

$$i_s = i_c \sin 2\pi\left(n - \frac{\Phi}{\Phi_0}\right) \tag{7.19}$$

把式(7.19)代入式(7.13)中可得

$$\Phi = \Phi_a + Li_s \sin 2\pi\left(n - \frac{\Phi}{\Phi_0}\right) \tag{7.20}$$

从式(7.20)中可得超导环中的总磁通量 Φ 和外部磁场的磁通量 Φ_a 两者之间的关系，把这种关系称为含有一个约瑟夫森结的超导环中的磁通方程。式(7.20)所描述的关系曲线如图 7.17 所示。

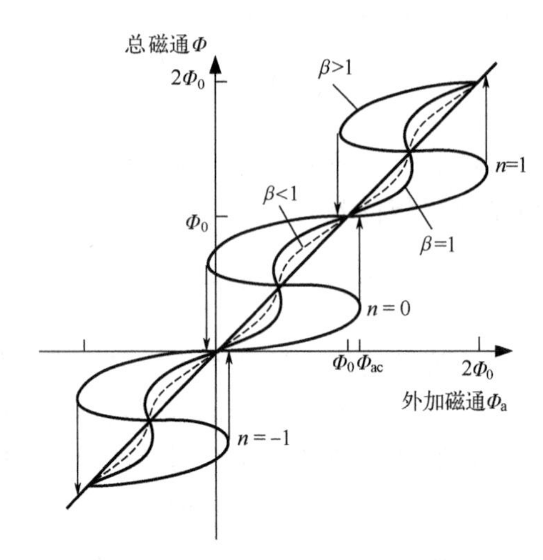

图 7.17　RF SQUID 总磁通与外加磁通的关系曲线

将式(7.20)对 Φ_a 求微分，并令 $\beta = 2\pi Li_c/\Phi_0$，可得

$$\frac{d\Phi}{d\Phi_a} = \frac{1}{1+\beta\cos 2\pi\left(n - \frac{\Phi}{\Phi_0}\right)} \tag{7.21}$$

在 $\beta \leqslant 1$ 的情况下，超导环的总磁通量 Φ 和外部磁场磁通量 Φ_a 的关系曲线没有回滞现象，RF SQUID 此时处于非回滞模式，又称为电感模式；在 $\beta>1$ 的情况下，超导环的总磁通量 Φ 和外部磁场磁通量 Φ_a 的关系曲线出现回滞现象，此时，RF SQUID 处于回滞模式，又叫耗散模式。以上两种模式的原理虽不一样，但是它们的外部电路的结构是相同的。

7.3.4　超导单光子探测器

单光子探测器(single-photon detector，SPD)是一种超低噪声器件，极强的灵敏度使其能够探测到光的最小能量量子——光子。单光子探测器可以对单个光子进行探测和计数，在许多可获得的信号强度仅为几个光子能量级的新兴应用中，单光子探测器可以一展身手。单光子检测对于量子网络的性能，如延迟、定时抖动、最大计数率和后脉冲等检测至关重要。

超导材料的零电阻特性和完全抗磁性给其在单光子探测器应用中带来显著优势，超导单光子探测器在众多领域存在良好的应用前景，成为目前超导电子学领域的研究热点。多通道超导单光子探测器在空间科学、气象科学和医学技术等领域的应用，将推动这些领域的技术进步。根据原理机制的不同，超导单光子探测器可分为如下几类。

1. 超导纳米线单光子探测器

20 世纪 80 年代，苏联的科学家利用 200nm 宽、5nm 厚超导氮化铌(NbN)薄膜纳米线制作了 810nm 波长的第一个超导纳米线单光子探测器(superconducting nanowire single-photon detector，SNSPD)。图 7.18(a)是 SNSPD 原理结构，图 7.18(b)是单光子测试过程。这个过程可以描述为：在测试开始前，超导纳米线应处于超导临界转变温度以下，并在超导纳米线上施加一个刚好低于纳米线的临界电流的偏置电流，这时超导线两端的电压为零(①)。当有光子能量被纳米线吸收时，就会产生一个小的电阻热点使超导线在热点附近的一小部分失超(②)，这会迫使热点附近局部的电流密度增大，很快会超过超导临界电流密度，失超部分增大(③)，进而导致热点附近整个超导线横截面失超，形成一个有阻区域(④)，这时探测电路将探测到一个电压脉冲信号 V_s。由于超导纳米线处于低温环境，局部电阻产生的热量会迅速散发(⑤)，导线很快恢复到超导状态(⑥)完成下一次探测准备。所探测到的单光子产生的电压脉冲信号上升很快，一般在 1ns 左右就会达到峰值，而其下降过程相对较慢，从峰值到完全消失可能长达 5ns 左右。

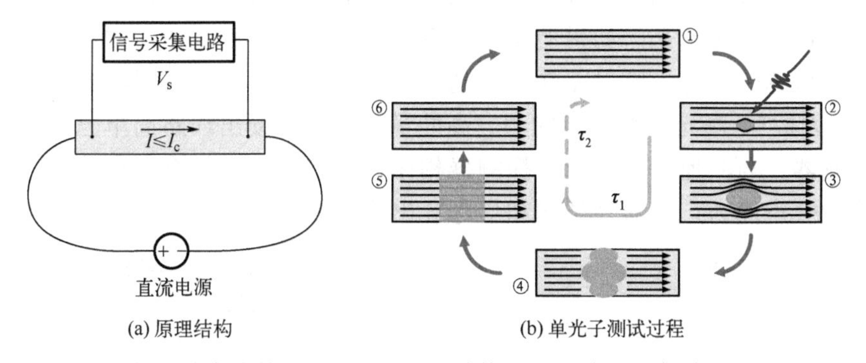

(a) 原理结构　　(b) 单光子测试过程

图 7.18　超导纳米线单光子探测器原理结构和测试过程示意图(YOU，2020)

2. 超导隧道结单光子探测器

超导隧道结(superconducting tunnel junction，STJ)单光子探测器的超导隧道结类似约瑟夫森结，由两个足够薄的超导层中间夹一个足够薄的绝缘层(约 1nm)构成。STJ 单光子探测器的工作原理如图 7.19 所示。当光子照射到第一个薄超导层时，被吸收的光子能量拆散该超导层中的库珀对，形成准粒子。如果事先在这个 STJ 上施加一个合适的偏置电压(允许产生的准粒子通过隧道穿过该结，但不会导致库珀对穿过该结)，就会产生一个与准粒子成比例的跳变电流。由于产生的准粒子数目与入射的光子数成正比，所以准粒子数目也正比于可测量的电流大小，因而 STJ 单光子探测器也具有内禀的分辨光子数的能力。

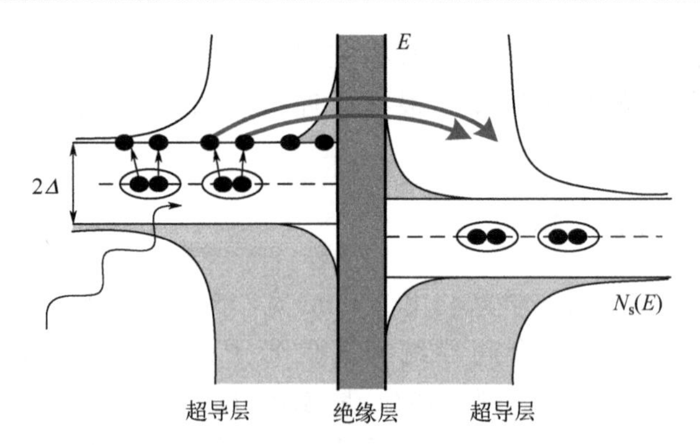

图 7.19　STJ 工作原理图(贺青等，2022)
Δ：超导能隙

3. 微波动态电感探测器

微波动态电感探测器(microwave kinetic inductance detector，MKID)也称超导动态电感探测器，其工作原理如图 7.20 所示。当 MKID 吸收光子时，其超导谐振器(本征频率处于微波波段)内部的库珀对会被打散形成准粒子(一个光子的能量可以拆散数百对库珀对)，库珀对和准粒子的浓度均发生变化，从而引起谐振器动态电感发生显著变化，导致谐振器的本征频率发生变化。通过测量谐振器的传输参数来检测谐振器参数的改变，实现光子探测。值得指出的是，如果谐振器本身不处于超导态而是通常的正常导体，其动态电感很小，可忽略不计，所以无法用于光子探测。微波动态电感探测器是一款具有很高 Q 值(品质因数)、高光子数分辨能力、高能量分辨率、读出线路简单且易于实现大规模集成的探测器。与其他超导单光子探测器相比，MKID 不仅具有内禀光子数分辨能力以及光子能量分辨能力，且器件结构和信号读出线路简单。

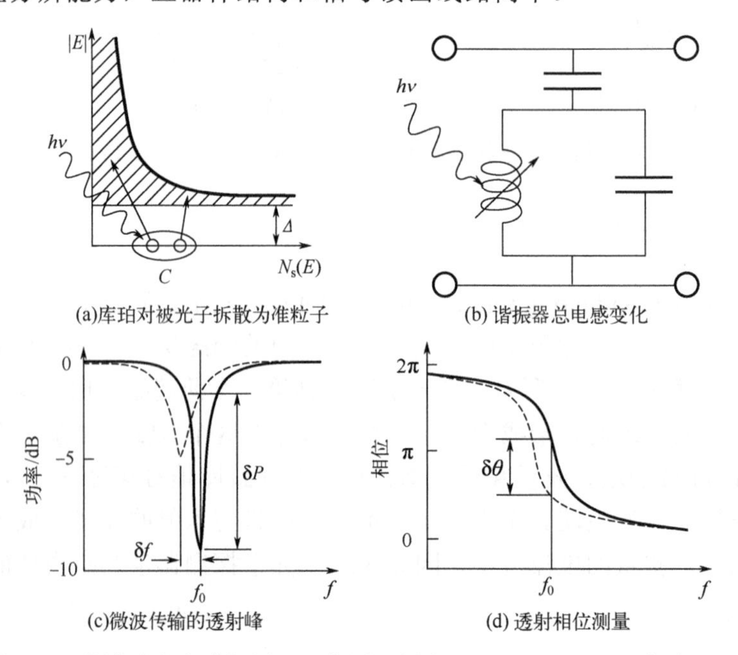

图 7.20　微波动态电感探测器工作原理图(DAY et al.，2003；贺青，2022)

4. 超导转变边缘传感器

超导转变边缘传感器(transition edge sensor，TES)也称为超导薄膜探测器，主要由三部分组成，即吸收器(absorber)、温度计(thermometer)和散热片(thermal sink)，如图 7.21 所示。其工作原理为：在超导转变温区内，一个能量大于超导库珀对结合能(即超导能隙)的光子入射到工作于超导转变边缘温区的 TES 吸收器上，吸收器吸收光子的热量后引起准粒子显著增加，从而急剧改变 TES 光敏吸收器薄膜的电阻，表现为整合读出电路阻抗的急剧变化，导致电流突变，经超导量子干涉仪放大后被后续电路识别读取。由于准粒子产生的数目与吸收的光子数量成正比，所以 TES 具有内禀的光子数分辨能力。

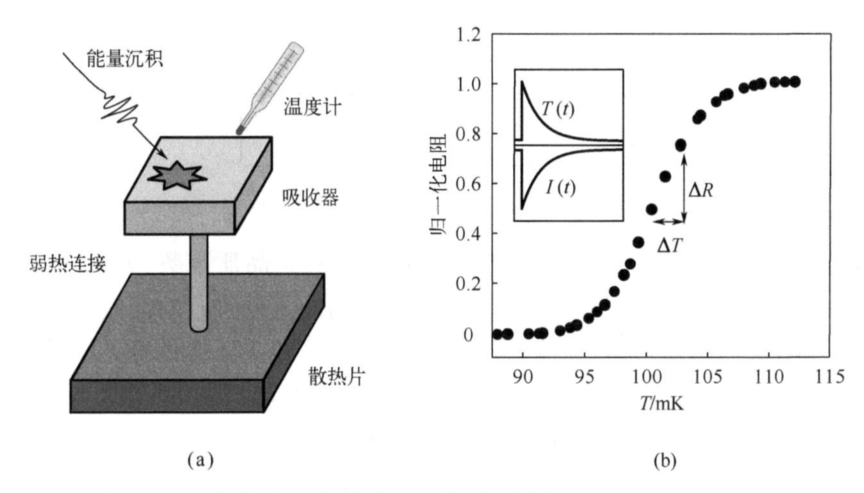

图 7.21 超导转变边缘传感器工作原理图(ROSENBERG，2005)

7.3.5 超导频带(频率)滤波器

所有的无线电接收装置在接收外界信号时总伴有一定的噪声。噪声主要可分为两部分：一是外界信号带入的，可用检波的方法加以消除；二是装置的线路内部产生的噪声，这一部分噪声也可以用许多办法使之尽量减少。由于电路中存在热噪声，它起源于电阻、电感和接线中的电子和晶格的碰撞，所以不管如何努力，也不能将噪声减到零。对于有阻元件来说，热噪声是不可避免的，即使将接收装置维持在极低的温度下，热噪声也不能被消除。对噪声特别是热噪声的分析表明，前级放大器的热噪声经过以后各级放大，对信号的干扰最大。因此，只要设法降低前级放大器的热噪声或加以消除就可以将主要的热噪声去除。超导体在超导态下电阻为零，这意味着超导体的热噪声十分小。用超导体做成的滤波器自然可将前级放大器中的热噪声消除，又不引入新的热噪声，这就大大地提高了信噪比。

超导滤波器的主要组成包括超导滤波放大电路、制冷系统、控制系统、真空绝热系统四部分，如图 7.22 所示。其中，超导滤波放大电路是系统的核心部分，包括超导滤波器和低温低噪声放大器，滤波器微带电路由超导薄膜材料制成，为降低系统的噪声，将低噪声放大器也放置于低温区。制冷系统为超导滤波器提供实现超导特性的低温工作环境，是系统的另一关键部件。真空绝热系统是将超导滤波放大电路与外界的室温环境隔开，尽可能降低两者间的热量传递，真空度的保持状况将直接影响制冷机的状态，并影响超导滤波器系统的工作稳定性。控制系统实时测试超导滤波放大电路的实际工作温度，随时对制冷系统发出指令，保持冷区温度恒定，同时对系统的相关参数进行监控和预警。

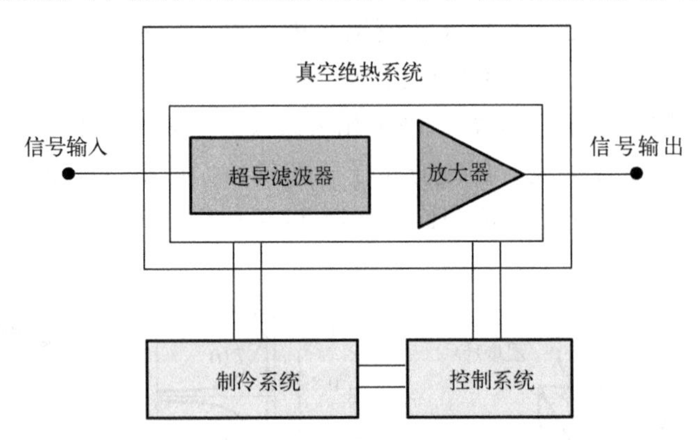

图 7.22　超导滤波器系统结构示意图

一般滤波器由多个谐振器构成，谐振器的性能指标是品质因数 Q。Q 值越高，微波损耗越小，谐振性能越好，滤波器对邻近频带的抑制能力越强。对滤波器的理想要求是有用信号在频率范围(通带)内能无损地通过，而无用信号或干扰信号无法通过。超导滤波器具备了实现高 Q 值的条件。微波滤波器中心频率的理论插入损耗为

$$L_0(\mathrm{dB}) = 8.686(n / \omega Q_0) \tag{7.22}$$

式中，ω 是分式带宽；Q_0 是无载品质因数；n 是由带内波纹和滤波器级数决定的系数。由于反常集肤效应，铜在低温下的表面电阻趋于一个常数，其滤波器的插入损耗约是室温下的 1/6，由式(7.22)得到理论极限为 0.1dB。若将铜改为超导材料，则温度为 4.7K 时的理论插入损耗近似为 10^{-4}dB。

对于低损耗和匹配较好的滤波器，滤波器加上放大器(如量子放大器)的有效输入噪声温度 T_i，可以近似表示为

$$T_\mathrm{i} = \frac{[(L-1)+r^2]T_\mathrm{L} + LT_\mathrm{m}}{1-r^2} \tag{7.23}$$

式中，T_L 是滤波器的环境温度；T_m 是量子放大器的噪声温度；L 是传输系数平方的倒数；r 是反射系数。对于超导滤波器，L 接近 1，所以式(7.23)可改写为

$$T_\mathrm{i} = \frac{r^2 T_\mathrm{L} + T_\mathrm{m}}{1+r^2} \tag{7.24}$$

对于 $r = 0.1$，反向损耗为 20dB，$T_\mathrm{L} = 4.7\mathrm{K}$，滤波器的噪声贡献($T_\mathrm{i}-T_\mathrm{m}$)将小于 0.05K，这一数值仅为 X 波段量子放大器输入噪声的 1%。

与普通金属滤波器性能相比，超导滤波器具有以下优势。

(1) 超导滤波器在通带内损耗很小。

(2) 阻带抑制很大。

(3) 边带陡峭。

(4) 可制成极窄带滤波器，例如，超导滤波器的相对带宽可达到 0.2%，而常规滤波器约为 2%。

(5) 自身的体积小、质量轻。

7.4　超导电力技术

超导材料的零电阻特性使其成为传输电流的理想导体，自从超导现象被发现以来，人们就不断地尝试把超导技术应用到电力系统中。但是在 1986 年发现高温超导体之前，超导输电所需要的低温冷却系统无论是制造还是运行成本都在经济可行性上阻碍了人们这一愿望的实现。实用高温超导材料商业化生产的成功，使超导电力设备可以在价格低廉、资源丰富的液氮冷却下工作，大大降低了配套冷却系统的制造和运行成本，使超导电力技术的大规模应用成为可能。超导电力应用包含多个技术方向，本节仅对超导输电、超导限流器和超导储能三个相对发展比较快的电力应用技术做较为系统的介绍。

7.4.1　超导输电

与传统输电线路相比，超导输电线路具有如下多种优势。

(1) 一回超导输电线路的传输容量可以达到几千兆瓦，远远高于传统输电线路(架空线或电缆线路)的传输能力。

(2) 交流输电时超导电缆的导体损耗不足常规电缆的 1/10，直流输电时，导体损耗几乎为零。考虑超导电缆冷却系统带来的能量损耗，大容量、远距离输电时，其输电总损耗可以降到使用常规电缆的 50%～60%。

(3) 与同样传输容量的传统高压电缆相比，超导电缆的外径较小，同样截面的超导电缆的电流输送能力是常规电缆的 3～5 倍，冷绝缘三相同轴超导电缆的尺寸可以做得更小，在体积上更具有优势，在利用电缆沟或电缆隧道敷设时，减小了通道和相应支持结构的尺寸，使其安装占地空间小，土地开挖和占用减少，因此也减少了投资。

(4) 超导电缆的质量比同样传输电压和传输容量的常规电缆小得多，较小的质量仅需要较低强度的电缆牵引机械，较小的线轴使得运输成本也相应降低，并且相应地减少了机械结构。这也使利用现有的基础设施敷设超导电缆成为可能，如利用通信线路、轻轨、地铁、公路、铁路、排水管、架空线和桥梁等。

(5) 超导电缆可以在比常规电缆损耗小的前提下传输数倍于常规电缆可以承受的电流，这样在同样传输容量的需求下，传输电压就可以降低一到两个等级，从而可降低对高压变压器和高压绝缘器件等的需求，从系统的角度大大减少了在高压设备方面的开支。

(6) 超导电缆传输电流的能力可以随着导体工作温度的降低而快速增加。由于可以在原有设备配置条件下通过降低导体温度来增加新的容量，因而有更大的过流能力，增加了系统运行的灵活性。对于冷绝缘超导电缆而言，在正常运行时，绝缘层的温度基本不变，因此不会像常规交联聚乙烯电缆那样由于绝缘温度可能异常升高而缩短使用寿命。

(7) 超导电缆冷却系统使用液氮，不使用绝缘油或 SF_6，没有环境污染的隐患，并且具有防燃防爆的特性。冷绝缘超导电缆设计了超导屏蔽层，基本消除了电磁场辐射，减少了对环境的电磁污染。与常规电缆相比，制造超导电缆使用较少的金属和绝缘材料。超导电缆系统总损耗的降低减少了温室气体的排放，有利于环境保护。

超导输电的载体是超导电缆，下面介绍超导电缆的基础知识。

超导电缆的结构与常规电缆有较大的差异，超导电缆的基本结构从内到外，大致为：

(1)内支撑芯，通常为罩有密致金属网的金属波纹管，也有用一束铜绞线来作为支撑芯的，它的功能是做超导带材排绕的基准支撑物，金属波纹管还可同时用作冷却剂液氮的流通渠道。

(2)电缆导体，由高温超导带材绕制而成，一般为多层。

(3)热绝缘层，通常由同轴双层金属(常见是不锈钢或铝合金)波纹管套制，两层波纹管间抽真空并嵌有多层防辐射金属箔，其功能是使电缆超导导体与外部环境实现热绝缘，保证超导导体安全运行的低温环境。使用金属波纹管的目的是使电缆具有一定的柔性，便于运输和安装。冷绝缘超导电缆的热绝缘层处在电绝缘层的外面。

(4)电绝缘层，目前人们按照电气绝缘形式的不同把超导电缆分为热绝缘(warm dielectric，WD；也常称作常温绝缘(room temperature dielectric，RTD)，在本书中多写作常温绝缘)超导电缆和冷绝缘(cold dielectric，CD；有时也称作低温绝缘)超导电缆。常温绝缘超导电缆电气绝缘层的结构和材料与常规电力电缆的绝缘层相同，工作在常温下，其结构如图7.23(a)所示。冷绝缘超导电缆的电气绝缘层浸泡在液氮的低温环境下，具有如图7.23(b)所示的结构。这类电缆的电绝缘层需要用适合于低温环境的电气绝缘材料制造。

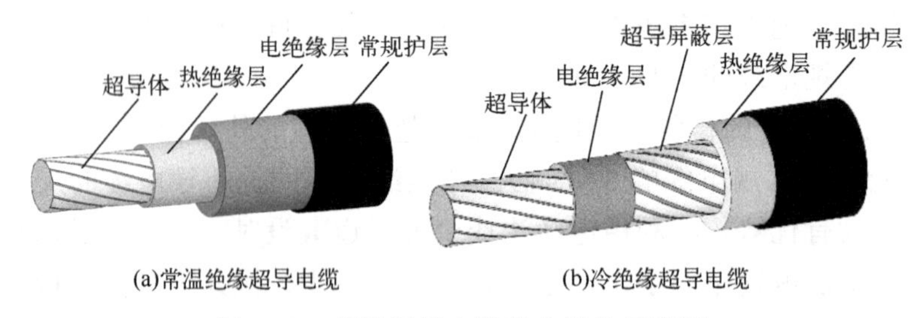

(a)常温绝缘超导电缆　(b)冷绝缘超导电缆

图 7.23　高温超导电缆基本结构示意图

(5)电缆屏蔽层和护层的功能与常规电力电缆类似，即电磁屏蔽，短路保护及物理、化学环境防护等。常温绝缘超导电缆屏蔽层和护层的材料与常规电缆没有什么不同。冷绝缘超导电缆的屏蔽层用超导材料制作，处于热绝缘层的里面，电缆护层也与常规电缆相同。

除了上述的主要组件之外，高温超导电缆的结构中还可包括一些辅助组件，如电缆导体层间绝缘膜、约束电缆各部分相对位置的包层和调距压条等。

与传统电缆及常温绝缘超导电缆的屏蔽层不同，冷绝缘超导电缆的屏蔽层在两端电气联通时还有一个特殊的性质，即其交流输电时会通过电磁感应产生一个与传输电流频率相同的屏蔽电流。由于是用超导材料制作的，其直流电阻为零，根据电磁感应的楞次定律，这个屏蔽电流会产生一个几乎与导体传输电流的磁场大小相等、方向相反的磁场，最后的结果是在屏蔽层的外面不再存在导体传输电流产生的电磁场。也就是说，在理想的情况下，冷绝缘超导电缆的外部是没有电磁场的，即使两根冷绝缘超导电缆紧密地放在一起也不会在彼此之间产生电磁干扰。与传统的电缆和常温绝缘超导电缆相比，这是一个很显著的优点，这使得把几根电缆紧密地排布在一起成为可能，可大幅度地减少电缆通道所需的空间，节约土地资源。

根据电缆导体结构、绝缘结构和传输电流性质的差异，超导电缆可以分成若干类别。

根据绝缘结构的不同，超导电缆可以分为常温绝缘超导电缆和冷绝缘超导电缆。若按电力传输的形式，超导电缆可分为交流超导电缆和直流超导电缆两种。因交、直流传输特性的差别，两种电缆在结构上也要做不同的设计。

按电缆相与相导体的相互关系，可以把超导电缆分为单相超导电缆、三相平行轴超导电缆和三相同轴超导电缆等。单相超导电缆是指一根电缆外套内仅含有一相导体。为了避免电磁干扰，大多数中、高电压等级传统交联聚乙烯电缆都是单相超导电缆，常温绝缘超导电缆一般也只能采用单相超导电缆的形式。但是冷绝缘超导电缆却可以采用三相平行轴和三相同轴的结构形式。三相平行轴超导电缆的结构如图 7.24(a)所示，因为电缆的三相都包含在同一个绝热器和电缆外套内，共享同一低温环境，大大地节约了空间，所以从单位电缆横截面传输电能上来讲，其效率是非常高的。三相同轴超导电缆是一种新的尝试，结构如图 7.24(b)所示。这种电缆的三相导体是沿着同一个轴绕制的，更加节省空间。整根电缆只用一个屏蔽层，也更加节省材料，但是这种结构增加了电气绝缘的难度，三相电流的耦合给输电损耗带来的影响还有待研究。

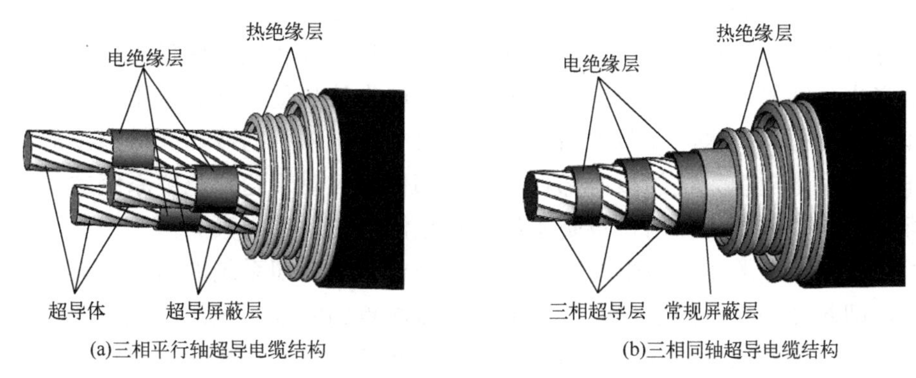

图 7.24 两种不同的三相一体超导电缆结构图

与常规电缆输电线路类似，要构造一个超导电缆输电线路，不但需要电缆本身(常称作电缆本体)，而且需要与之配套的附件。常规电缆的附件一般包括电缆端头和电缆接头，电缆端头用于连接电缆和架空线等，电缆接头用于电缆之间的连接。除了电缆端头和电缆接头之外，超导电缆则还需要冷却系统与之配套。一个可以实际应用的超导电缆输电系统还需要监控保护系统，控制、监视超导电缆的运行参数，在系统或电网出现紧急意外情况时自动采取保护措施。图 7.25 是一个可以实际输电的超导电缆系统基本组件示意图。

超导电缆的端头除了像常规电缆端头那样起到与外部输电线路或其他电气设备之间相互连接的功能之外，还是电缆本体的冷却通道与系统冷却循环回路的连接端口。这就是说，超导电缆的端头不但要保证电缆本体与外部线路可靠的电气连通，还要可靠地实现

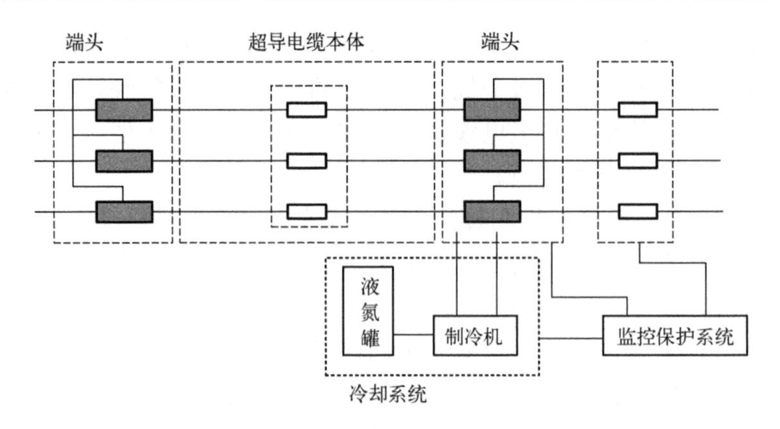

图 7.25　超导电缆系统基本组件示意图

电缆本体到外部环境的温度过渡。这是因为在超导电缆的端头内有与输电线路或其他电气设备连接的电流引线，与外部线路对接的一端处于环境温度，而与电缆本体对接的一端则处于冷却介质的温度，即引线两端存在很大的温差，是电缆端头最主要的漏热组件。因此，必须通过电流引线的截面、长度和端头绝热结构的设计，确保端头实现必要的温度梯度，以减少电缆端头的漏热，并使电缆本体工作时始终处在确定的温度区间内。端头的结构是和电缆的结构相配套的，不同结构的超导电缆的端头在结构上是有很大区别的。

超导电缆系统与常规电缆系统最大的不同是超导电缆需要一套与之配套的低温循环冷却系统，用来产生和保持超导电缆导体运行需要的低温工作条件。低温循环冷却系统通常由制冷机组、低温(液氮)泵、绝热管道、水冷却装置和液氮储罐等部分组成。制冷机组用于产生足够的冷量来补偿电缆输电运行时产生的热量，低温泵用于保证电缆系统冷却液体的充分循环，水冷却装置用于制冷机组气体压缩机的冷却。低温冷却系统虽然不能算作整个超导电缆系统的核心部件或关键部件，但对于超导电缆系统的长期稳定、可靠运行起着至关重要的作用，更是系统运行经济性的决定因素。

为了保证超导电缆在电网中的稳定运行，需要对其冷却系统的运行参数进行实时监测和控制，即对冷却系统的热工参数，如每个监测点的温度、电缆内液氮的流量、不同监测点的压力、液氮储罐内的液面高度、制冷机和液氮泵的工作状态及冷却系统的部分阀门的状态等进行实时监视，对制冷机、液氮泵及相关阀门的工作状态进行控制。

除了对冷却系统的监测、控制之外，超导电缆输电线路还需要一套与所在电网的继电保护系统相配套的监控保护系统。这套监控保护系统不但要与所在电网的继电保护系统相连接，使之随时得到超导电缆线路的相关电气参数(如电流、电压)，还应在需要的情况下命令超导电缆系统完成一定的动作以配合电网继电保护系统。

图 7.26 是我国首条超导输电线路的照片。图 7.26(a)是一端端头和部分电缆照片，图 7.26(b)为在电缆中部 90° 转弯处拍摄的照片，图 7.26(c)是整条超导电缆的全景照片，输电线路左边连接的是热工房(制冷和监控设备置于其中)，热工房左侧为配套的液氮储罐。这条输电线路长 33.5m，三相分相，35kV/2kA，使用的是常温绝缘超导电缆，2004 年在昆明普吉变电站并网运行。

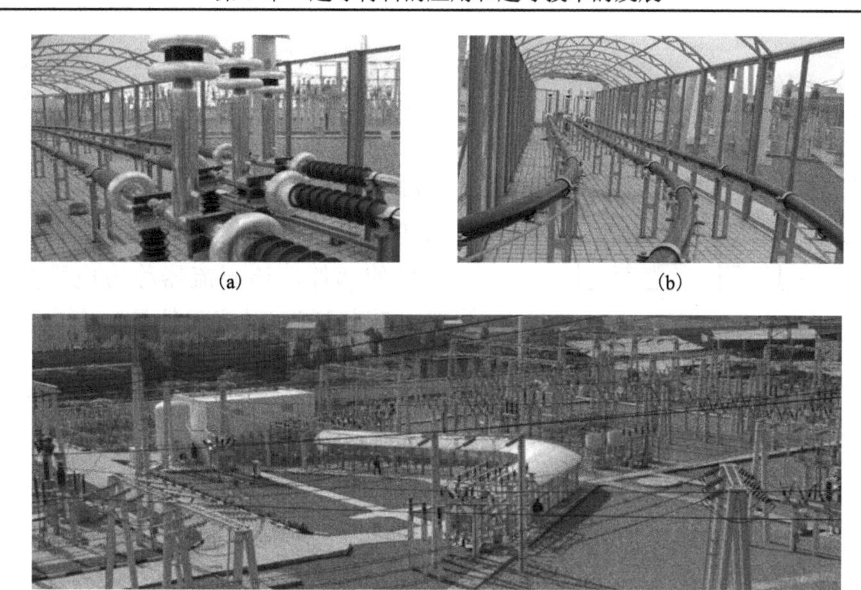

(a)　(b)

(c)

图 7.26　昆明普吉变电站我国首条超导输电线路的照片

彩图 7.26

7.4.2　超导故障限流器

超导故障限流器(超导限流器)是超导技术在电力领域的一项重要应用，也是最有可能实现工业化应用的超导电力设备之一。目前，电网短路电流过大已经成为电网公司迫切需要解决的问题，很多电网的短路故障电流水平已经超出或即将超出现有线路断路器能够可靠切断的范围，这严重威胁着电网的安全可靠运行。另外，近些年，高压直流输电，尤其是多端高压直流输电发展迅速。与传统交流线路短路/断路器相比，直流线路断路器的遮断容量与实际需要的差距更大，无法满足直流电网建设的需要。因此，无论是交流电网还是直流电网，目前都需要能够有效抑制故障短路电流水平的装置。

抑制电网的故障短路电流水平的基本要求就是要增加电网的阻抗，而增加电网的阻抗会增加电网的输电损耗和电压降落，降低电网的电压调节能力和电能质量。所以在过去几十年里，虽然使用高阻抗变压器或限流电抗器在中、高压电网中有效地抑制了故障短路电流，但必须指出，这是以增加输电损耗为代价的，很不理想。而对于超高压(≥330kV)或特高压电网，由于所需要的限流阻抗很大，使用高阻抗变压器或限流电抗器所导致的负面效应是难以接受的，因此短路故障限流问题一直没有得到有效的解决。

理想的限流器应具备如下特征。

(1)在电网正常输电时表现为低阻抗。

(2)在电网发生短路故障时迅速转为高阻抗，有效限制短路电流。

(3)限流后能够自动、及时恢复到低阻抗状态。

(4)能够与电网的保护系统匹配。

长时间的研究与实践表明，基于传统材料与技术难以实现理想的限流器。而利用超导技术制作的限流器有望打破传统限流器面临的困境，成为理想的故障限流装置。

虽然近几十年来人们提出了许多种类的超导限流器原理和拓扑结构，但所有的超导

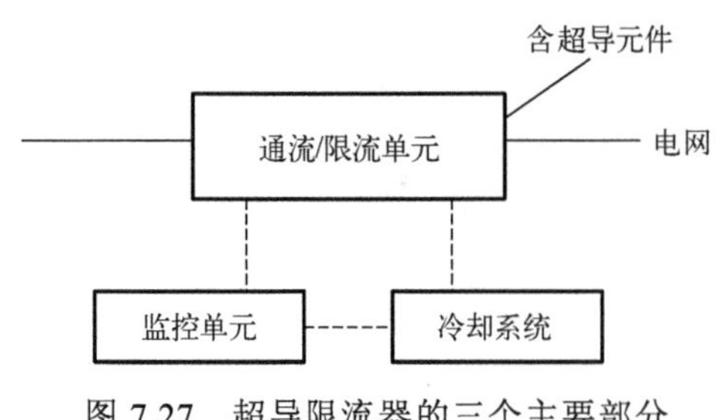

图 7.27　超导限流器的三个主要部分

限流器的基本结构都包括三个主要部分，即通流/限流单元、冷却系统及监控单元，如图 7.27 所示。超导限流器的核心组件是其通流/限流单元，其主要由通流/限流元件和电流引线组成。若其通流/限流元件是一个电阻性主导的部件，该限流器称为电阻型超导限流器；若其通流/限流元件是一个电感性主导的部件，则该限流器称为电感型超导限流器。

在使用时，通流/限流单元串联在电网的输电线路中。当线路正常输电时，通流/限流单元的阻抗很低，所以设备压降很低，输电损耗也很小，对线路正常输电没有显著的负面影响。当线路突然发生短路故障时，通流/限流单元能及时地转变为较高的阻抗，有效地限制故障电流。实现通流低阻抗是超导元件在超导限流器中的基本作用，是传统材料和技术难以做到的。

超导限流器的通流低阻抗一般是通过两种基本方式实现的。一种是通流/限流元件本身是由超导材料制作的，在线路正常输电时其处于超导状态，直流电阻为零。另一种通流/限流元件是用传统材料制作的，利用超导元件的作用对通流/限流单元进行控制，使其在正常通电时具有较低的阻抗。

绝大多数电网的保护规则要求在发生短路故障线路开断后的一段很短时间内(一般为几百毫秒)，线路断路器要做一次重合闸的尝试。在重合闸时，如果短路故障已经排除，则电网恢复到正常供电状态。这时如果故障仍未排除，则断路器再次开断，故障线路处于被隔离状态，等待故障的排除。这条短路故障线路开断后自动重合闸的规则要求线路中的限流器在断路器做重合闸动作时恢复到能够正常输电的状态。也就是说，超导限流器要恢复到低阻抗状态，而恢复所需要的时间要短于保护规则确定的重合闸时间。

要保证超导元件的工作条件，低温冷却系统是超导限流器的必要组成部分。超导元件必须置于一个绝热容器中，通过电流引线与外界实现电气连接。一般使用制冷机或其他制冷手段提供超导元件工作时所需要的冷量，通过液氮循环或传导制冷保证超导元件处于需要的低温环境。对于在故障限流时超导元件需要经历失超过程的超导限流器，在设计其制冷系统时不但需要考虑正常运行时超导元件所需要的冷量，而且还要考虑失超后及时恢复所需要的冷量。

为了使超导限流器能有效地发挥其各项功能，控制保护装置也是必不可少的。在线路正常输电时，控制保护装置的主要功能是监控和保证超导限流器低温冷却系统的正常运行。在故障限流时，除对超导限流器自身状态进行监控外，还要和电网保护系统配合动作。对于一些需要主动限流控制的超导限流器来说，其控制保护装置更加复杂一些，需要更高的灵敏度和可靠性。

图 7.28 给出了限流器一些基本术语和功能参数，在设计超导限流器时应根据电网的要求来设计这些参数。

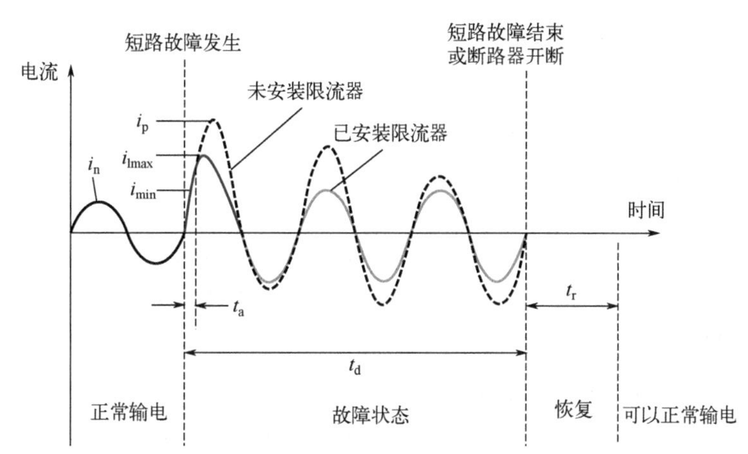

图 7.28　限流器在一次短路故障限流过程中各个阶段的不同工作状态及相关参数定义

i_n-系统额定电流(峰值)；i_{min}-限流触发电流；i_{lmax}-最大限制电流；
i_p-预期短路电流峰值；t_a-限流启动时间；t_d-故障持续时间；t_r-恢复时间

限流器应用地点的电网结构、应用前最大短路故障电流和安装限流器后拟实现的最大限制短路电流决定超导限流器通流/限流单元的限流阻抗设计。限流动作时间与限流器的限流机理紧密相关，所以需要选择合适的限流机理来满足限流动作时间。限流持续时间将影响通流/限流单元电路结构的设计和超导导体的选择，也将影响低温冷却系统结构和容量的确定。超导限流器的恢复时间必须短于输电线路保护系统设定的断路器故障跳闸后的自动重合闸的时间，保证在断路器执行自动重合闸动作时限流器处于可投入正常输电的工作状态。

限流器的通流阻抗(正常输电时的设备压降)也是反映限流器性能的重要参数，传统限流装置在正常输电时的设备压降一般为线路压降的 4%～10%。与传统限流装置相比，超导限流器的通流阻抗很小，其正常输电时的设备压降一般在线路压降的 1%以内，这就是超导限流器的优势所在。需要说明的是，由于需要传统导体作为电流引线，也有的超导限流器的通流/限流元件本身也是用传统导体制作的，所以超导限流器在线路正常输电时虽然阻抗很小，但并不是零。

对于一个超导限流器来说，必须具有所需的限流阻抗，才能实现其最核心的功能。在此前提下，其限流阻抗与通流阻抗的比值是衡量其性能优劣的重要指标。理论上讲，这个比值越大越好。

用于多端柔性直流电网的限流器，在性能要求上与交流限流器或用于双端(正负两极)直流线路的限流器有重大差别。直流系统故障阻尼小，发生故障时短路电流会急剧攀升，可能在几毫秒内达到换流器的整流桥臂闭锁阈值，导致整流桥臂闭锁。这就意味着在多端直流电网中某一端(支路)发生短路故障时，若不能有效限制故障电流的上升速率，则在该支路的断路器完成开断将故障点切除之前，换流器的整流桥臂将发生闭锁。结果就是，整个多端电网停止运行，造成大面积停电。因此，所需的限流器应在故障不同阶段都能有效地限制短路电流。既要在短路故障初期限制电流上升率以缓解换流器桥臂闭锁压力，又要限制随后出现的持续故障电流以降低断路器的开断压力。这就要求用于多端直流线路的限流器不但要提供一个足够大的电阻来限制持续故障电流，而且还要提供一个足够大的电感，抑制换流器桥臂在短路后电流的快速升高，防止换流器闭锁，确保故障穿越，提高电网故障生存能力。

下面介绍两种技术相对比较成熟、挂网应用较多的超导限流器。

1. 电阻型超导限流器

电阻型超导限流器最直接地利用了超导材料在超导态时电阻为零而在失超后具有一定电阻的特性，把一个超导元件(一般为绕组形式或多个模块组合形式)串联在输电线路中就构成了一个最简单的限流器，如图 7.29(a)所示。

在电路正常输电时，超导元件处于超导态，电阻为零。这时限流器的整体阻抗主要来源于非超导接头电阻和元件的交流损耗(直流输电不存在)，量值很小。当线路发生短路故障时，超过超导元件临界电流的故障电流会使其失超，产生一个电阻，整个限流器呈现高阻抗状态，抑制短路电流。

在实际应用中，为了避免超导元件失超限流时产生过多的焦耳热而损坏，一般要并联分流电路组成限流器的通流/限流元件，典型的等效电路图如图 7.29(b)所示。不管分流电路是阻性的还是感性的，都要满足一定的阻抗值。在线路正常输电时，由于超导元件分路阻抗很小，几乎所有电流都通过这个分路。在故障限流时，电流将根据每个分路阻抗的大小进行分配，各分路并联后的阻抗是限流器的限流阻抗。

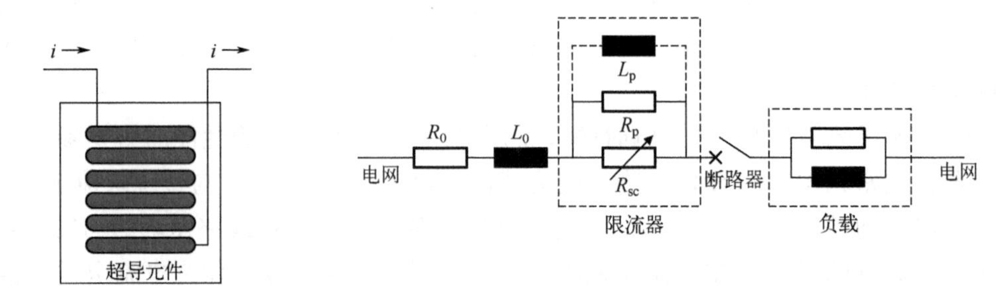

(a)电阻型超导限流器的基本结构　　(b) 在输电线路中的等效电路图

图 7.29　电阻型超导限流器的基本结构和在输电线路中的等效电路图

R_{sc}-超导原件；R_p-分流电阻；L_p-分流电感；R_0-线路电阻；L_0-线路电感

2. 饱和铁心型超导限流器

饱和铁心型超导限流器是一种电感型超导限流器。饱和铁心型超导限流器利用超导材料零电阻和载流密度大的特性，使用超导绕组可以大强度、低损耗地对电抗器铁心励磁，通过改变铁心的磁化状态来实现限流器的通流/限流元件阻抗的变化。图 7.30(a)是一个典型的饱和铁心型超导限流器的基本结构示意图。图中每一相有两个完全相同的磁性铁心，每个铁心上面套装一个常规绕组，两个常规绕组按一定方式连接组成限流器的通流/限流元件。在两个铁心靠近的一对铁心柱上环绕一个超导绕组，可以同时对两个铁心励磁。当线路正常输电时，超导绕组将铁心磁化到深度饱和状态，这时两个常规绕组环绕的铁心内部磁通密度的时间变化率 dB/dt 很小，所以绕组两端的电压降很小，即整个通流/限流元件的阻抗很小。当线路发生短路故障时，强大的短路电流产生的交流励磁安匝数将大大地超过超导绕组的直流励磁安匝数(有的设计会在这时切断直流励磁回路)，铁心将无法一直保持饱和状态，其内的磁通密度的时间变化率 dB/dt 急速增加，导致常规绕组上的电压降大大增加，体现在整个通流/限流元件上的阻抗也随之显著增大，从而抑制线路的短路电流水平。

图 7.30(b)是一个实际应用的典型饱和铁心型超导限流器的等效电路图。在线路正常输电时，由于超导绕组将铁心磁化到深度饱和状态，超导限流器呈现出的电感很小，对限流的影响很小。在故障限流时，故障电流使得铁心退出饱和状态，进而使得超导限流器呈现出较大的电感来限制短路电流。

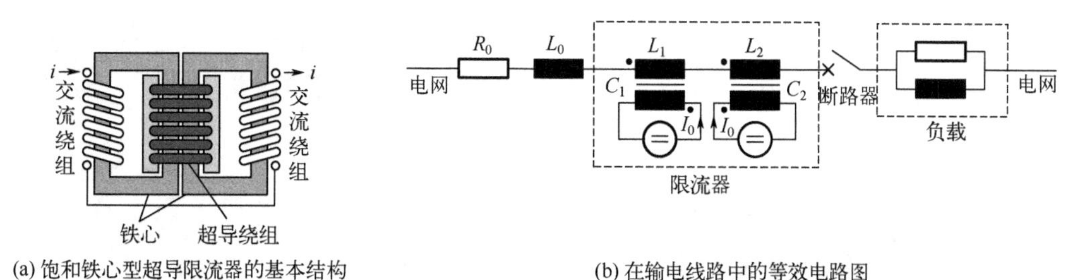

(a) 饱和铁心型超导限流器的基本结构　　(b) 在输电线路中的等效电路图

图 7.30　饱和铁心型超导限流器的基本结构图和在输电线路中的等效电路图

I_0-励磁电流；C_1、C_2-两个交流绕组的电容；L_1、L_2-两个交流绕组的电感；R_0-线路电阻；L_0-线路电感

7.4.3　超导储能

用户电能消费的波动性是电力供求关系的主要特点之一，电网在用户用电高峰期满负荷运行，而在用电低谷时则处于低负荷状态。这导致了高峰时期电网压力过大，电压和频率不稳定，以及低谷时电力设备利用率的损失及电力的浪费。此外，未来电网将集成高比例分布式可再生能源发电以及大功率充电设施等新型元素，节点功率的随机波动性以及瞬时冲击性日益增加。配置储能是重要的解决方案。因此，目前电力工业迫切需要储能装置。其中，大容量的储能装置能够在用电低谷时将多余的电能储存起来，而当用电高峰期时把储存的电能送回电网，小容量的储能装置则用于提升电网电能质量和稳定性，减小分布式可再生能源接入对电网造成的不良影响。

到目前为止，人们研究利用超导技术发展了两种超导储能装置：一种是超导磁储能(superconducting magnetic energy storage，SMES)装置，另一种是超导飞轮储能(superconducting flywheel energy storage，SFES)装置。

1. 超导磁储能

超导磁储能是采用超导线圈将电磁能直接储存起来，需要时再将电磁能返回电网或其他负载的一种电力装置，是一种通过现代电力电子型变流器与电力系统接口组成既能储存电能(整流方式)又能释放电能(逆变方式)的快速响应装置。它不仅可以在超导体电感线圈内无损耗地储存电能，还可以达到大容量储存电能、改善供电质量、提高系统容量等诸多目的。超导磁储能装置一般由超导线圈、低温容器、制冷装置、变流装置和测控系统部件组成。超导线圈储存的能量为

$$E=\frac{1}{2}LI^2 \tag{7.25}$$

式中，L 为超导线圈电感；I 为超导线圈电流。

图 7.31 为一种 SMES 装置的内部结构示意图。典型的 SMES 的核心部分主要由存储能量的超导线圈、保护低温工作条件的杜瓦和用于机械支撑的支架组成。图 7.32 为日本中部电力(Chubu Electric Power)公司与东芝电气(Toshiba Electric)公司 2003 年合作完成的、使用 NbTi 超导绕组、容量为 19MJ、转换功率为 10MW 的 SMES 装置。

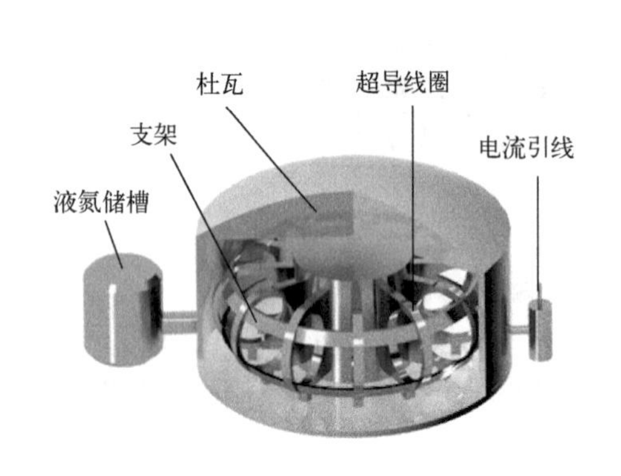

图 7.31　SMES 的内部结构示意图

图 7.32　日本中部电力公司与东芝电气公司合作制造的超导磁储能装置

图 7.33 是 SMES 在电网中应用时接入电路示意图。由于材料性能的限制，能够实现的 SMES 的容量比较小，所以目前实际应用的范围还局限于配电网和微电网的层面。

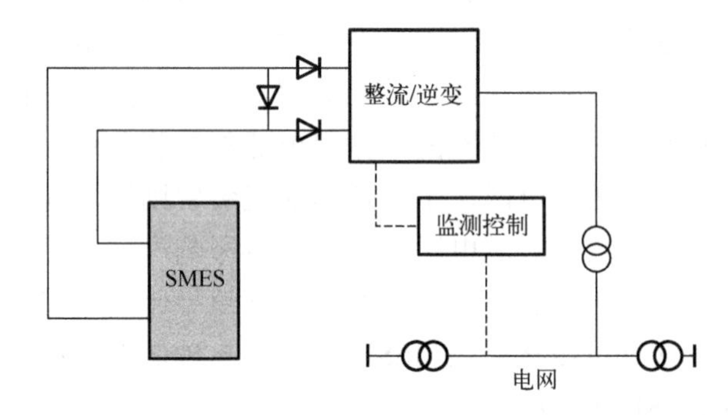

图 7.33　SMES 在电网中应用时接入电路示意图

2. 超导飞轮储能

超导飞轮储能装置主要包括三个核心部分：飞轮、电机和电力电子设备。其基本的工作原理是：将外界输入的电能通过电动机转化为飞轮转动的机械动能储存起来，当外界需要电能的时候，又通过发电机将飞轮的动能转化为电能，经电力电子设备输出适用于负载的电流与电压，完成机械能到电能转换的释放能量过程。飞轮储能器中没有任何化学活性物质，也没有任何化学反应发生。旋转时的飞轮是纯粹的机械运动，飞轮在转

动时的动能为

$$E=\frac{1}{2}J\omega^2 \tag{7.26}$$

式中，J 为飞轮的转动惯量；ω 为飞轮旋转的角速度。图 7.34 是飞轮储能装置基本结构及其储能-释能循环示意图。

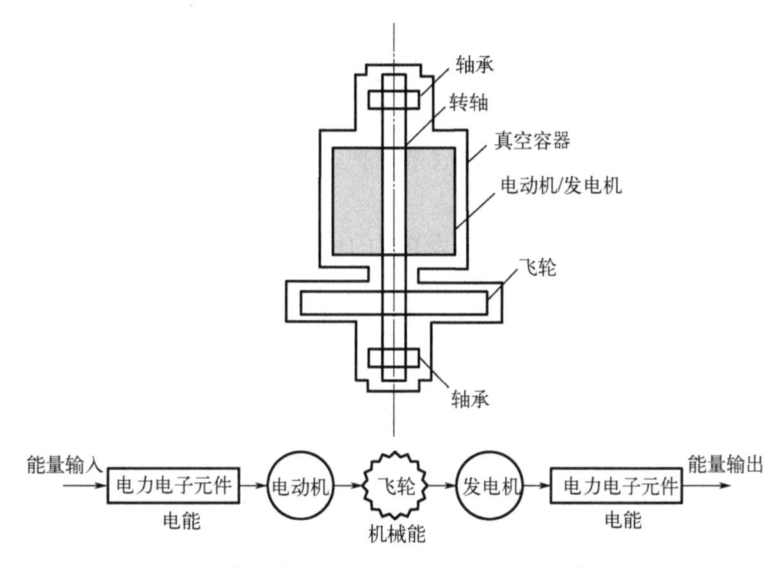

图 7.34　飞轮装置基本结构及其储能-释能循环示意图

一般情况下，高温超导块材用来作为飞轮悬浮轴承的一个重要部分。利用超导块材的强大抗磁性，其与永磁体结合形成超导磁悬浮轴承。超导磁悬浮轴承几乎无摩擦，自稳定，显著提高了飞轮储能的容量和效率，并大大减小了飞轮工作的损耗。

图 7.35 是美国航空航天局(NASA)在 20 世纪 90 年代研发的超导飞轮储能装置。飞轮储能装置主要可以应用在以下领域。

图 7.35　美国航空航天局 20 世纪 90 年代研发的超导飞轮储能装置

(1) 不间断电源(UPS)。目前不间断电源由整流器、逆变器、静态开关和蓄电池组等组成。但蓄电池通常都存在对工作温度、工作湿度、输入电压及放电深度等条件要求。同时，蓄电池也不允许频繁地关闭和开启，而飞轮具有大存储能量、高储能密度、充电快捷、充放电次数无限等优点，因此在不间断电源系统领域有良好的应用前景。

(2) 电动汽车电池。目前随着环境保护意识的提高以及全球能源的供需矛盾，开发节能及采用替代能源的环保型汽车以减少对环境的污染，是当今世界汽车产业发展的一个重要趋势。汽车制造行业纷纷把目光转向电动汽车的研制。能找到储能密度大、充电时间短、价格适宜的新型电池，是电动汽车能否拥有更大的机动性并与汽油车一争高下的关键，而飞轮电池具有清洁、高效、充放电迅捷、不污染环境等特点而受到汽车行业的广泛重视。

(3) 风力发电系统不间断供电。风力发电由于风速不稳定，给风力发电用户在使用上带来了困难。传统的做法是安装柴油发电机，但由于柴油机本身的特殊要求，它在启动后 30min 才能停止。而风力常常间断数秒、数分钟。柴油机组频繁启动，不仅影响其使用寿命，而且风机重启动后柴油机同时作用，会造成电能过剩。考虑到飞轮储能的能量高、充电快捷，因此，国外不少科研机构已将储能飞轮引入风力发电系统。

(4) 大功率脉冲放电电源。脉冲电源需要功率巨大但放电时间非常短的电源。所以专门设置一个容量巨大的电力系统为其提供能量是不合理的，而采用飞轮储能系统可以实现较理想的效果。

7.5　超导磁悬浮轨道交通

随着社会经济的飞速发展，交通网络对运输速度的需求与日俱增。其中，轨道交通作为地面交通中最具备长距离运输能力的交通方式,在交通网络的建设中占据着重要的、不可替代的位置。然而，传统轮轨交通的运营速度受轮轨间黏着作用及其摩擦损耗的影响较大，目前最高的商业运行速度为 350km/h 左右。

为了解决轮轨铁路所存在的问题，增强地面轨道交通的提速潜力，磁悬浮(maglev)轨道交通技术应运而生。磁悬浮列车在轨道上悬浮的基本原理是利用磁铁“异性相吸，同性相斥”的特点，利用分别安装在轨道和车辆上的磁铁间(或磁铁与磁性物体间)的斥力或引力平衡车辆的重力，使列车在与轨道没有直接接触但又受轨道约束的状态下悬浮行驶。

磁悬浮列车的驱动系统一般采用直线电机，包括同步直线电机、异步直线电机等。以较为常见的同步直线电机驱动为例，在磁悬浮运输系统中，轨道和列车车辆可以构成一台同步线性电机。车辆下部电磁线圈或永磁体的作用就像是同步直线电动机的励磁线圈，轨道内侧的三相移动磁场驱动绕组起到电枢的作用，它就像同步直线电动机的长定子绕组。从电动机的工作原理可以知道，当作为定子的电枢线圈有电时，电磁感应推动电机的转子转动。同样，当沿线布置的变电所向轨道内侧的驱动绕组提供三相调频调幅电力时，由于电磁感应作用，固定在车辆下部的电磁线圈或永磁体就像电机的转子一样连同列车一起被推动做直线运动。从而在悬浮状态下，列车可以完全实现非接触的牵引和制动。

与传统轮轨相比较，磁悬浮轨道交通的轨道与车体之间无机械接触，从而可以大大降低轮轨黏着和摩擦损耗对行驶速度、运行损耗和车辆稳定性的影响，具有行驶振动小、噪声低、加速快、线路适应性强等技术特点。

应用于轨道交通的典型磁悬浮技术根据悬浮机理的不同，可大致分为三种类型，即电磁悬浮(electromagnetic suspension，EMS)、电动悬浮(electrodynamic suspension，EDS)和高温超导磁悬浮(HTS maglev)。

1. 电磁悬浮

电磁悬浮轨道列车主要利用了磁体之间的相互作用力，轨道一般为“T”形结构，车体为抱轨结构。图 7.36 是一种常见的电磁悬浮轨道和车辆及其相互耦合结构示意图。安装在轨道上的长定子铁心及电枢绕组与安装在车体上的悬浮和推进磁体相互作用，实现悬浮和推进功能。安装在轨道上的导向轨道与安装在车体上的导向磁体相互作用，实现导向功能。

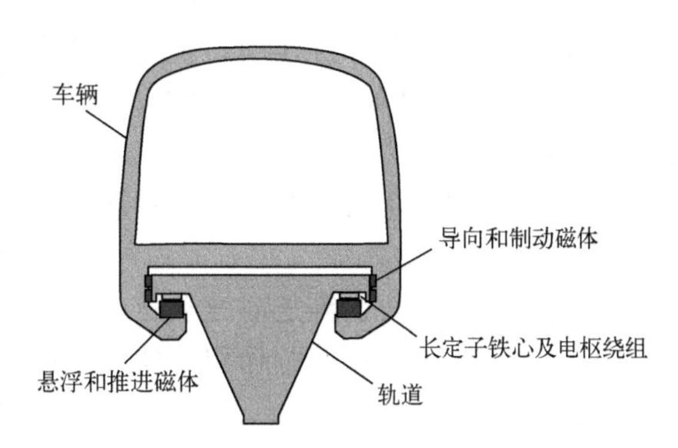

图 7.36　电磁悬浮轨道和车辆及其相互耦合结构示意图

电磁悬浮的主要优势是可以应用到任何运行速度的磁悬浮轨道运输系统中，电磁体可以使用常导导线制作，也可以使用超导导线制作。此外，磁场在轨道和车体之间基本可以形成闭合回路，漏磁较小，电磁污染程度较低。EMS 列车的主要代表为德国所研究的 TR 系列，该系列中的 TR07 列车在载人试验运行中达到了 450km/h 的速度。在 2003 年上海建成了连接浦东机场和地铁 2 号线龙阳路站的高架磁悬浮专线，也属于电磁悬浮列车，该线路全长近 30km，列车时速可达 430km/h，运行全程时间只需 8min。

由于电磁悬浮本身不具备可自我调节的抗扰动性能，所以列车运行中出现与轨道相对位置的任何微小改变都会导致明显的力的变化。这种力的变化被传感器探测并反馈到运行控制系统后，通过对电磁运行参数的调整，将车辆恢复到优化的平衡位置上。因此，电磁悬浮对轨道的加工和铺设公差要求很高，也需要十分成熟的反馈和控制系统才能保证列车的安全运行。

2. 电动悬浮

电动悬浮的工作原理是电磁感应，电动悬浮具有一定程度的自稳定特性，能够被动对抗扰动，实现动态稳定行驶。图 7.37(a)为一种超导电动磁悬浮列车结构示意图。如图所示，电动悬浮轨道列车的轨道部分为“U”形结构，推进线圈和悬浮导向线圈均安装在轨道两侧。图 7.37(b)是轨道结构示意图，悬浮线圈为“8”字形闭合线圈，推进线圈为长定子同步直线电机的三相定子绕组。在列车相对的侧壁上，安装有能产生超强磁场的低温超导磁体。

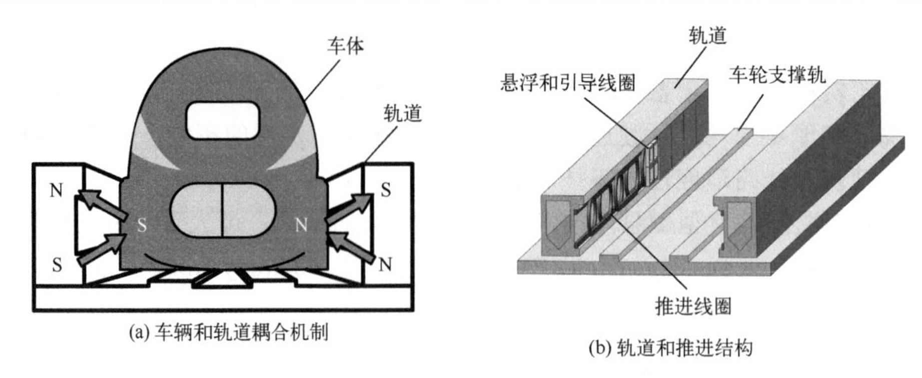

(a) 车辆和轨道耦合机制

(b) 轨道和推进结构

图 7.37　超导电动磁悬浮轨道和车辆示意图

当列车达到一定行驶速度时，“8”字形闭合线圈切割超导磁体的磁场，从而产生感应电流，与超导磁体相互作用。这时悬浮线圈与机车上磁铁间的排斥和吸引的相互作用使车辆悬浮起来(在某些耦合结构下，只使用排斥力实现车辆悬浮)。由于机车和导轨的缝隙减少时电磁斥力会增大，因此产生的电磁斥力为机车提供了稳定的支撑和导向。车辆上的磁场可以由电磁线圈或由永磁铁阵列产生，导轨上的悬浮线圈沿着轨道连续周期性排布。

电动悬浮的主要优势是动力学稳定性好，运行中的列车与轨道发生横向位移后，磁场之间会自动地产生很强的作用力使列车恢复到原来的相对位置上，不再需要一个反馈和主动控制系统。

电动悬浮轨道交通的技术发展以日本的 MLX 系列超导磁浮列车为代表。20 世纪 90 年代以来，MLX 系列超导磁浮列车多次创造了轨道交通速度的吉尼斯世界纪录。2015 年 4 月 21 日，日本铁路公司在山梨磁悬浮铁路试验线上的 7 车编组列车 L0 创造了 603km/h 的世界纪录。

然而，电动悬浮运输系统对列车及其轨道有着额外的要求，这是由于当列车运行速率较低时，轨道悬浮线圈中感应电流所产生的磁场强度不足以将列车悬浮起来。因此，电动悬浮列车在“飞起来”之前需要车轮或其他形式的起落装置来支撑车辆。

3. 高温超导磁悬浮

高温超导块材之所以能悬浮在磁体(永磁体或电磁体)上方是因为其具有的超强抗磁性，力求将磁体产生的磁通排斥在处于混合态的高温超导体的超导区域之外，这种排斥磁通的作用在超导体和磁体之间形成一个排斥力，导致超导体可以克服重力和所承受的负载悬浮在磁体的上方。另外，高温超导块材有很强的磁通钉扎能力，使得已经被俘获的磁通很难逃离其体内钉扎中心的束缚。凭借高温超导块材的高临界转变温度、高临界电流密度和强磁通钉扎作用，在高温超导块材与磁体之间就可以实现一种强劲且稳定的磁悬浮，为磁悬浮轨道交通提供了一种新的技术手段。

如果高温超导块材和永磁体之间发生相对运动，超导体为了保持在冷却时其内部的初始磁通量，便会产生感应电流，从而与永磁体之间产生新的作用力。当二者之间的垂直距离在冷却时距离的基础上增加(减小)时，就会出现吸引力(排斥力)。如果二者之间存在横向相对运动，就会产生导向力使系统保持初始冷却时二者之间的相对位置。总之，在高温超导磁悬浮中，永磁体和超导体之间的相互作用力试图保持系统稳定，进而可以实现装有超导块材的列车与地面轨道间的无机械接触的稳定悬浮，再利用线性电机完成对车辆的驱动运行。在高温超导磁悬浮轨道交通系统中，高温超导块材一般安置在车辆的底部，而轨道由永磁体铺设，如图 7.38 所示。

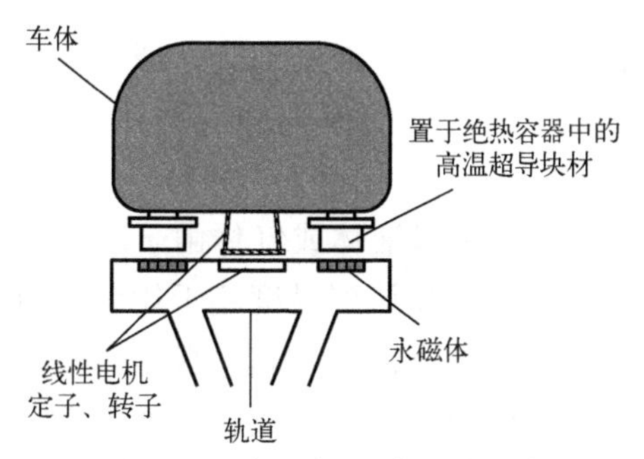

图 7.38　高温超导磁悬浮轨道和车辆耦合结构示意图

在本节所介绍的三类用于磁悬浮轨道交通的悬浮机制中，超导技术都可以发挥重大作用。

7.6　超导应用的绝热技术和制冷技术概述

目前，任何超导技术的应用都需要将超导元件置于低温环境中。在本书前面一些章节中，尤其在一些图例中曾多次出现绝热装置和制冷设备，本节系统地介绍与超导技术应用相关的绝热技术和制冷技术。

通常，低温超导元件要处于液氦温区，高温超导元件要处于液氮温区。对于一般工业生产条件来说，即使液氮温区，也被认为是超低温环境。而保证实现一个稳定的超低温工作环境，所依赖是绝热技术和制冷技术，所以说超导技术的应用离不开绝热技术和制冷技术。从某种意义上讲，绝热技术和制冷技术的发展水平决定了超导技术应用的广度和深度。

7.6.1　绝热技术

绝热就是热隔绝，低温绝热容器的功能是通过一定的方式实现容器内外的热隔绝，避免容器外部的热量进入容器内部，使容器内部能够保持所需的低温环境。

物体内部或者物体之间，只要有温差的存在，就有热量自发地由高温处向低温处传递。众所周知，热传递的基本形式有三种，即传导、对流和辐射，不同的热传递方式具有不同的传递规律。图 7.39 是一个展示热传递三种形式及其区别的示意图。

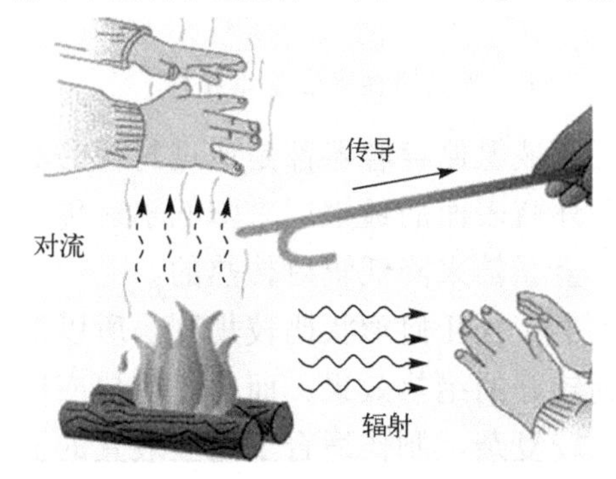

图 7.39　热传递的三种主要形式

热沿着物体传递叫传导，它是固体中热传递的主要方式。在固体中温度高的部分，晶体节点上的微粒振动动能较大，在低温部分微粒振动动能较小。在固体内部，由于其分子和原子的振动是互相联系的，所以分子和原子的振动动能由动能大的部分向动能小的部分传递。在金属物质中存在大量不停地做无规则热运动的自由电子，故自由电子在金属晶体中对热的传导起主要作用。本质上，传导是一个能量传递过程，能量从物体的高温部分传至低温部分，或从高温物体传至与其接触的低温物体。

在不流动的液体和气体中，传导亦可发生，但不是液体和气体中热传递的主要形式。

对流是指液体或气体由于本身的宏观运动而使较热部分和较冷部分通过循环流动的方式相互掺和达到温度趋于均匀的过程，是流体(液体和气体)热传递的主要方式。

对流可分自然对流和强制对流两种。自然对流是由于流体温度不均匀引起流体内部密度或压强变化而形成的自然流动。强制对流是因受外力作用或与高温物体接触，受迫而流动。

辐射是另一种热传递方式，它不依赖于物质的接触，而由热源自身的温度作用向外发射能量。辐射是以电磁波辐射的形式发射出能量，温度的高低决定辐射的强弱。一切温度高于 0K 的物体都能产生热辐射，温度越高，辐射出的能量就越多。温度较低时，主要以不可见的红外光进行辐射。当温度为 300℃时，热辐射中最强波的波长在 5μm 左右，即在红外区。当物体的温度在 300～800℃时，热辐射中最强波的波长在可见光区。热辐射是远距离传热的主要方式，例如，太阳表面温度为 6000℃，它的能量以热辐射的形式传给地球。

要实现热隔绝就是要设法阻断热传递的所有途径。绝热结构是阻止热量进入或离开系统的一种结构，具有绝热结构的容器称作绝热容器，也常称作杜瓦。日常生活中使用的暖水瓶和实验室或医院用于储存液氮的容器都是恒温器的一种。前者是阻止热量从暖水瓶向空气传递，后者是阻止热量从环境向液氮传递。图 7.40 和图 7.41 分别为暖水瓶和液氮储存容器的结构。

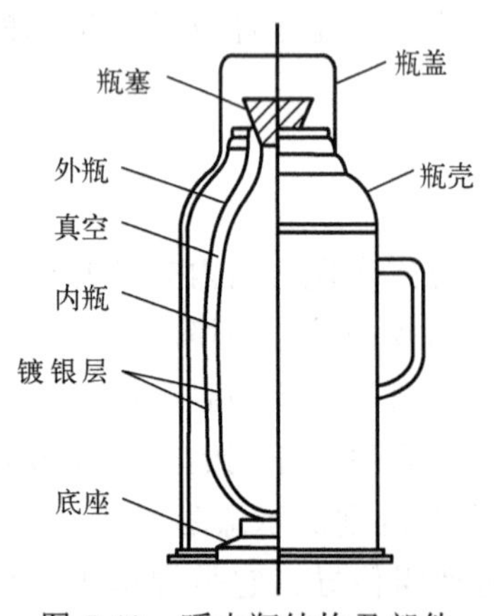

图 7.40　暖水瓶结构及部件

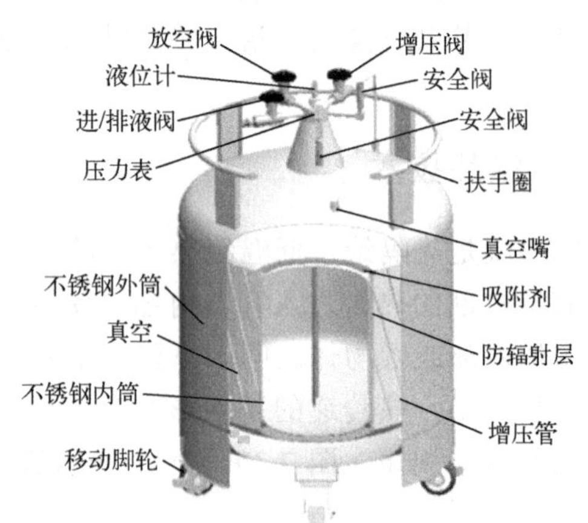

图 7.41　液氮储存容器基本结构

从图 7.40 和图 7.41 中可以看出，无论是暖水瓶还是液氮储存容器都是通过封闭的真空层来阻断传导和对流传热的。暖水瓶是通过内瓶和外瓶表面的镀银层来降低辐射传热的，而液氮储存容器是通过在内筒上敷设多层高反光金属箔来降低辐射传热的。

相对而言，暖水瓶和液氮储存容器的体积都比较小，且几何形状比较规则，所以简单的高真空层的设置加上合适的防辐射措施就能达到较好的绝热效果。而很多超导应用装置需要的低温恒温器体积比较大，且几何形状也比较复杂，制作适合于这些装置的低温恒温器需要更加复杂的技术和结构。另外，用于不同应用目的的绝热容器对绝热性能要求也有较大的差别。一般地讲，用于短时间测试的绝热容器对绝热性能要求较低，而长期运行的超导装置对绝热容器的绝热性能要求很高。

工程上常用的低温绝热方式一般分为非真空绝热和真空绝热两大类。非真空绝热也称为普通堆积绝热，即在低温物体外包裹一定厚度的绝热材料。一般常用的绝热材料有固体泡沫、粉末、纤维材料等。堆积绝热的热传递主要由绝热材料的固体传导及绝热材料之间的气体传导组成，其有效热导率为 10^{-1}W/(m・K) 量级。堆积绝热一般用在空气液化与分离设备、管道中，其优点是价格便宜，安装方便，缺点是泡沫一般容易吸潮，一旦吸潮，热导率会大大增加，绝热效果会显著降低。

真空绝热是在低温、高温物体之间形成真空，并且在真空空间填充不同的绝热材料来实现绝热。真空绝热分为高真空绝热、真空多孔绝热和高真空多层绝热。高真空绝热是单纯利用真空来进行绝热。根据气体传热理论，当气体压力在 10^{-2}Pa 以下时，气体导热会降低到非常小的程度。因此，把绝热空间的空气抽出，就能够达到良好的绝热效果。高真空绝热具有结构简单、紧凑、制造方便等优点，广泛应用于液氮储存及各种实验设备、管道中。高真空的获得和保持比较困难，一般在大型装置中很少用。

真空多孔绝热是在绝热空间填充多孔性绝热材料，并且将绝热空间抽至一定的真空度来实现绝热。由于多孔绝热材料的存在，真空度在 10Pa 以下就能够消除多孔介质间气体的对流传热，而且多孔绝热材料的接触面积很小，其有效热导率也很小。真空多孔绝热的真空压力要求比高真空绝热的低，有效热导率要大一个数量级，广泛应用于大、中型低温容器中。

高真空多层绝热是目前绝热效果最好的一种绝热形式，也称为超级绝热。它首先由瑞典科学家皮特・彼得逊(Peter Peterson)于 1951 年提出。高真空多层绝热是在高真空绝热空间中安装多层平行于物体表面的防辐射屏来大幅度减少辐射热。根据热辐射理论，在绝热空间中安装了 n 个防辐射屏后，通过该空间的辐射热流可以减少到 $1/(n+1)$。防辐射屏的安置有两种类型：一种是平膜防辐射屏之间用低热导率的间隔材料隔开，平膜防辐射屏可以是铝箔或双面(或单面)喷铝的涤纶薄膜；另一种是将防辐射屏做成波纹状或凹凸形直接叠置在一起。最常用的防辐射屏材料有各种金属箔和镀铝涤纶薄膜。常用的间隔材料有玻璃纤维布、尼龙网、纤维纸等。

各种绝热方式的有效热导率比较如图 7.42 所示。从非真空绝热、高真空绝热、真空多孔绝热到高真空多层绝热，有效热导率依次减小。

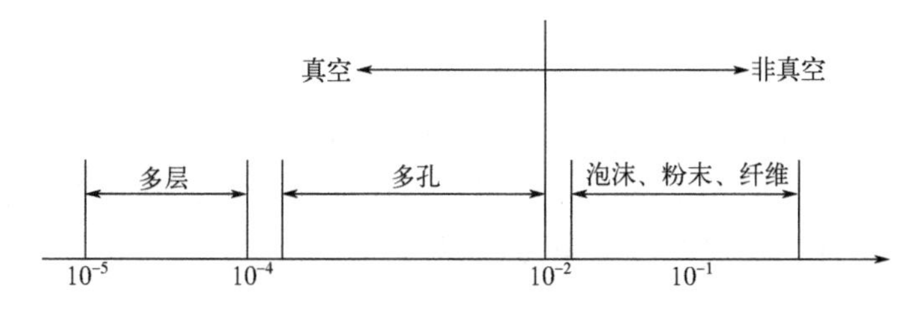

图 7.42　各种绝热方式的有效热导率(W/(m・K))比较

实际应用的绝热技术是根据需要将热量传递降低到可以接受的程度，完全的热隔绝是很难实现的。长期运行的大型超导装置的低温绝热容器多采用高真空多层绝热或真空多孔绝热形式。

7.6.2　制冷技术

制冷是指将热量从某物体中取出来，使该物体的温度低于其周围的环境温度，在有些文献中也将此过程称为“致冷”。超导装置的制冷方式可大致分成两类，即浸泡制冷和机械制冷。

浸泡制冷是将需要被冷却的超导元件浸泡在冷却液体(介质)中，通过冷却介质不断地将其工作过程中产生的热量吸收带走，保证超导元件处于合适的工作温度。在这一过程中，冷却介质可能因为吸收热量后气化而不断损失，所以需要根据具体情况定时或不定时地补充冷却介质。

机械制冷是指通过制冷机把超导元件在工作过程中产生的热量带走。可以通过金属导热部件直接将超导元件和制冷机连接起来实现直接的热转移，也可以通过冷却介质将超导元件产生的热量摆渡至制冷机。通过金属导热部件直接将超导元件和制冷机连接起来实现直接的热转移，通常称为传导制冷。而多数情况下超导装置采用后一种方式，即通过冷却介质将超导元件产生的热量摆渡至制冷机之间实现热量的摆渡。这种方式与浸泡制冷的本质区别是可以长时间不需要补充冷却介质，冷却介质工作过程中携带的热量周期性地转移到制冷机上而自身不发生质量损失，所以人们称其为闭路循环冷却。

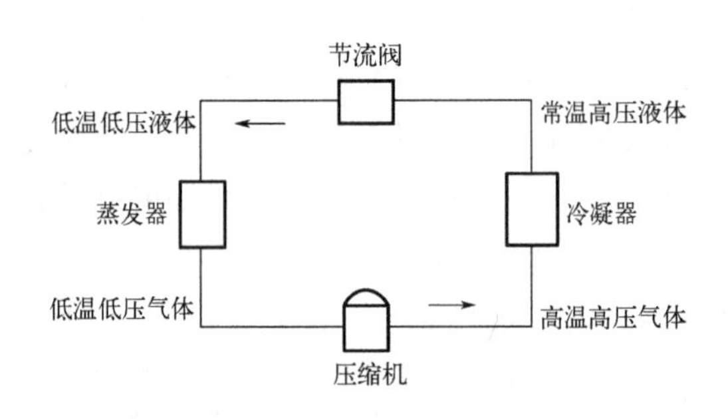

图 7.43　制冷机系统组成及其工作循环示意图

图 7.43 是一个典型的制冷机系统及其工作循环过程示意图。一个完整的循环系统由压缩机、冷凝器、节流阀和蒸发器四个基本部分组成，与外界处于密闭状态的制冷剂依次通过这四个部分完成一次制冷循环。

压缩机为制冷剂完成制冷循环提供动力，冷凝器是用来让制冷剂与环境进行热交换的装置，节流阀是调节制冷剂通过其后压力的元件，蒸发器是一个进行热交换从而使被冷却物体温度下降的装置。下面对一个完整的制冷机循环冷却过程做较详细的说明。

1. 压缩过程

低温低压的气态制冷剂被压缩机吸入，并压缩成高温高压的制冷剂气体。该过程以消耗机械功作为补偿，主要作用是压缩增压。在压缩过程中，制冷剂状态不发生变化，而温度、压力不断上升，形成比冷凝温度高得多的过热气体。

2. 冷凝过程

冷凝过程在冷凝器中进行，为恒压过程。冷凝器分为两段，入口段为冷却段，冷却过热气体，这一段的温度较高，是一个降温段。出口段为冷凝段，把气体冷凝为液体，这一段温度接近室温，是一个恒温段。在冷凝器中不管是入口段还是出口段，制冷剂都是放热的。在入口段，制冷剂不发生相变，放出显热，使制冷剂温度降低。在出口段放出潜热，使制冷剂由气态变为液态。

3. 节流膨胀过程

该过程的作用是使制冷剂降温降压、调节流量、控制制冷能力。其特点是制冷剂经过节流阀时，压力、温度急剧下降，由高温高压液体变成低温低压液体。液态制冷剂节流后有少量液体变为气体，节流后的液体越多、气体越少，下一步蒸发器的制冷量就将越大。

4. 蒸发过程

蒸发器入口的制冷剂既有液态又有气态，但绝大部分为液态。低温低压液态制冷剂在蒸发器中不断吸收气化潜热，即吸收热量又变成低温低压的气体。这一过程为恒压、恒温过程。蒸发过程中，气态制冷剂流经蒸发器不产生相变，不产生制冷效应。吸热制冷后，蒸发器中的气体从蒸发器出口被压缩机吸入，开始下一个制冷循环。蒸发器直接与制冷机冷头相连，而冷头是与被冷却物体直接接触输出冷量的部件。

工作在不同温度区间的制冷机使用不同的制冷剂。由于超导技术应用需要的制冷机的目标温度都很低，所以这些制冷机使用最多的制冷剂是 He，也有些用于高温超导应用的制冷机用 Ne 做制冷剂。

高效率的制冷机通常设置高效率的换热器，根据换热方式的不同可分为间壁换热型(recuperative)和回热型(regenerative)两大类型。

间壁换热型制冷机主要有 J-T(Joule-Thomson)节流制冷机和逆布雷顿(inverse Brayton)制冷机，克劳德(Claude)制冷机是前两种的组合。对流换热型制冷机的热工质流体和冷工质流体由固体壁面隔开，分别在不同的流道中流动，通过工质与流道壁面之间的对流换热进行热量交换。间壁换热器内热流工质和冷流工质的压力与流量大致稳定，流量、压力和热流-换热器-冷流三者之间热量传递等参数类似于直流电路的电流和电压。间壁换热型制冷机工作过程是工质气体被压缩机压缩后变成高温高压工质，进入冷凝器将热量散失至冷却水或空气中，流经主换热器预冷后经节流阀(J-T)或膨胀机做功(逆布雷顿)获得制冷量。

制冷机的效率和制冷循环不可逆程度有关。不可逆损失越大，制冷效率就越低。J-T 节流制冷机的 J-T 节流是不可逆膨胀，不可逆损失越大，效率越低。如果要达到较低的温度，其换热器效率必须足够高。它的最大的优点是简单、可靠性高，适合于小型制冷机。逆布雷顿制冷机采用透平膨胀机代替 J-T 节流制冷机的节流阀，将制冷工质的内能转化为有效功取出，不可逆损失较小，可达到较高效率。

回热型制冷机包括 G-M(Gifford-McMahon)制冷机、斯特林制冷机、脉冲管(pulse tube)制冷机，其特点是冷工质流体和热工质流体共用一个流道。工质周期性通过回热器，并与回热器内的蓄热材料交换热量。冷头内流体的压力、流量以及与回热器热量的传递都以脉动和交变形式进行，类似于交流电路。G-M 制冷机和 G-M 型脉冲管制冷机的振荡频率约为 1Hz；斯特林制冷机和斯特林型脉冲管制冷机的振荡频率可高达 60Hz。除了回热器外，斯特林制冷机和 G-M 制冷机还有类似于活塞的排出器。在压缩机向冷头供气的前半周期，回热器内气体被预冷和压缩，排出器向冷头移动。后半周期，当进气回路关闭，回气路开通后，冷头内的气体膨胀、产生制冷量并返回压缩机低压侧，气体冷却回热器。由于回热器只需要一个流体通道，采用多孔网板及磁性蓄冷材料颗粒制成的回热器的效率高达 95%以上，所以回热型制冷机易做到高效、结构紧凑，制造简单和成本低。斯特林制冷机的压力振荡由压缩机直接产生，而 G-M 制冷机则依靠旋转阀门控制气流流向冷头或返回压缩机的低压侧。气流经过旋转阀时会产生压头损失，因此 G-M 制冷机的效率比斯特林制冷机低得多。但 G-M 制冷机的压缩机高压相对稳定，可利用活性炭吸附器除油，从而可选用空调器大量使用的油润滑商用压缩机，可靠性大大提高，也降低了成本。油吸附器的更换周期为 1～2 年，压缩机与冷头由软管连接，压缩机可远离冷头。冷头运行的噪声小，所以 G-M 制冷机在中、低制冷量要求场合比较受欢迎。脉冲管制冷机的最主要特征是采用脉冲管-孔板-储气罐组合取代排出器，这样既降低了振动和制造成本，又消除了运动件导致的磨损和不可靠性，故属本征高可靠性机型。脉冲管制冷机除了用普通的压缩机外，还有利用热声发动机代替普通压缩机的热声型脉冲管制冷机。热声发动机利用热声转化效应将热能转化为声能，没有运动部件。热声型脉冲管制冷机的优点是完全没有运动部件，理论上没有维护周期，从长远看具有一定的应用前景。目前，热声型脉冲管制冷机产品在液氮温区为数十瓦量级，百瓦级制冷机正在研制中。

目前，商业化的低温制冷机发展已经较为成熟，各种类型的制冷机在市场上均有现成产品，制冷量从 10mW～10kW，用户可根据具体的使用要求和经费情况来选择合适的制冷机。更大容量的大型制冷机一般需要根据用户的技术要求特别定制。表 7.1 收集了可提供 20～80K 低温、制冷量较大的商用制冷机产品及其主要参数，并对其性能、厂家进行介绍。

表 7.1　可用于 HTS 电力应用的商用制冷机产品参数

生产商和型号	机型	MTBM/h	耗电功率/kW	制冷量及温度	COP	相对制冷效率/%
Stirling C&R SPC-4	斯特林	6000	40	4000W @ 80K	0.100	28
Stirling C&R LPC-4	斯特林	6000	60	2800W @ 65K	0.047	17.1
Stirling C&R SPC-4T	斯特林	6000	40	320W @ 20K	0.008	11.3
AISIN SEIKI SC1501	线性斯特林	7500	14	1000W @ 77K	0.071	20
Qdrive 2S362	斯特林型脉冲管	无维护	22	1000W @ 77K	0.045	13.3
CRYOMECH AL600	G-M	10000	13	600W @ 80K	0.046	12.9
CRYOMECH AL325	G-M	10000	11.2	230W @ 50K	0.021	10.4
				100W@ 25 K	0.018	9.9
CRYOMECH AL330	G-M	10000	8.0	40W @ 20K	0.005	7.1
CRYOMECH PT90	脉冲管	约 20000	5.5	48W @ 50K	0.009	4.4

注：MTBM (mean time between maintenances) 为平均维修周期，即两次维护的时间间隔；COP 为制冷效率。

参 考 文 献

毕延芳，洪辉，信赢，2013. 高温超导电力应用的低温冷却系统及制冷机[J]. 中国科学：技术科学，43(10): 1101-1111.

戴兴建，魏鲲鹏，张小章，等，2018. 飞轮储能技术研究五十年评述[J]. 储能科学与技术，7(5): 765-782.

邓自刚，王家素，王素玉，等, 2009. 高温超导磁悬浮轴承研发现状[J]. 电工技术学报, 24(9): 1-8.

冯敏, 2019. 基于超导量子干涉器的磁通传感器应用研究[D]. 成都：电子科技大学.

贺青，刘剑，韦联福，2022. 微弱电磁信号的物理极限检测：单光子探测器及其研究进展[J]. 广西师范大学学报(自然科学版), 40(5): 1-23.

李春光，王佳，吴云，等, 2021. 中国超导电子学研究及应用进展[J]. 物理学报, 70(1): 184-209.

倪小静，杨超云, 2007. 超导量子干涉器(SQUID)原理及应用[J]. 物理与工程, 17(6): 28-30,37.

王家素，王素玉, 1995. 超导技术应用[M]. 成都：成都科技大学出版社.

王秋良, 2008. 高磁场超导磁体科学[M]. 北京：科学出版社.

信赢, 2017. 饱和铁心型超导限流器实用性技术研究[J]. 中国科学：技术科学, 47(4): 364-372.

信赢，任安林，洪辉，等, 2013. 超导电缆[M]. 北京：中国电力出版社.

信赢，田波，魏子镪, 2017. 超导限流器基本概念和发展趋势[J]. 电工电能新技术, 36(10): 1-7.

信赢，赵超群, 2017. 超导材料及技术在轨道交通领域的应用[J]. 新材料产业(2): 9-16.

郑东宁, 2021. 超导量子干涉器件[J]. 物理学报, 70(1): 170-183.

DAVIDHEISER R A, 1978. Superconducting microstrip filters[J]. AIP conference proceedings, 44(1): 219-222.

DAY P K, LE DUC H G, MAZIN B A, et al., 2003. A broadband superconducting detector suitable for use in large arrays[J]. Nature, 425(6960): 817-821.

MIDWEST RESEARCH INSTITUTE, 1975. Reflective superinsulation materials[R]. Kansas: National Aeronautics and Space Administration.

RADEBAUGH R, 2009. Cryocoolers: the state of the art and recent developments[J]. Journal of physics: condensed matter, 21(16): 164219.

ROBERTS G Jr, 2020. CERN's large hadron collider creates matter from light[EB/OL]. [2020-09-23]. https://newscenter.lbl.gov/2020/09/23/lhc-creates-matter-from-light.

ROSENBERG D, LITA A, MILLER A, et al., 2005. Noise-free high-efficiency photon-number-resolving detectors[J]. Physical review A, 71(6): 061803.

SHARMA R G , 2021. Basics and applications to magnets[C]// Superconductivity. Berlin: Springer Nature.

TIXADOR P, 2012. Superconducting magnetic energy storage (SMES) systems[M]// High temperature superconductors (HTS) for energy applications. Amsterdam: Elsevier: 294-319.

WENNINGER J, 2016. Machine protection and operation for LHC[J]. Proceedings of the 2014 joint international accelerator school: beam loss and accelerator protection, 2: 377-401.

YOU L X, 2020. Superconducting nanowire single-photon detectors for quantum information[J]. Nanophotonics, 9(9): 2673-2692.

第 8 章 超导科学与技术面临的挑战与发展机遇

本章主要陈述建立科学、准确的超导机理和理论对科学进步的重大意义及面临的挑战。概括目前推进实用超导材料性能提高和成本降低的主要障碍和大规模超导技术应用方面需要解决的关键问题，展望解决这些问题对超导科学、技术发展以及对人类未来的生产、生活可能带来的革命性变化。

8.1 超导机理和理论有待突破性进展

对于常规导体，可以把电流看作电子流体在晶格中流动。在流动过程中，电子不停地与晶格上的比自己重得多的离子碰撞，有时电子之间也会相互碰撞。这些碰撞阻碍电子流的行进，产生电阻，使电子流动的能量不断衰减。电子与晶格碰撞时会把一部分能量传递给晶格，这些能量通过晶格转换为热能，即晶格上离子的振动动能。这就是焦耳热产生的原因。

显然，超导电流流动时不会发生这些碰撞，所以才没有电阻，也不产生焦耳热。第 3 章在涉及超导物理机制和超导理论时提出：

(1)超导态是一种高度有序的状态；

(2)超导态的电子系统能量最低；

(3)超导态与正常态在费米面附近存在一个能隙。

同时，需要解释迈斯纳效应，零电阻不是完全抗磁性的充分条件，而完全抗磁性是零电阻的充分条件，需要在理论上解释完全抗磁性。

第 3 章已经将近百年来发展的主要超导理论做了简要介绍，下面简单归纳一下几种主要的超导理论的成功和不足，如表 8.1 所示。

表 8.1 目前影响较大的几种主要超导理论的成功和不足之处

成功和不足之处	唯象理论	微观理论
	两流体模型、伦敦方程、G-L 理论	BCS 理论
成功之处	(1)解释了超导态的高度有序性； (2)解释了发生超导转变时比热容突变现象； (3)定性解释了迈斯纳效应； (4)给出了第一类和第二类超导体的差别的参数判据	(1)提出了超导微观机理； (2)解释了超导体的能隙； (3)给出了超导临界转变温度与能隙的数学关系； (4)预言了同位素效应； (5)可以推导出唯象理论得到的一些结果
不足之处	无法给出超导机理，即为什么会出现超导	没有对迈斯纳效应做出准确的解释，推导出的一些结论与后来的实验发现(重费米子或高温超导体)存在不可调和的矛盾

表 8.1 总结的这几种理论，对超导物理理论研究具有里程碑的意义。但这些理论，加上高温超导发现以后提出的一些新理论，都没有完全解决超导的物理机制和理论问题。在寻找超导机理的漫漫征程上，一部分物理学家用“神似”的唯象理论成功解释了超导

的一些现象并阐述了一些规律，另一部分物理学家则在不断寻找导致电子在固体材料中畅行无阻的微观相互作用的源头。

超导机制最基本的一个问题是：在超导体中，电子(空穴)需要通过某种作用而形成电子(空穴)对吗？可以说，电子结对从而可以满足玻色-爱因斯坦统计，并导致超导态能量比正常态的能级更低是 BCS 理论的基础，后来的一些被认为比较重要的解释高温超导现象的新理论也认为电子(空穴载流子)结对是超导的前提条件。到目前为止，对这个问题的回答基本是肯定的。因此可以认为，BCS 理论的基础是存在的。

那么是什么因素导致 BCS 理论无法解释后来发现的重费米子超导体和铜氧化物超导体的一些性质呢？人们把注意力转移到另一个关键问题——超导态与正常态之间的能隙。在重费米子超导体发现初期，在其是否存在能隙的问题上存在分歧，不同的实验也给出不同的结果，有的实验结果否定能隙的存在，而另一些则肯定能隙的存在。但近年来基本达成共识，重费米子超导体是存在能隙的，只是能隙的结构与经典超导体不同。因此能隙的存在且能隙的大小决定超导临界转变温度也是目前理论物理界的一个共识。

然而，研究者对于超导态和正常态之间产生能隙的物理机制却至今没有形成共识，各种各样的理论都在努力突破这个通向最终解决超导理论问题的关隘。BCS 理论从相对简单的金属晶格出发，认为超导体能隙的起因比较简单，就是晶格(声子)与电子相互作用的结果。但自 20 世纪 70 年代以来不断发现各种类型的非经典超导体，特别是 80 年代发现的铜氧化物超导体，晶格(声子)与电子相互作用已经无法解释它们的超导性质。这就不免让人们质疑：不同类型的超导体的超导物理机制是相同的还是不同的？

如果认为所有超导体的超导物理机制应该是相同的，那么对 BCS 理论给出的晶格(声子)与电子相互作用导致超导的机制就要在肯定和否定两个答案之间做出一个选择。如果给出肯定的答案，那么下面需要做的就是在 BCS 理论框架内找出 BCS 理论不能应用到经典超导体之外的超导体的问题所在，并提出有效的修正方法。

如果认为不同的超导体可以有不同的超导物理机制，那么就不必要否定 BCS 理论，而要做的是对不同类型的超导体建立不同的微观物理机制。

当然，目前准备给出肯定和否定答案的理论物理学家都在努力地工作。超导是一种宏观现象，在不同结构的物质中都有发现，包括单质、合金、化合物(包括有机化合物)等，所以对超导物理机制的研究也许可以在原子、电子的层面上完成，而不需要涉及物质的更深层结构。目前的实验能力应该能够满足相关研究的需要，最重要的可能是理论物理学家的智慧和想象力。

人们距离正确的超导理论(可以是一种理论，也可以是几种不同的理论)好像还有很长的路要走，发展正确的超导理论是一份具有极大挑战性但同时具有十分重大意义的工作。沉舟侧畔千帆过，病树前头万木春。让我们拭目以待这个物理学理论的新突破。

8.2　发展性能更加优良、成本更低的实用超导材料

超导现象被发现 100 多年来，具有独特物理性质的超导材料已经在很多领域得到了应用，在一些领域实现了规模化的应用，已在第 7 章对一些重要的应用做了较系统的介

绍。但迄今为止，与半导体技术比起来，无论应用的广泛程度，还是人们生活、工农业生产、科学研究和国防等领域的影响程度都较为逊色。本节进一步阐述提高超导技术的应用水平、扩大超导技术的应用范围所面临的几个比较严峻的挑战。

发现超导转变温度更高的超导体一直是人们追求的目标。从应用的角度考虑，超导材料的临界转变温度越高，应用的范围就可能越大，应用成本就可能越低。

虽然寻找临界转变温度更高的超导体的道路艰难曲折，但是从 1911 年发现超导现象以来，不断有临界转变温度更高的超导体被发现，T_c 的纪录不断被打破。到目前为止，所发现的在环境压力下能以块材方式长期稳定存在的超导体的最高临界转变温度为 138K，是 1995 年在由铊原子部分取代汞原子的(Tl,Hg)$Ba_2Ca_2Cu_3O_{8+x}$ 样品中测到的。在较高的压力条件下，一些超导样品的临界转变温度可超过 160K。

近年来，期刊《自然》(*Nature*)数次报道了发现更高超导转变温度超导体的研究成果。2015 年 8 月 17 日报道了德国科学家在 150 万个标准大气压下，在 H_3S 样品上发现了 203K 的超导转变。2020 年 10 月 14 日报道了美国科学家在 267 万个标准大气压下，发现碳-硫-氢化合物样品在 287K 时电阻完全消失，成为可能发现室温超导的轰动事件。这些报道的确给寻找更高临界转变温度超导体的人们打了一针强心剂，但已有一些物理学家对实验结果提出了某种质疑。撇开对实验结果的质疑不谈，这些不断刷新超导转变温度纪录的样品只能在高压下存在，撤去压力后，一些物质就不存在了(化学结构崩溃)。因此，这些结果虽然在物理研究方面有重大意义，但对于发展新的实用超导材料来说实际意义并不大。

已经在第 5 章阐明超导临界转变温度高的超导体是实用超导材料选材的主要因素之一，但其他因素还包括超导材料在磁场中的性能、化学稳定性、机械加工性、对人和环境的安全性以及生产和使用的经济性等。实际上，目前实现商业化的实用超导材料，无论是低温超导材料还是高温超导材料，选用的超导体都不是同类超导体临界转变温度最高的。因此，从推进超导技术应用的实际出发，发展性能更加优良、成本更低的实用超导材料的重心目前还是应该放在已经发现的超导体和已经有一定基础的超导材料上面。

通过改进生产技术和优化结构及成分配比，现在已经商品化的超导材料的性能提高和成本降低都还有很大的发展空间。在不远的将来可能实现商品化的几种低温、高温实用超导材料应该是研发的重点。通过这些努力，可以使具有不同性能特点、满足多种应用需求、性价比高的实用超导材料的生产水平不断提高，适应超导技术大规模工业化应用的需要。

8.3　超导对未来科学、技术发展的影响和展望

本节首先讨论超导理论研究可能对未来科学产生的影响，然后展望超导技术应用对未来人们的生产、生活可能产生的巨大变革。

8.3.1　超导机制和理论的研究对未来科学可能产生的影响

迄今为止，已经有超过七个有关超导的研究成果获得了诺贝尔奖。超导机制和理论

的探索还需要大量深入的工作。这些工作涉及物理学的多个领域，如凝聚态物理、量子力学、热力学和统计物理及电动力学等。超导机制和理论的深入研究可能成为推动这些物理学领域发展的动力，给物理学带来革命性的变化，并大大促进其他相关科学领域的进步。

8.3.2　超导技术的应用对未来人类社会的发展可能产生巨大的推动作用

半导体现象的发现比超导现象的发现大约早 80 年，半导体技术的应用如今几乎遍布人类生产、生活的各个领域。目前，超导技术的应用虽然在广度和深度上都远远逊色于半导体技术，但也已经迈出了坚实的步伐。因与半导体性质不同，所以除少数应用可以覆盖到半导体的应用领域之外，超导体的应用领域与半导体是不同的。在有些领域同时应用超导体和半导体技术可以达到“一加一大于二”的效果，两者不但可以形成互补，而且在很多地方还可以互相增强对方的应用效果。

目前，世界上正在进行的利用超导技术解决人类能源问题的科学工程项目是国际热核聚变实验堆(International Thermonuclear Experimental Reactor，ITER)计划。ITER 是当今世界最大的大科学工程国际科技合作计划之一，也是迄今我国参加的规模最大的国际科技合作计划。该计划是 1985 年由时任美国总统罗纳德 • 威尔逊 • 里根(Ronald Wilson Reagan)和时任苏联共产党中央委员会总书记米哈伊尔 •戈尔巴乔夫(Mikhail Gorbachev)在日内瓦举行的美苏峰会上达成的共识，他们共同向世界主要工业国家提出了一个国际合作大科学项目的倡议，该项目的目的是探索利用核聚变能解决全球能源问题。该倡议首先得到一些欧洲主要工业国家和日本的支持，于 1988 年开始实验堆设计的研究工作。经过十三年的努力，在集成世界聚变研究主要成果基础上，初步工程设计由欧洲、日本和俄罗斯的科学家于 2001 年完成。其间，美国曾一度退出合作计划，后又于 2003 年返回，同时中国、韩国、印度收到参加合作计划的邀请。2006 年，中国、欧盟、印度、日本、韩国、俄罗斯和美国完成了合作协定的签署，正式开启了 ITER 项目的实施阶段。

核聚变(nuclear fusion)是指由质量小的原子，主要是指氘和氚，在极高的温度和压力下使核外电子摆脱原子核的束缚，让两个原子核能够互相吸引而碰撞到一起，发生原子核互相聚合作用，生成新的质量更重的原子核(如氦)。中子虽然质量比较大，但是由于中子不带电，因此它也能够在这个碰撞过程中逃离原子核的束缚而释放出来，大量电子和中子的释放所表现出来的就是巨大的能量释放。这是一种核反应的形式，图 8.1 是核聚变反应过程示意图。原子核中蕴藏着巨大的能量，原子核的变化(从一种原子核变化为另外一种原子核)往往伴随着能量的释放。核聚变是与核裂变相反的核反应形式。人类已经可以实现不受控制的核聚变，如氢弹的爆炸。可控核聚变可能成为未来的能量来源，几十年以来，科学家一直在研究可控核聚变。核聚变燃料可取自海水，所以核聚变燃料是无穷无尽的。

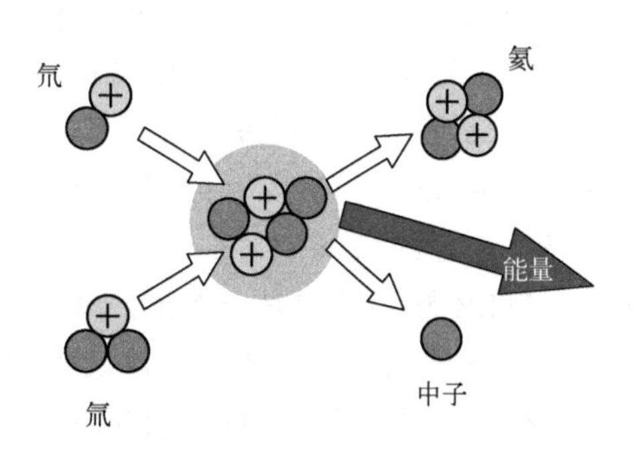

图 8.1　核聚变反应过程示意图

可控核聚变具有不产生高放射性核废料等优

点，是目前认识到的可以最终解决人类社会能源问题和环境问题、推动人类社会可持续发展的重要途径之一。ITER 计划集成了当今国际受控磁约束核聚变研究的主要科学和技术成果，拥有可靠的科学依据并具备坚实的技术基础。国际上对 ITER 计划的主流看法是建造和运行 ITER 的科学和工程技术基础已经具备，成功的把握较大。经过示范堆、原型堆核电站阶段，可在 21 世纪中叶实现聚变能商业化。ITER 计划是我国改革开放以来参加的最大的多边国际大科学工程合作项目。

ITER 计划参与各方经过多年的协商达成共识，于 2005 年 6 月 28 日在莫斯科做出决定，在法国建造热核聚变实验堆，具体地点为法国南部马赛附近的卡达拉奇(Cadarache)。ITER 计划的总预算为 50 亿美元，其中欧盟贡献 46%，美国、日本、俄罗斯、中国、韩国、印度各贡献约 9%。根据协定，ITER 计划将历时 35 年，其中建造阶段 10 年，运行和开发利用阶段 20 年，去活化阶段 5 年。

若要实现在氘、氚混合气体中产生大量核聚变反应，则气体温度必须达到 1 亿摄氏度以上。在这样高的温度下，气体原子中带负电的电子和带正电的原子核已完全脱开，各自独立运动。这种完全由自由的带电粒子构成的高温气体称为等离子体。因此，实现受控热核聚变首先需要解决的问题是用什么方法加热气体，使得等离子体温度能上升到上亿摄氏度。然而，超过万摄氏度以上的气体是无法用任何材料所构成的容器约束、使之不能逃逸的，所以必须寻求某种途径，防止高温等离子体逃逸或飞散。具有闭合磁力线的磁场(因为带电粒子只能沿磁力线运动)是一种最可能的选择。利用磁场形成一个磁笼把等离子体约束起来就成了实现受控热核聚变的前提条件。从 20 世纪 40 年代末起，科学家就对磁笼的可行性展开了理论与实验探索研究。50 年代，苏联科学家列夫·安德烈耶维奇·阿齐莫维奇(Lev Andreyevich Artsimovich)提出的托卡马克装置显示出了独特的优点，并在 80 年代成为聚变能研究的主流途径。托卡马克装置又称环流器，是一个由环形封闭磁场组成的磁笼。等离子体就被约束在这个磁笼中，很像一个中空的面包圈，通过磁场产生的约束电磁波驱动，创造氘、氚实现聚变的环境和超高温，并实现对聚变反应的控制。图 8.2 是托卡马克装置示意图。几十年来，大小不一、不同绕组形式的托卡马克装置在各国相继建成并进行了实验，使用铜线圈的托卡马克装置已经可以有效地约束等离子体并使其达到超过几百万摄氏度的高温。科学家认识到，如果采用超导线圈并加大装置的规模，有可能获得接近聚变条件的等离子体。2021 年 5 月 28 日，中国科学院等离子体物理研究所建造的全超导托卡马克核聚变实验装置(Experimental and Advanced Superconducting Tokamak，EAST)成功实现了可重复的 1.2 亿摄氏度 101s 和 1.6 亿摄氏度 20s 等离子体运行。同年 12 月 30 日，EAST 实现了 1056s 近 7000 万摄氏度的长脉冲高参数等离子体运行，这是目前世界上托卡马克装置高温等离子体运行的最长时间。图 8.3 是中国科学院等离子体物理研究所建造的 EAST 装置的现场照片。

ITER 核心装置是一个能产生大规模核聚变反应的超导托卡马克装置，图 8.4 是展示了其内部结构的沙盘模型。该装置中心是载有 15MA 等离子体电流的高温氘氚等离子体环，额定核聚变反应功率为 50 万千瓦。等离子体环腔穿在 16 个大型超导环向场线圈(即纵场线圈)中，环向场线圈将产生 5.3T 的环向强磁场。穿过环的中心是一个巨大的超导线圈筒(中心螺管)，在环向场线圈外侧还布有六个大型环向超导线圈，即极向场线圈。中心螺管和极向场线圈的作用是产生等离子体电流和控制等离子体位形。

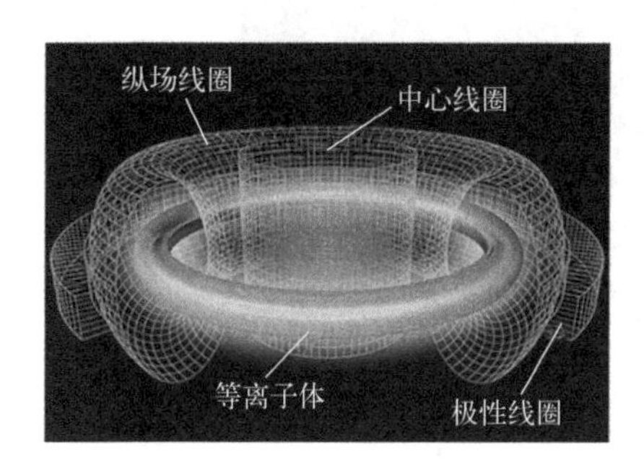

图 8.2　托卡马克装置示意图

图 8.3　EAST 装置的现场照片

彩图 8.4

图 8.4　ITER 核心装置反应堆内部结构沙盘模型

图 8.5 所示为 ITER 实验系统的沙盘模型。在托卡马克装置外围配套了 4 个 10MW 的强流粒子加速器，10MW 的稳态毫米电磁波系统，20MW 的射频波系统及数十种先进的等离子体诊断、测量系统。整个体系还包括大型供电系统、大型氚工厂、大型供水(包括去离子水)系统、大型高真空系统、大型液氮和液氦低温系统等。

实现核聚变能的商业化应用将历经三个战略阶段。

(1)建设 ITER 装置开展科学与工程研究(有 50 万千瓦核聚变功率，但不能发电，也不在装置内生产氚)。

(2)在 ITER 计划的基础上设计、建造与运行核聚变能示范电站(近百万千瓦核聚变功率用以发电，装置内产生的氚与输入的氘维持核聚变反应持续进行)。

彩图 8.5

图 8.5　ITER 实验系统的沙盘模型

(3) 建造商用核聚变能电站，在全球推广核聚变能的应用，彻底解决人类的能源问题。

在实现核聚变能的商业化进程中，超导技术将做出不可替代的巨大贡献。

高温超导材料的出现为超导技术电力应用推开了一扇大门，第 7 章已经介绍了目前主要的超导电力技术发展情况。目前，多个领域的超导电力技术应用已经跨过了探索阶段，初步迈进了商业化门槛。高温超导材料以其独特的性质，可以应用于传统电力设备上提高设备的性能，也可以创造出传统技术无法实现的全新电力设备。

一个理想的电网应该具有最低的传输阻抗，而过低的传输阻抗又带来了难以解决的短路故障电流过大的问题，这成了目前阻碍电网向前发展的主要瓶颈之一。在理论上，超导电缆与超导限流器的配合使用可以实现传输阻抗很低的电网并可解决短路故障电流过大问题。可望经过大量的实践，通过提高超导电缆与超导限流器的可用性(经济、方便)和可靠性，实现运行损耗更小、电能质量更高、更加高效和可靠的新型电网。

在可再生能源(风能和太阳能)电力建设中，超导电力设备(如超导发电机、超导电缆、超导限流器和超导储能)也可能发挥重要的作用，助力可再生能源的发展和低碳电力建设。

在交通领域，超导磁悬浮轨道交通有着广泛的应用前景，可能带来高速地面交通领域的革命。日本根据《全国新干线建设法》在 2014 年启动了中央新干线项目，目标是建设一条全长 438km 的超导磁悬浮客运线连接东京和大阪。项目计划分两个阶段实施：第一阶段在 2027 年完成东京至名古屋的 286km 线路建设并投入运行；第二阶段在 2045 年完成从名古屋至大阪的 152km 线路建设，并实现全线通车。设计的列车运行最高时速为 505km，从东京到名古屋的运行时间为 40min，从东京到大阪的运行时间为 67min。图 8.6 是试验超导磁悬浮列车。

近些年，有人提出真空管道轨道交通的概念，即让列车在接近真空的管道内运行以消除空气阻力。中国和美国都已经开展了与“超导磁悬浮+真空管道”相关的理论和实验研究，从模拟实验的结果推测，在真空管道内运行的磁悬浮列车的速度可以超过 2000km/h。如果超导磁悬浮结合真空管道交通得以实现，必将为人类的交通方式带来革命性变化。

超导计算机是人们提出的第一个超导技术应用，1954 年由麻省理工学院电子学学者达德利 · 艾伦 · 巴克(Dudley Allen Buck)提出。半个多世纪过去了，超导计算机还没有

图 8.6　东京至大阪超导磁悬浮中央新干线项目的超导磁悬浮试验列车

迈入商业化应用的门槛，但科学家始终没有放弃超导计算机领域的研究，他们通过各种不同的拓扑结构和不同技术路线来努力实现具有商业应用价值的超导计算机。

目前制成的超导开关器件的开关时间可以达到 10^{-12}s，这是当今所有其他电子、半导体、光电器件都无法比拟的，比集成电路要快几百倍。超导计算机运算速度比现在的电子计算机快 100 倍，而电路的电能消耗仅是现在电子计算机的千分之一。如果一台大中型计算机每小时耗电 10kW，那么同样一台的超导计算机只需一块日常使用的电池就可以工作(这里没有计入制冷的能量损耗)。超导计算机的运算能力理论上可达每秒百亿亿次级水平，所以实现超导计算机的商业化应用将会极大地促进计算机技术的发展。

近年来，超导电子技术开辟的另一个新的领域是超导单光子探测器。超导材料的零电阻特性和完全抗磁性给其在单光子探测器应用中带来显著优势。超导单光子探测器在众多领域存在良好的应用前景，成为目前超导电子学领域的研究热点。多通道超导单光子探测器在空间科学、气象科学和医学技术等领域的应用，将推动这些领域的技术进步。

课 外 读 物

扩展知识

1. 核裂变

核裂变(nuclear fission)又称核分裂，是一个原子核分裂成几个原子核的变化。

只有一些质量非常大的原子核如铀(U)、钍(Th)和钚(Pu)等才能发生核裂变。这些原子的原子核在吸收一个中子以后会分裂成两个或多个质量较小的原子核，同时放出二个或三个中子和很大的能量，又能使其他的原子核接着发生核裂变，使该过程持续进行下去，这种过程称作链式反应。原子核在发生核裂变时，释放出巨大的能量，这些能量称为原子核能，俗称原子能。1kg ^{235}U 的裂变将产生 20000MW · h 的能量，与燃烧至少 2000t 煤释放的能量一样多，相当于一个 20MW 的发电站运转 1000h。

核裂变也可以在没有外来中子的情形下出现，这种核裂变称为自发裂变，是放射性衰变的一种，只存在于几种较重的同位素中。不过大部分的核裂变都是一种有中子撞击的核反应，反应物裂变为两个或多个较小的原子核。核反应是依中子撞击的机制所产生的，不是由自发裂变中相对较固定的指数衰减及半衰期特性所控制的。

裂变释放能量与原子核中质量-能量的储存方式有关。从最重的元素一直到铁，能量储存效率基本上是连续变化的，所以重核能够分裂为较轻核(到铁为止)的任何过程在能量关系上都是有利的。如果较重元素的核能够分裂并形成较轻的核，就会发生质量亏损，并转变为能量释放出来(需要注意，核裂变本身并不释放能量)。

2. 可控核聚变

可控核聚变 (controlled nuclear fusion) 指一定条件下，控制核聚变的速度和规模，以实现安全、持续、平稳的能量输出的核聚变反应。可控核聚变有激光约束核聚变、磁约束核聚变等形式，具有原料充足、经济性能优异、安全可靠、无环境污染等优势。因其技术难度极高，尚处于实验阶段。

核聚变是两个较轻的原子核聚合为一个较重的原子核，并释放出能量的过程。自然界中最容易实现的聚变反应是氢的同位素——氘与氚的聚变，这种反应在太阳上已经持续了 50 亿年。可控核聚变俗称人造太阳，因为太阳的原理就是核聚变反应(核聚变反应主要借助氢同位素。核聚变不会产生核裂变所出现的长期和高水平的核辐射，不产生核废料，当然也不产生温室气体，基本不污染环境)。人们认识热核聚变是从氢弹爆炸开始的。科学家希望发明一种装置，可以有效控制“氢弹爆炸”的过程，让能量持续稳定地输出。

目前，可控核聚变的实现形式有以下两种。

1) Tokamak

为实现磁力约束，需要一个能产生足够强的环形磁场的装置，这种装置就被称作托卡马克装置——Tokamak，也就是俄语中是由“环形”“真空”“磁”“线圈”的字头组成的缩写。早在 1954 年，在苏联库尔恰托夫原子能研究所就建成了世界上第一个托卡马克装置。托卡马克装置的核心就是磁场，要产生磁场就要用线圈通电，而线圈中的导线存在电阻。导线里的电阻使得线圈的效率降低，同时限制通过大的电流，不能产生足够的磁场。超导技术的发展使得托卡马克装置的研究有了新方向，只要把线圈换成超导材料，理论上就可以解决大电流和损耗的问题，于是，使用超导线圈的托卡马克装置就诞生了，这就是“超托卡马克”。到目前为止，世界上有 4 个国家有各自的大型超托卡马克装置，如法国的 Tore-Supra、俄罗斯的 T-15、日本的 JT-60U 和中国的 EAST。

2) 激光核聚变

激光核聚变 (laser nuclear fusion) 是以高功率激光作为驱动器的惯性约束核聚变。在探索实现可控核聚变反应过程中，随着激光技术的发展，1963 年，苏联科学家尼古拉 ·根纳季耶维奇 · 巴索夫 (Nikolay Gennadiyevich Basov) 和 1964 年中国科学家王淦昌分别独立提出了用激光照射在聚变燃料靶上实现受控热核聚变反应的构想，开辟了实现受控热核聚变反应的新途径激光核聚变。激光核聚变要把直径为 1mm 的聚变燃料小球均匀加热到 1 亿摄氏度，激光器的能量就必须大于 1 亿焦，这在技术上是很难做到的。直到 1972 年美国科学家约翰·纳科尔斯(John Nuckolls)等提出了向心爆聚原理以后，激光核聚变才成为受控热核聚变研究中与磁约束聚变平行发展的研究途径。2022 年 12 月 13 日，美国公布了一项突破性的科学成就：人类首次成功实现了激光核聚变的点火。针对核聚变的点火成功其实也就是输入能量小于输出能量，这个过程就是点火。科学家利用 192 束强大的激光束照射到米粒大小的氘氚等离子体目标，输入能量达到了 2.05MJ，而核聚变输出的能量达到了 3.15MJ，最终的能量增益达到了 153%。

3. 国际热核聚变实验堆计划

这个计划起初由苏联、美国、日本和欧洲共同形成合作伙伴，目的是建立第一个试验用的聚变反应堆(注意：ITER 已经不是托卡马克装置了，而是试验反应堆，这是一大进步)。最初方案是 2010 年建成一个实验堆，实现 1500MW 功率输出，造价 100 亿美元。后因为各国想法不同，苏联解体，加上技术手段的限制，一直到 2000 年也没有结果，其间，美国中途退出，ITER 出现“胎死腹中”的危险。直到 2003 年，能源危机加剧，各国又重视 ITER 计划，中国宣布加入 ITER 计划，随后美国宣布重返计划。紧接着，韩国和印度也宣布加入，项目实施有了更好的基础。目前来看，这个项目的实施进度已明显落后于计划，但各个合作方都在积极努力加速项目的进展。

4. 中国全超导托卡马克核聚变实验装置

EAST 装置位于合肥，是目前唯一能给 ITER 提供超导托卡马克反应体部分实验数据的装置，它的结构和应用的技术与规划中的 ITER 完全一样，没有的仅仅是换能部分。EAST 解决了几个重要问题：第一次采用非圆形垂直截面，目的是在不增加环形直径的前提下增加反应体的体积，提高磁场效率。第一次全部采用了液氦无损耗的超导体系。液氦是很贵的，只有在线圈材料上下功夫，尽量少用液氦，同时让液氦可以循环使用，尽量减少损耗的系统才可能投入使用。此外，EAST 还是世界上第一个具有主动冷却结构的托卡马克装置，它的第一壁是主动冷却的，连接的是一个大型冷却塔，它的冷却水可以保证在长时间运行后将反应产生的热量带走，维持系统的温度平衡，一方面是为真正实现稳定的受控聚变迈出重要一步，另一方面也是工程化的重要标志——冷却塔换成汽轮机是可以发电的。

人物小传

列夫·安德烈耶维奇·阿齐莫维奇(Lev Andreyevich Artsimovich，1909—1973 年)，苏联物理学家。阿齐莫维奇于 1928 年在白俄罗斯明斯克国立大学物理学专业毕业。后来，他在阿尔乔姆·伊萨科维奇·阿利汗尼安(Artem Isaakovich Alikhanian)的实验室工作，并于 1930 年加入了俄罗斯科学院约费物理技术研究所。

最初，他研究与核物理有关的问题。1945 年，阿齐莫维奇加入苏联核武器计划，从事铀同位素分离的电磁法研究。1949 年，他的工作重点转向核聚变领域。1951 ~ 1973 年，阿齐莫维奇是苏联聚变动力计划的负责人并发明了托卡马克装置，为此他被称为“托卡马克之父”。有一次有人问阿齐莫维奇第一个热核反应堆什么时候开始工作，他回答说：“当人类需要它的时候，也许在那之前的一小段时间。”

阿齐莫维奇于 1953 年任苏联科学院院士，并于 1957 年成为主席团成员，1963 ~ 1973 年，他担任帕格沃什委员会俄罗斯分会副主席和苏联物理学家全国委员会主席。1966 年，阿齐莫维奇访美，在麻省理工学院讲授聚变与托卡马克技术，被选为美国艺术与科学院外籍荣誉院士。1973 年 3 月 1 日，阿齐莫维奇因心脏骤停在莫斯科逝世。为了纪念他，月球上的一个陨石坑以他的名字命名，即“阿齐莫维奇陨石坑”。

参考文献

马衍伟, 2022. 超导材料科学与技术[M]. 北京: 科学出版社.

新华社, 2023. 中国人造太阳创亿度百秒世界纪录: 1.2 亿摄氏度燃烧 101 秒[EB/OL]. [2023-01-31]. https:// baijiahao.baidu.com/s?id=1700993387493975440&wfr=spider&for=pc.

信赢, 2017. 超导材料的发展现状与应用展望[J]. 新材料产业, 7(1): 2-8.